普通高等教育机电类系列教材

工程制图训练与解答

（下 册）

第 2 版

主　编　王　农
副主编　梁会珍　袁义坤　周　虹
主　审　戚　美

机 械 工 业 出 版 社

本书是根据教育部高等学校工程图学教学指导委员会最新制定的《高等学校工程图学课程教学基本要求》，总结作者多年教学经验编写而成的。本书按照课程知识点分为六部分，内容包括：标准件和常用件、零件图技术要求、读绘零件图、读装配图、绘制装配图和部件测绘。书后还附有部分章节的三维实体图和两套自测试题。

本书适用于普通高等学校工科各专业，也可供高等职业技术学院、成人教育学院、参加高等教育自学考试的学生及相关领域的工程技术人员使用和参考。

图书在版编目（CIP）数据

工程制图训练与解答．下册 / 王农主编．—2 版．—北京：机械工业出版社，2020.4（2024.10重印）
普通高等教育机电类系列教材
ISBN 978-7-111-65253-3

Ⅰ. ①工…　Ⅱ. ①王…　Ⅲ. ①工程制图 – 高等学校 – 习题集　Ⅳ. ① TB23-44

中国版本图书馆 CIP 数据核字（2020）第 052452 号

机械工业出版社（北京市百万庄大街 22 号　邮政编码 100037）
策划编辑：舒　恬　责任编辑：舒　恬　王勇哲
责任校对：李　婷　封面设计：马精明
责任印制：孙　炜
天津嘉恒印务有限公司印刷
2024 年 10 月第 2 版第 2 次印刷
370mm × 260mm · 16.5 印张 · 396 千字
标准书号：ISBN 978-7-111-65253-3
定价：42.00 元

电话服务　　　　　　　　网络服务
客服电话：010-88361066　机　工　官　网：www.cmpbook.com
　　　　　010-88379833　机　工　官　博：weibo.com/cmp1952
　　　　　010-68326294　金　　书　　网：www.golden-book.com
封底无防伪标均为盗版　机工教育服务网：www.cmpedu.com

前　　言

本书是根据教育部高等学校工程图学课程教学指导分委员会最新制定的《高等学校工程图学课程教学基本要求》，总结多年来编者及国内外工程制图教学改革的实践经验编写而成的。本书除供高等学校工科各专业学生使用外，也可供高等职业技术学院及成人教育学院的学生、高等教育自学考试的考生和工程技术人员使用和参考。

本书以培养学生创新能力和综合素质为出发点，选题新颖，内容丰富，其主要特点如下：

1）贯彻现行《机械制图》《技术制图》国家标准。

2）在体系上按照知识点进行编写，习题的编排由易到难、循序渐进，以适应不同专业和不同层次的教学需要。

3）题目数量大，举一反三，灵活多变。带“*”题具有一定的深度和广度，以拓宽学生的知识面。

4）本书配有习题解答，部分零件和装配体还配有三维实体图，图形精美，编排新颖。三维实体模型真实形象，有助于培养学生的空间想象能力和创造性思维，提高画图、看图能力；对学生自主学习也可起到很好的指导作用。

5）题目与生产实际紧密结合，有较强的针对性、实用性。

本书由山东科技大学王农任主编，梁会珍、袁义坤、周虹任副主编，戚美任主审，参加编写的还有王维硒、王逢德和王瑞。

限于编者水平，书中难免存在错误和疏漏之处，恳请广大读者批评指正。

编　者

目　录

一、标准件和常用件（一）

1. 找出内螺纹和螺纹连接画法的错误，在下方画出正确的图形。

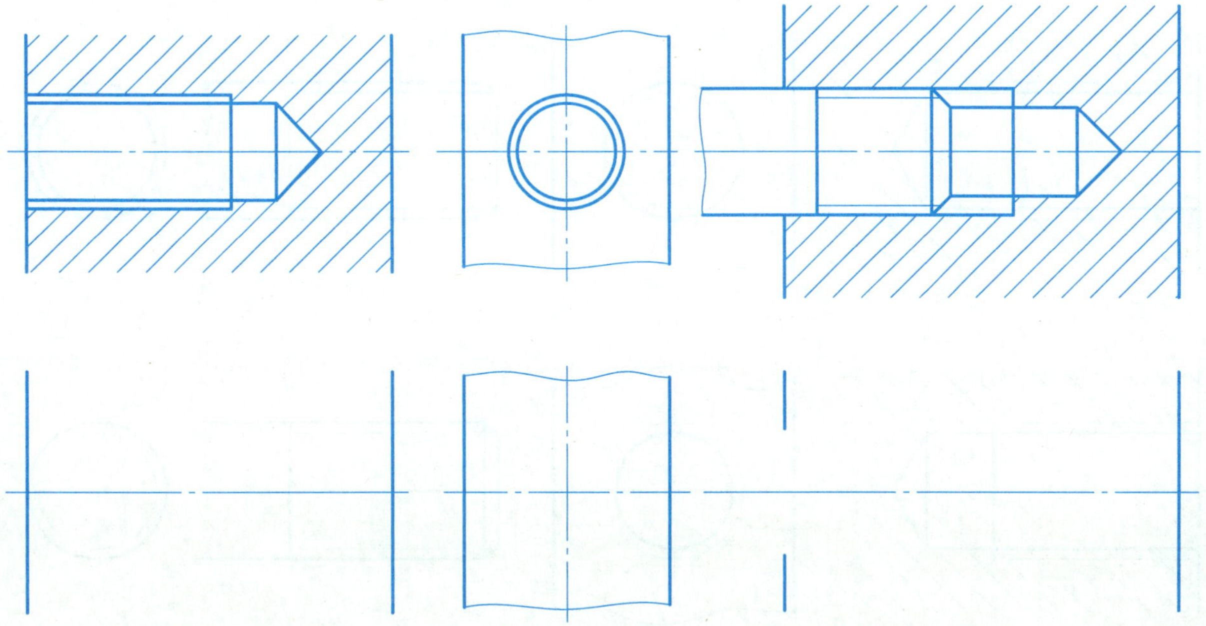

2. 找出内、外螺纹画法的错误，在下方画出正确的图形。

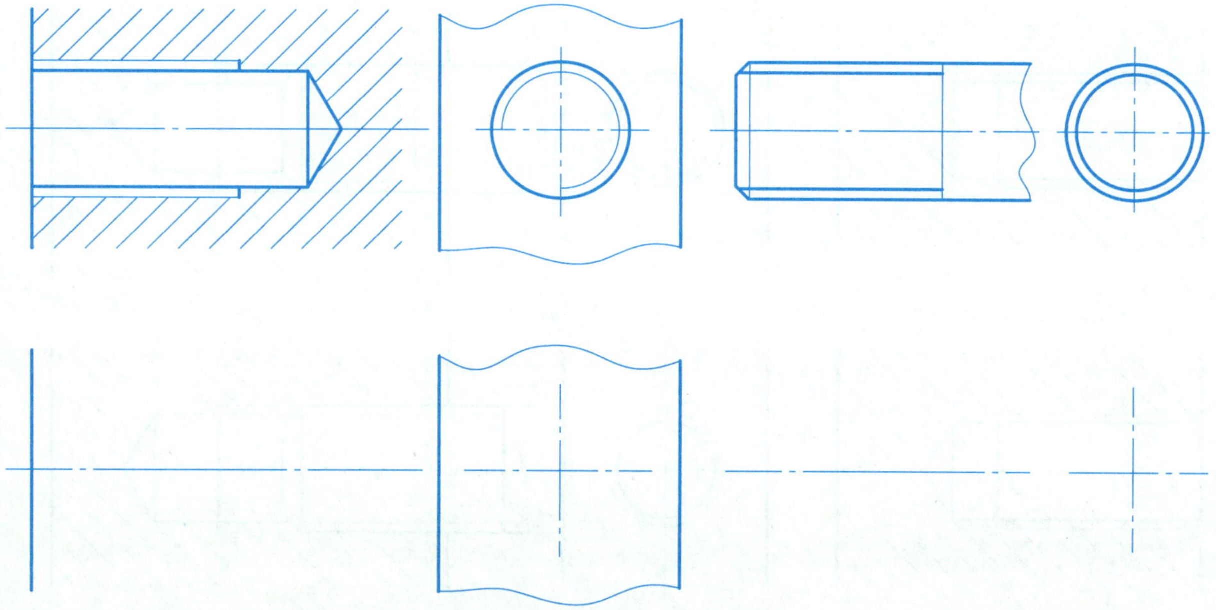

3. 在下列图中标注出螺纹的规定标记。

（1）粗牙普通螺纹，公称直径 20mm，螺距 2.5mm，右旋，中径、顶径公差带分别为 5g、6g，旋合长度为短。

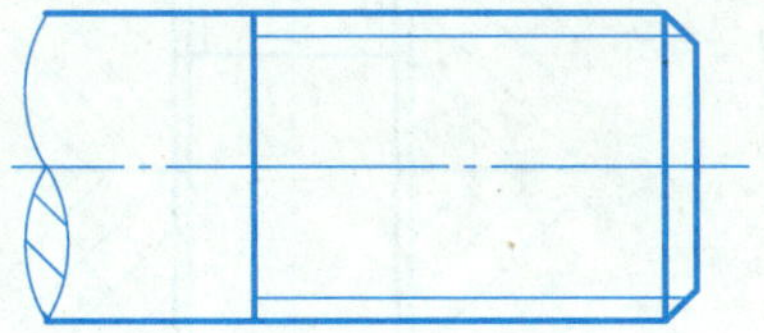

（2）细牙普通螺纹，公称直径 20mm，螺距 1mm，右旋，中径、顶径公差带为 6H，旋合长度为中等。

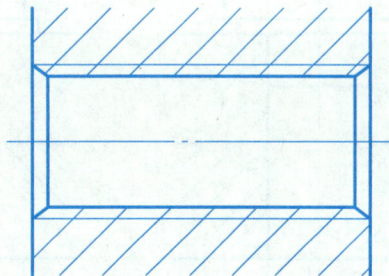

（3）梯形螺纹，公称直径 20mm，导程 14mm，螺距 7mm，双线，左旋，中径公差带为 8e，长旋合长度。

（4）55° 非密封管螺纹，尺寸代号为 1/2，精度 A 级，左旋。

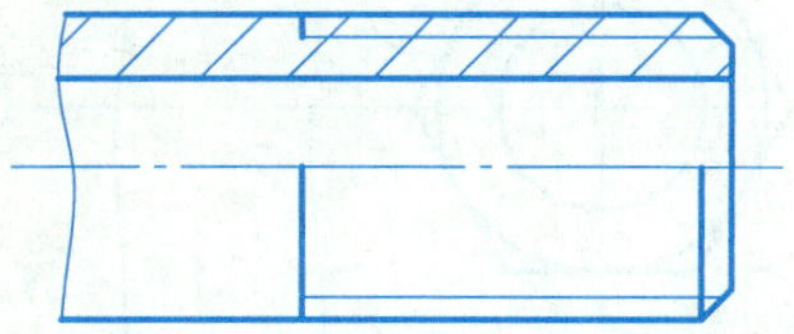

4. 找出螺栓连接画法的错误，在右侧画出正确的图形。

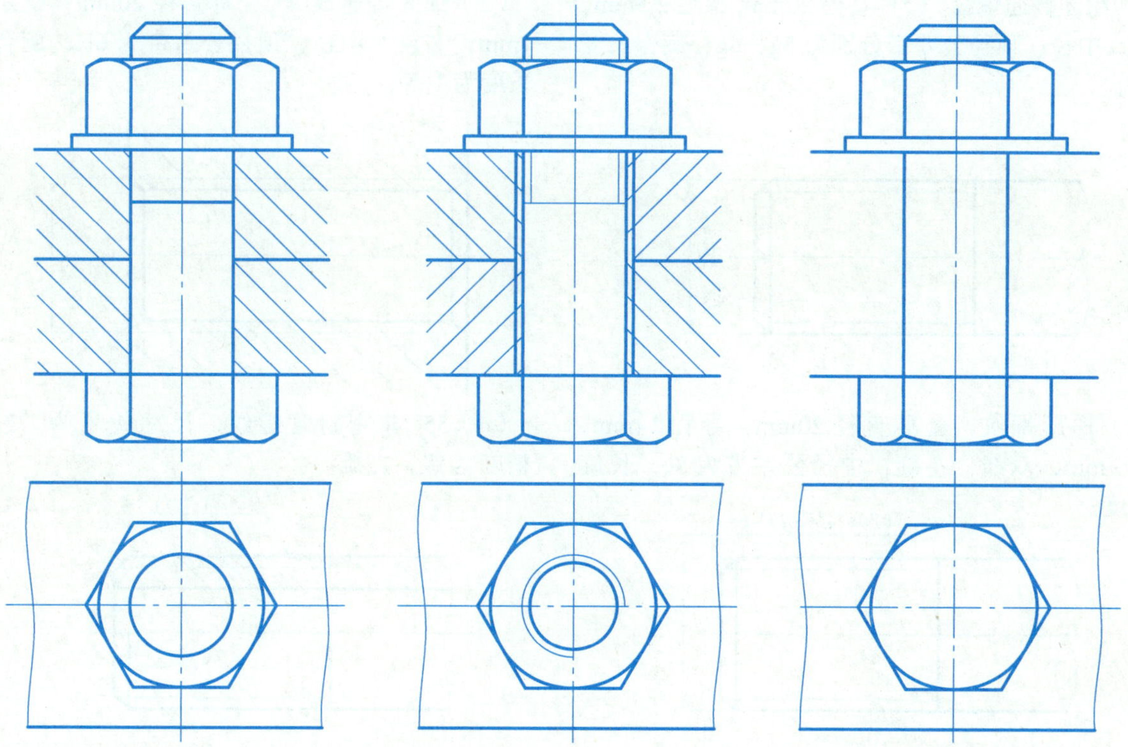

一、标准件和常用件（一）答案

1. 找出内螺纹和螺纹连接画法的错误，在下方画出正确的图形。

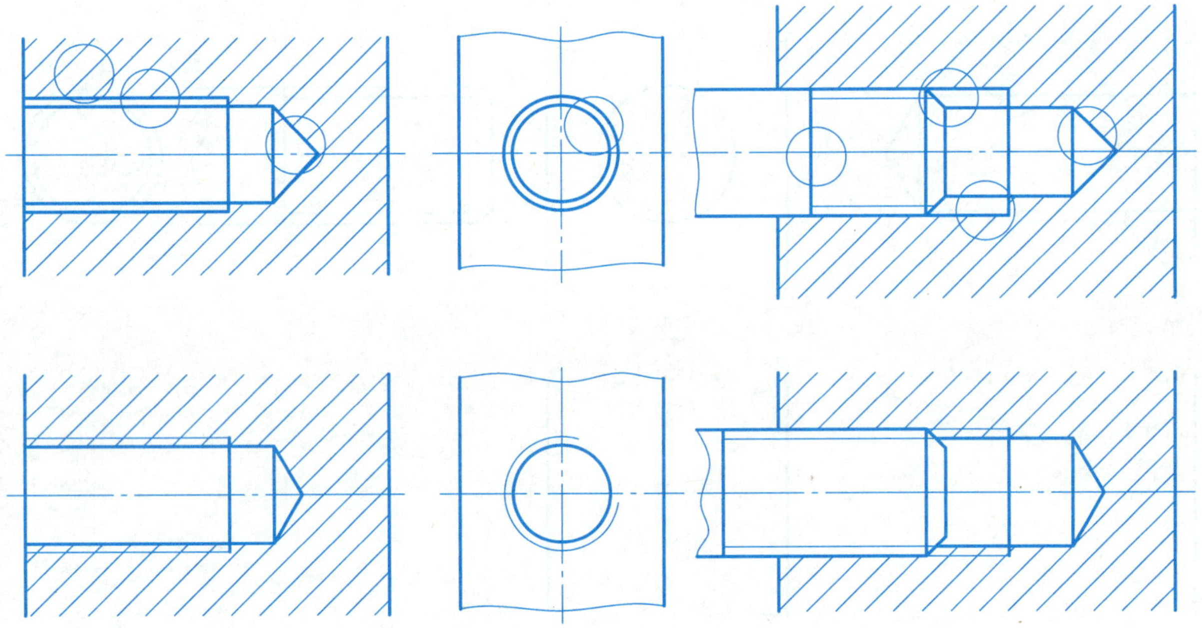

2. 找出内、外螺纹画法的错误，在下方画出正确的图形。

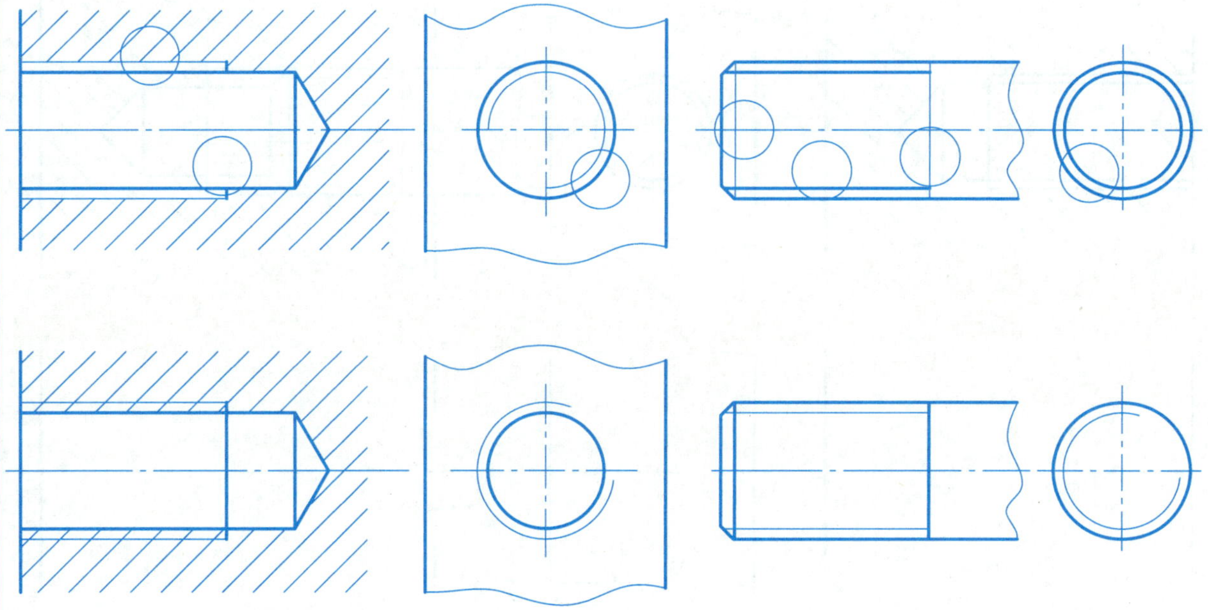

3. 在下列图中标注出螺纹的规定标记。

（1）粗牙普通螺纹，公称直径 20mm，螺距 2.5mm，右旋，中径、顶径公差带分别为 5g、6g，旋合长度为短。

（2）细牙普通螺纹，公称直径 20mm，螺距 1mm，右旋，中径、顶径公差带为 6H，旋合长度为中等。

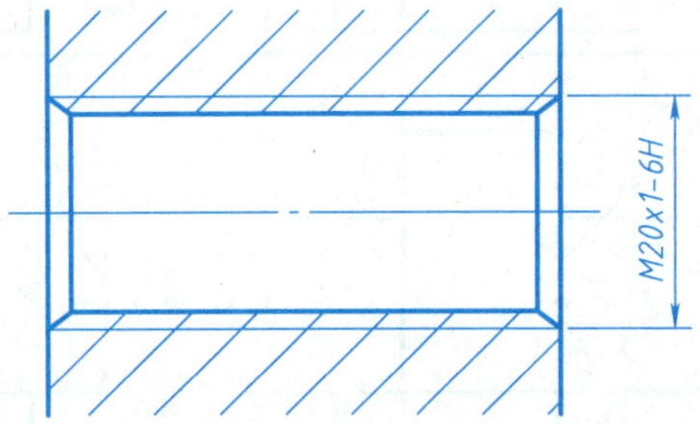

（3）梯形螺纹，公称直径 20mm，导程 14mm，螺距 7mm，双线，左旋，中径公差带为 8e，长旋合长度。

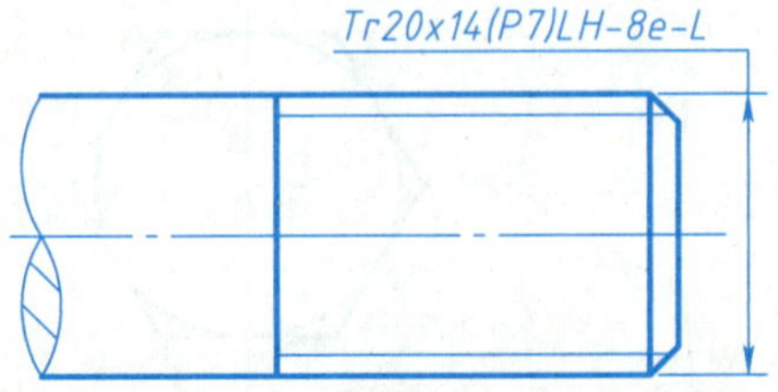

（4）55° 非密封管螺纹，尺寸代号为 1/2，精度 A 级，左旋。

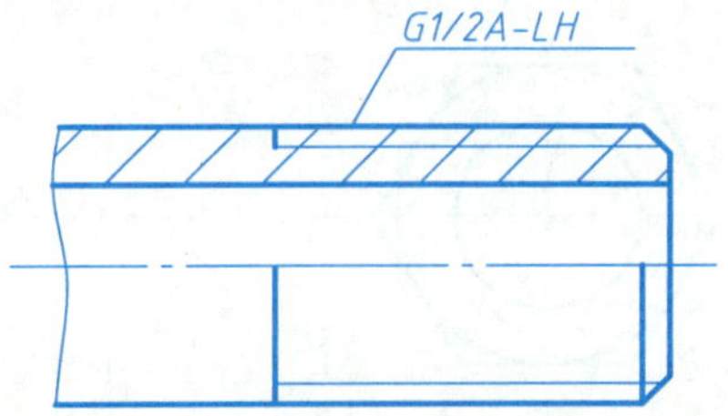

4. 找出螺栓连接画法的错误，在右侧画出正确的图形。

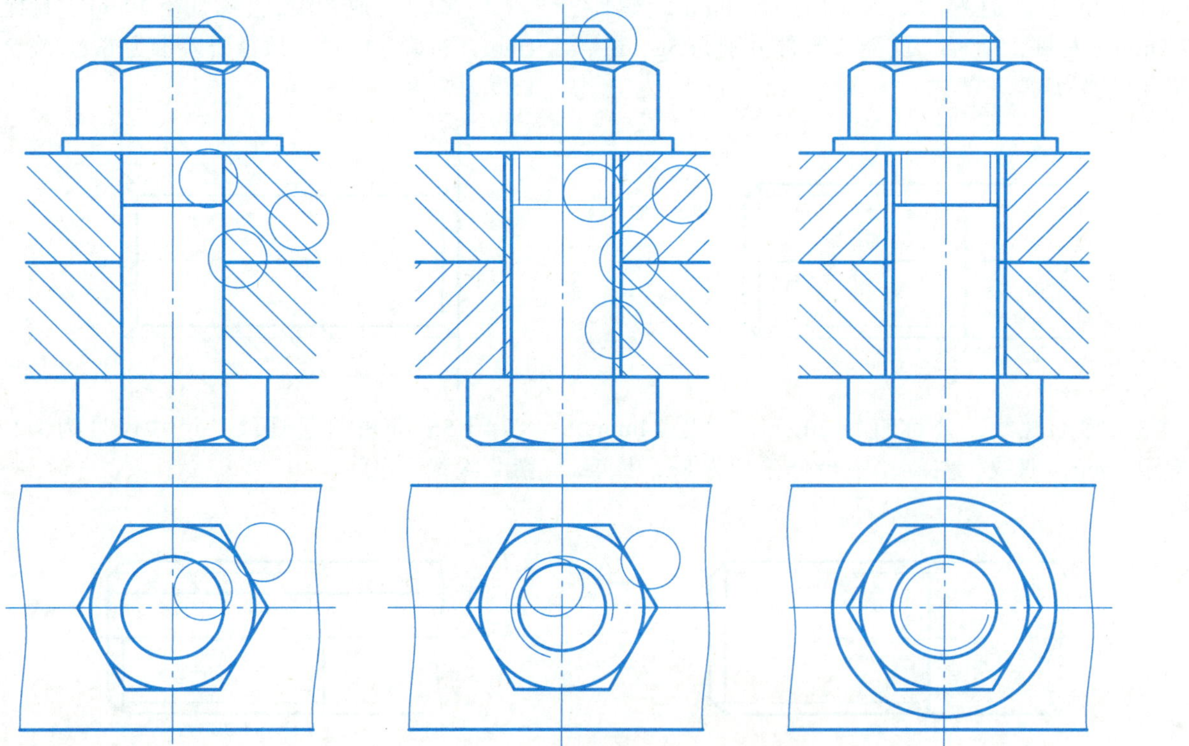

1. 找出螺柱连接画法的错误，并在右侧画出正确的图形。

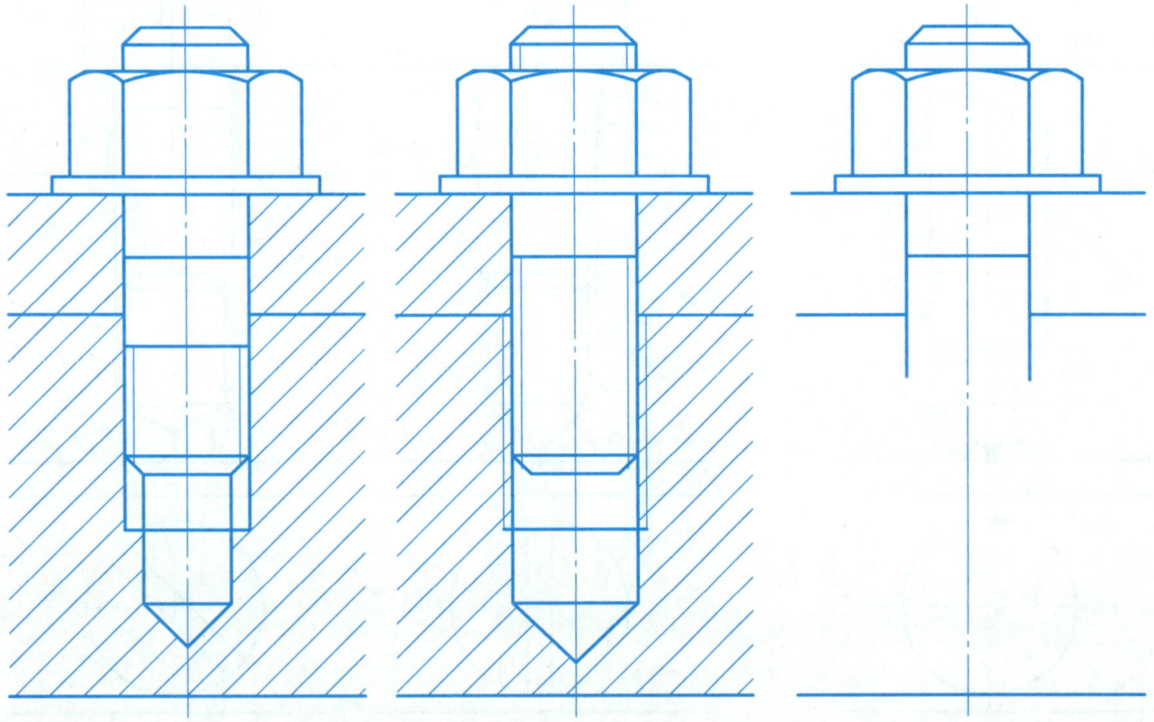

2. 找出螺钉连接画法的错误，并在右侧画出正确的图形。

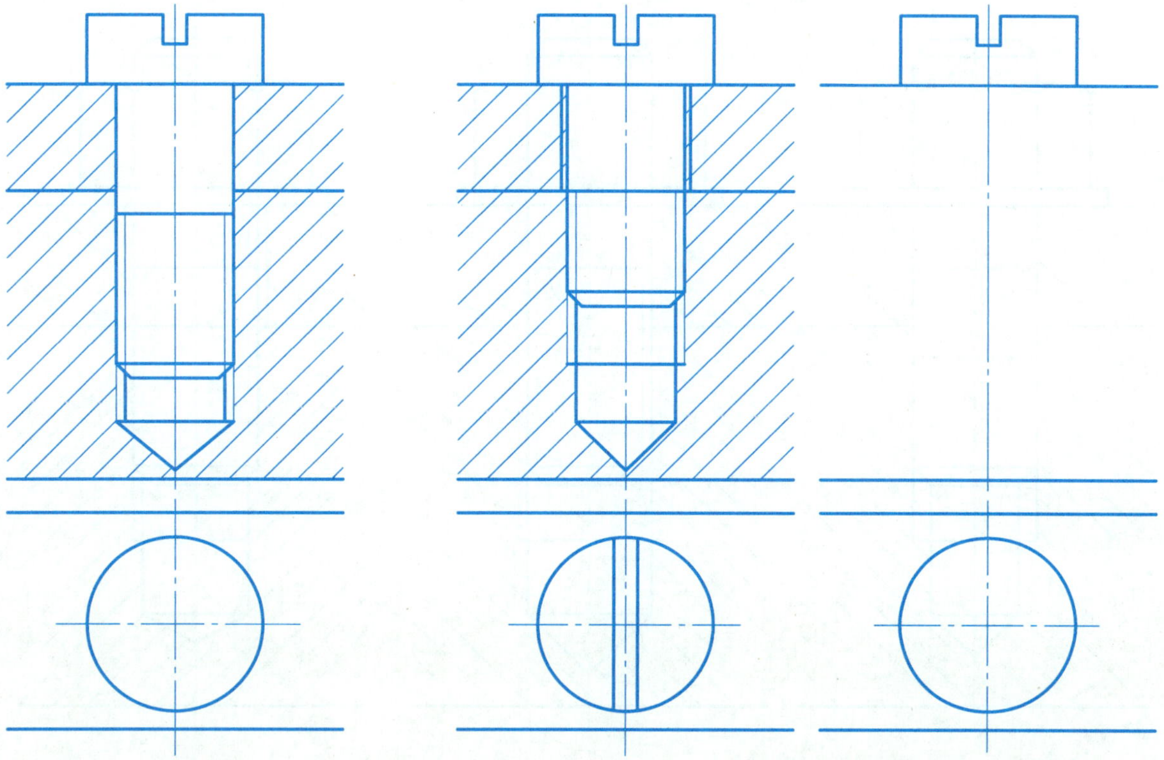

3. 已知键、轴和孔上键槽的有关尺寸，完成键的连接图。

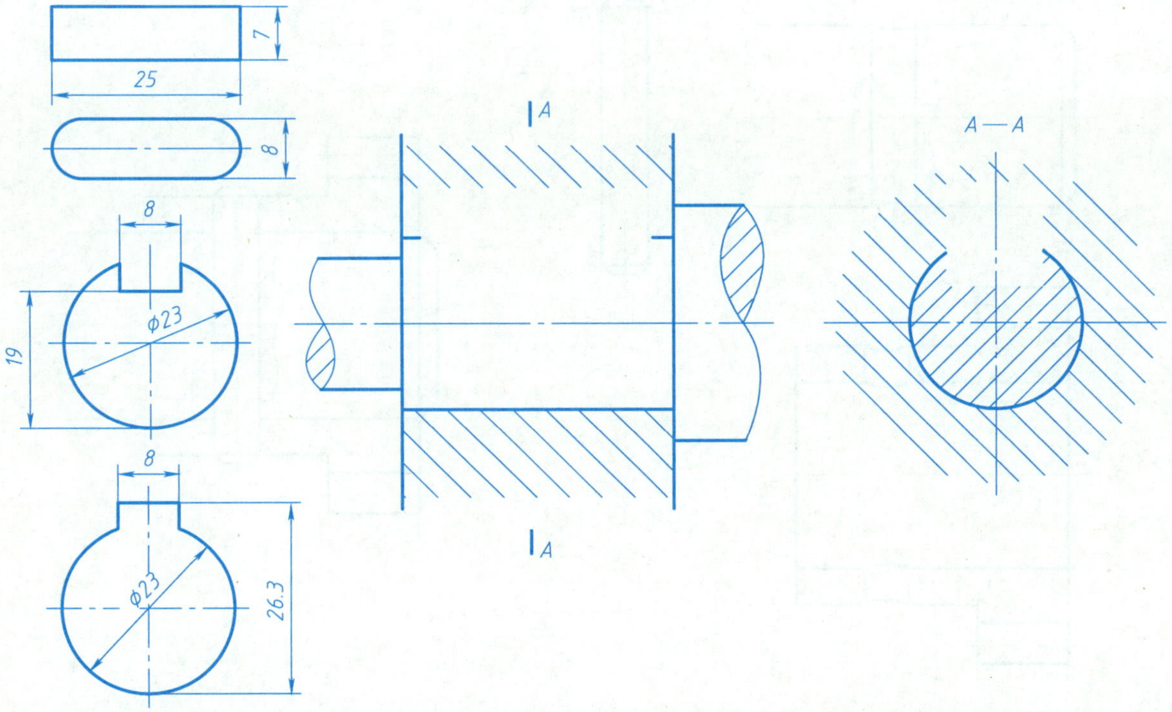

4. 图 a 为轴、齿轮和销的视图，完成用销（GB/T 119.1 5m6 × 35）连接轴和齿轮的装配图（图 b）。

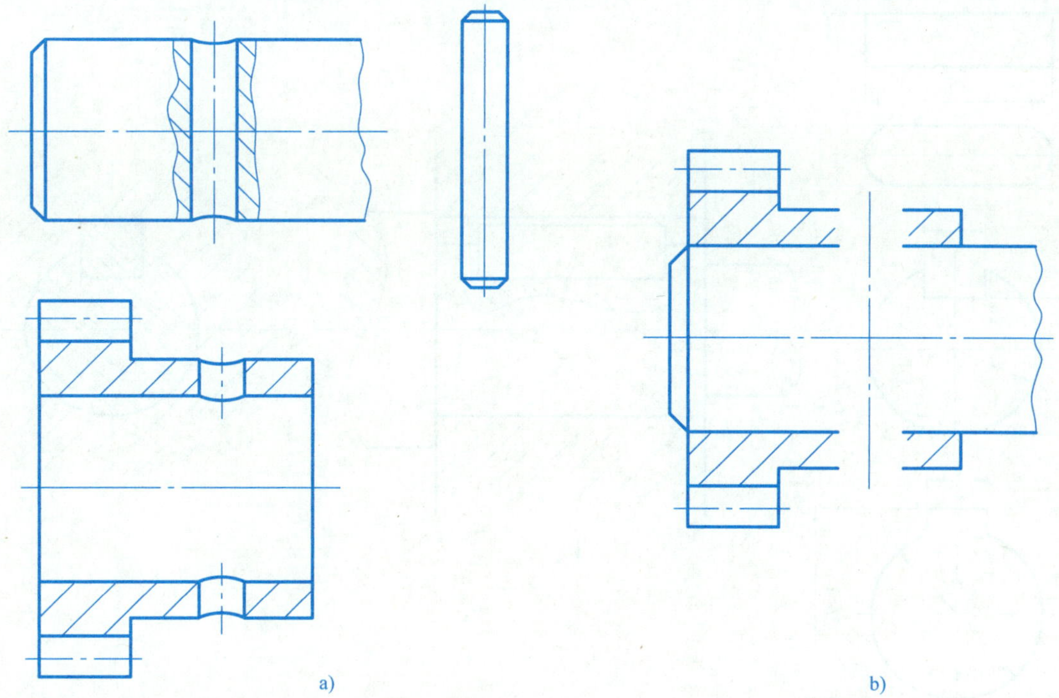

a)　　b)

一、标准件和常用件（二）答案

1. 找出螺柱连接画法的错误，并在右侧画出正确的图形。

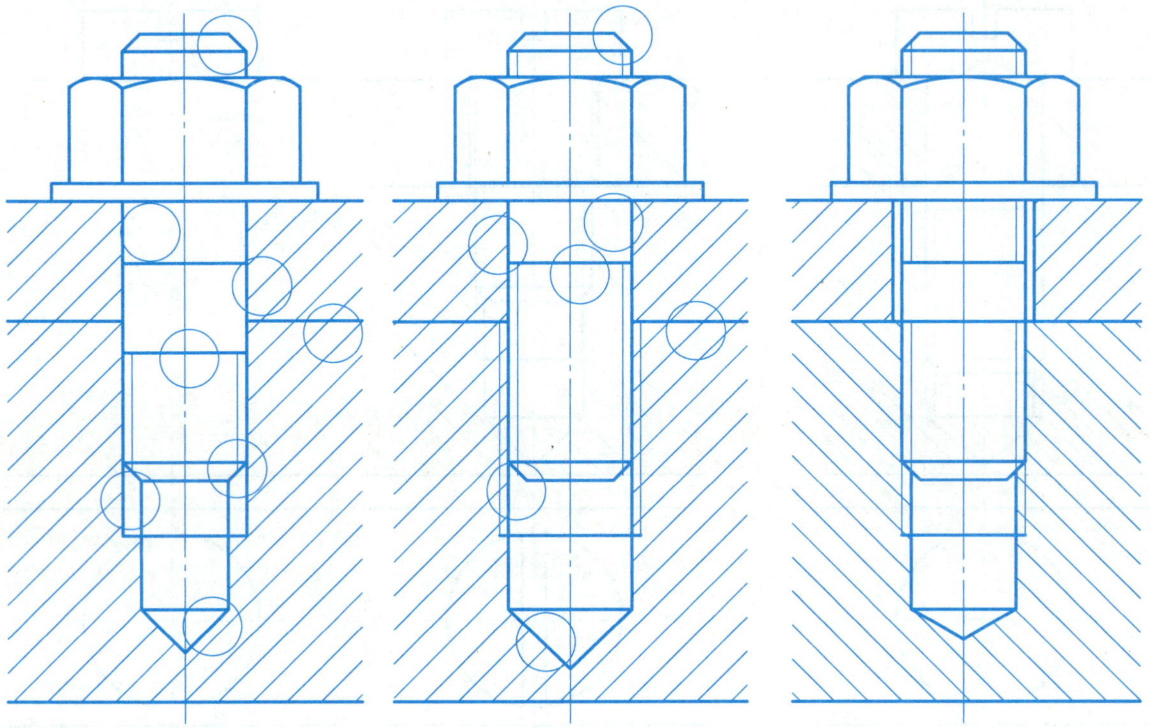

2. 找出螺钉连接画法的错误，并在右侧画出正确的图形。

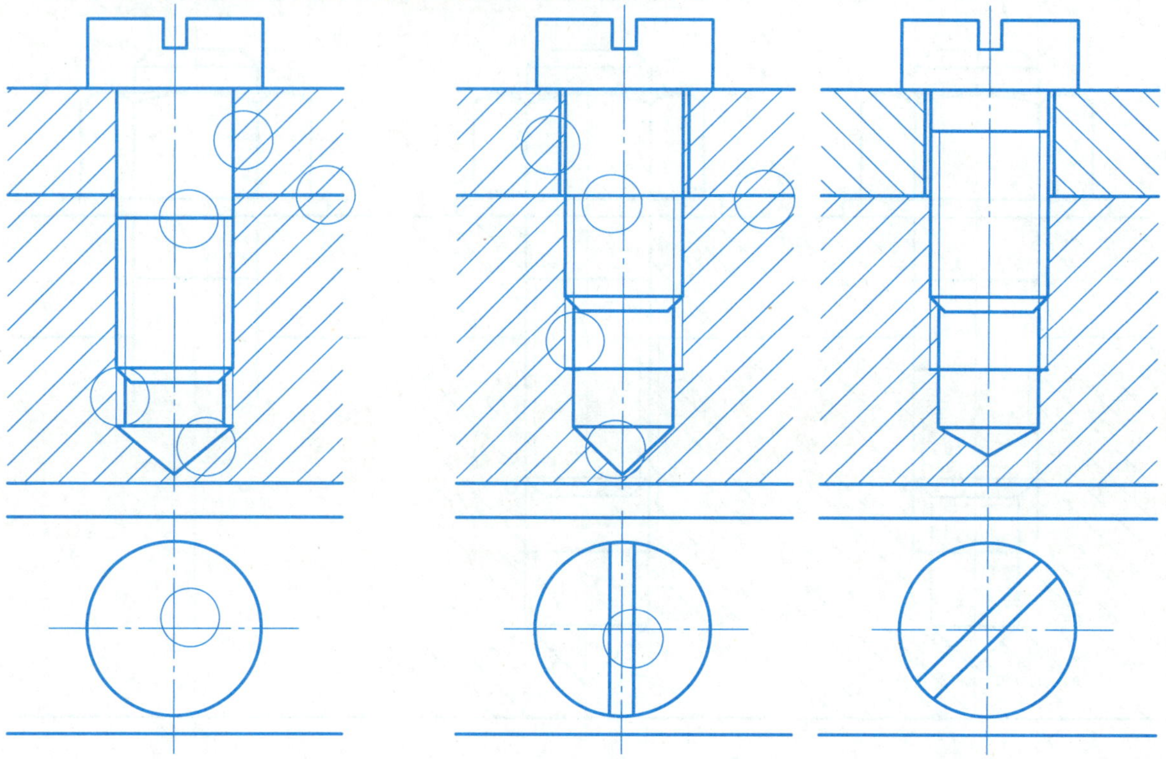

3. 已知键、轴和孔上键槽的有关尺寸，完成键的连接图。

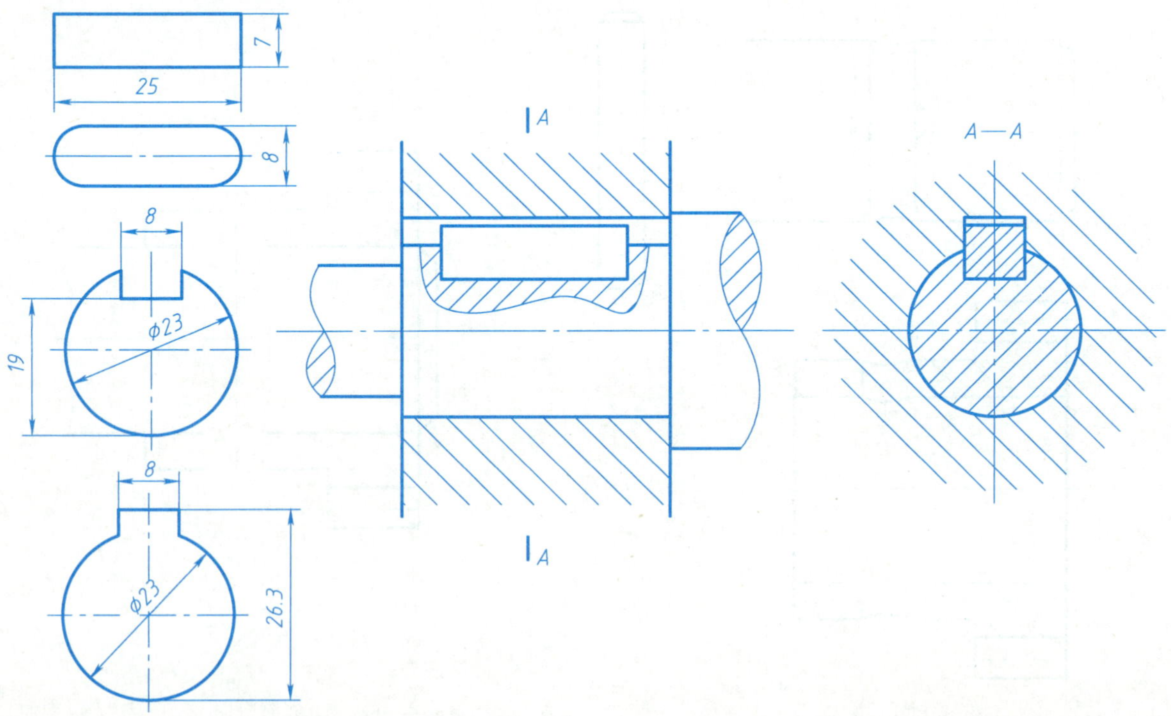

4. 图 a 为轴、齿轮和销的视图，完成用销（GB/T 119.1 5m6 × 35）连接轴和齿轮的装配图（图 b）。

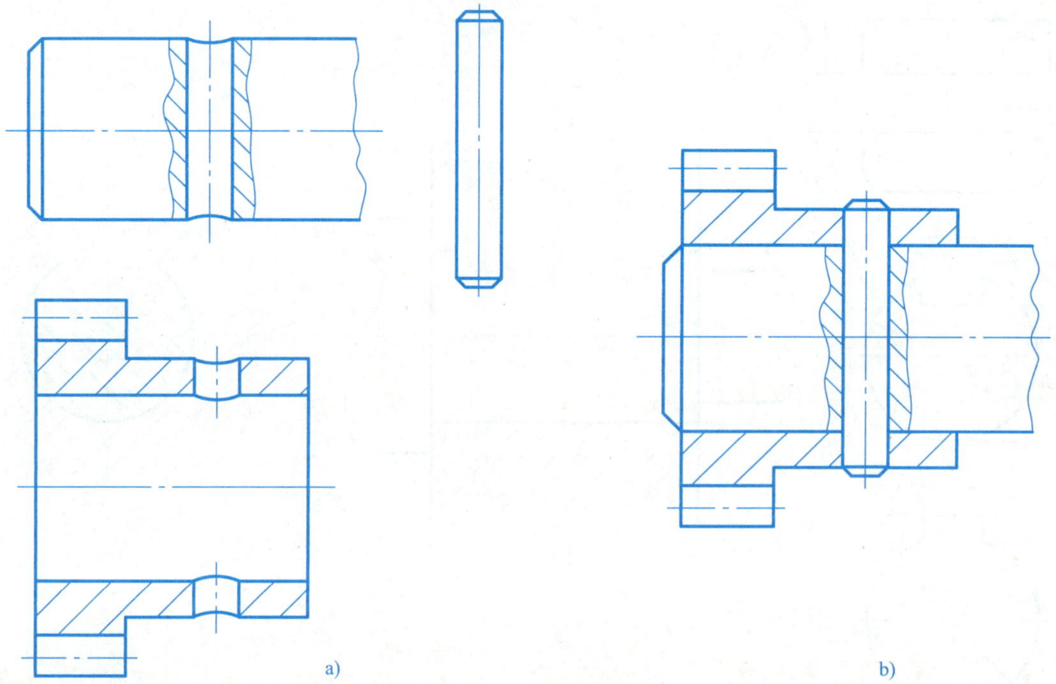

a)　　b)

一、标准件和常用件（三）

1. 已知齿轮孔径 D=23mm，e=20mm，厚度 =20mm，齿数 z=19，试计算齿轮的分度圆直径 d、齿顶圆直径 d_a 及齿根圆直径 d_f，并完成齿轮的两视图。

分度圆直径 d=　　　　齿顶圆直径 d_a=

齿根圆直径 d_f=

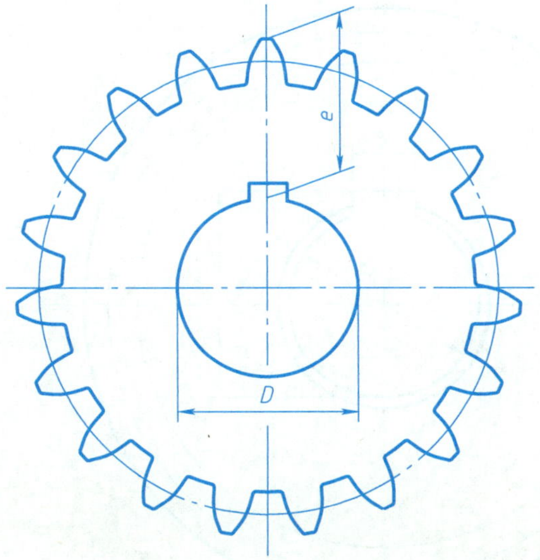

2. 已知直齿圆柱齿轮模数为 3mm，齿数为 23，请画出其两视图，并标注全部尺寸 (从图上直接量取并取整)。

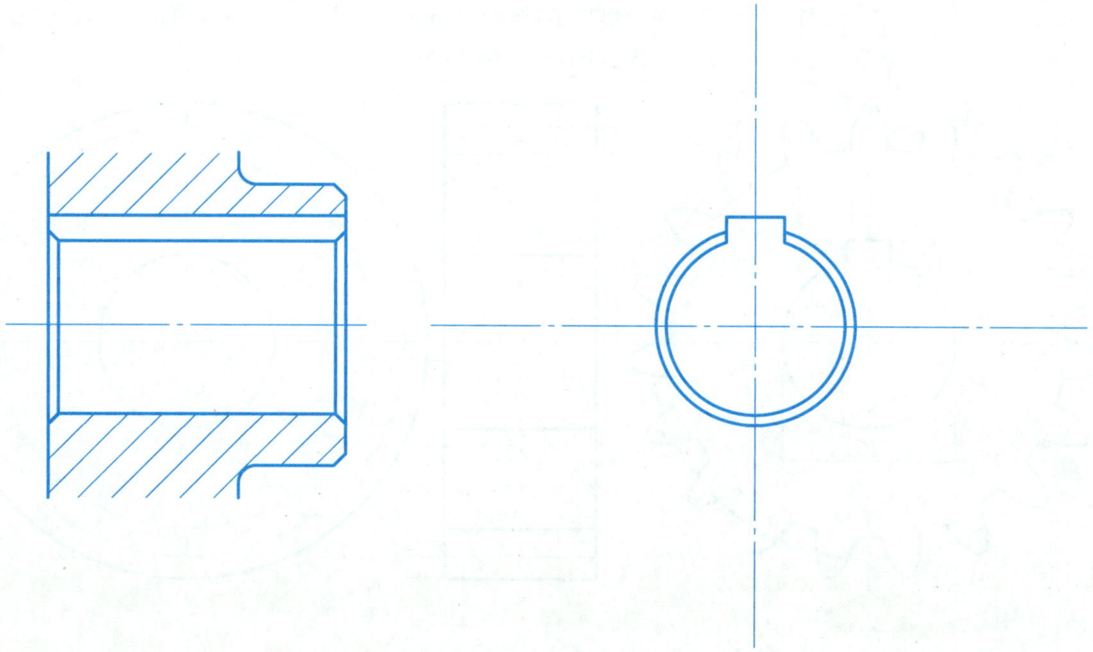

3. 已知齿轮模数 m=2mm，齿数 z_1=17，中心距 a=43mm，试计算下列参数，并完成齿轮啮合图。

齿顶圆直径d_{a1}=

d_{a2}=

分度圆直径d_1=

d_2=

齿根圆直径d_{f1}=

d_{f2}=

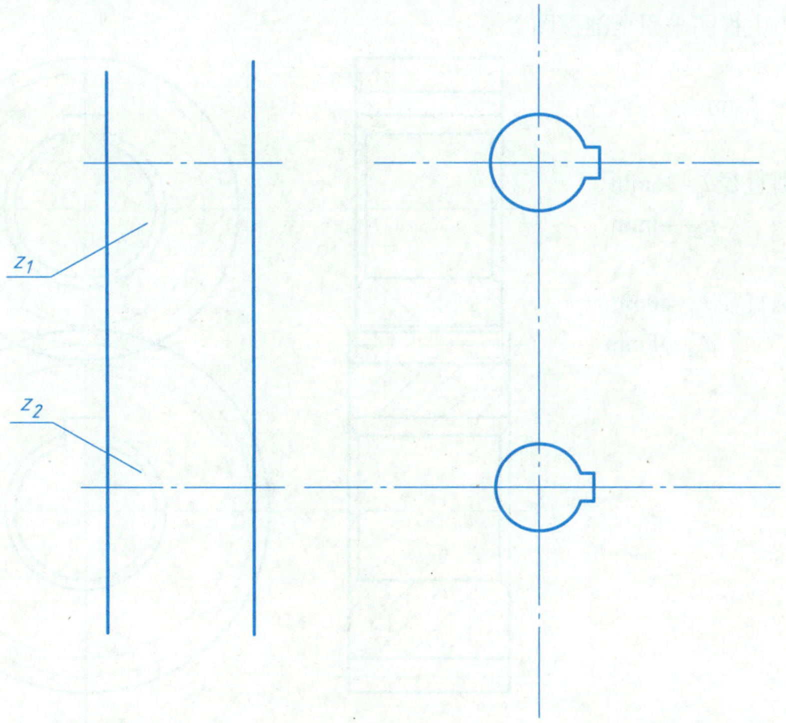

4. 已知齿轮副中齿数 z_1=18、z_2=22，中心距 a=40mm，试计算以下参数并画出两齿轮啮合的主、左视图（主视图采用全剖视图）。

模数m=

分度圆直径d_1=

d_2=

齿顶圆直径d_{a1}=

d_{a2}=

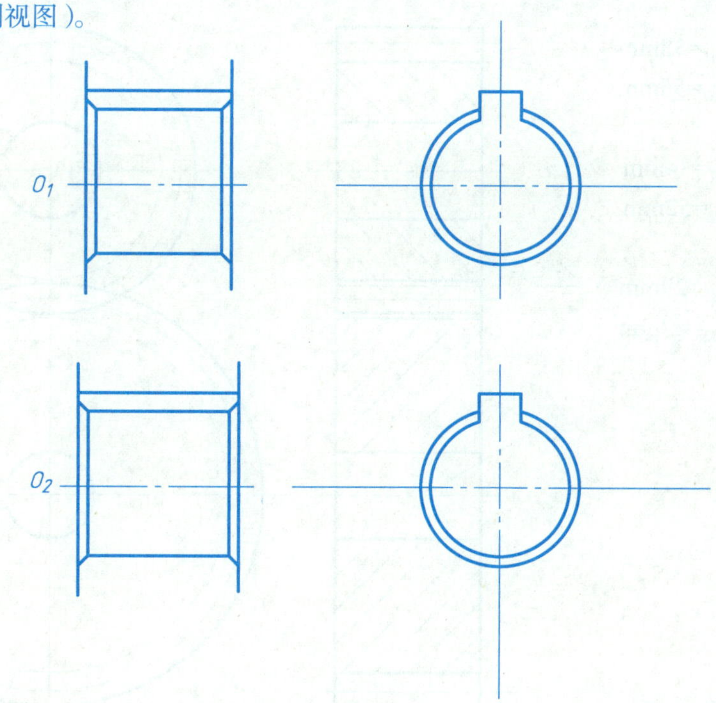

一、标准件和常用件（三）答案

1. 已知齿轮孔径 D=23mm，e=20mm，厚度 =20mm，齿数 z=19，试计算齿轮的分度圆直径 d、齿顶圆直径 d_a 及齿根圆直径 d_f，并完成齿轮的两视图。

分度圆直径 d=57mm　　齿顶圆直径 d_a=63mm

齿根圆直径 d_f=49.5mm

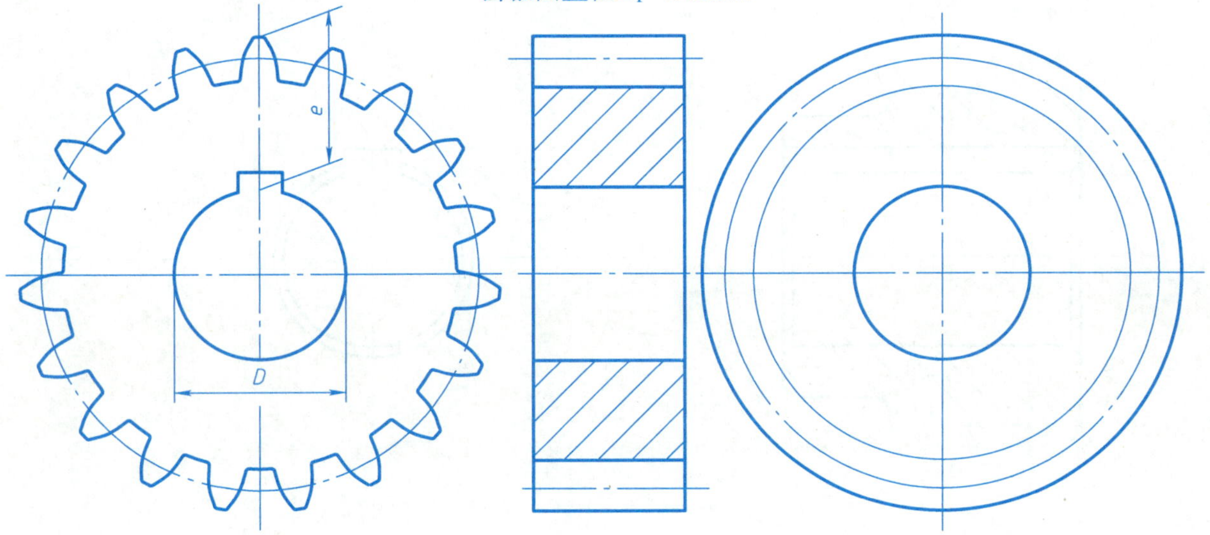

2. 已知直齿圆柱齿轮模数为 3mm，齿数为 23，请画出其两视图，并标注全部尺寸 (从图上直接量取并取整)。

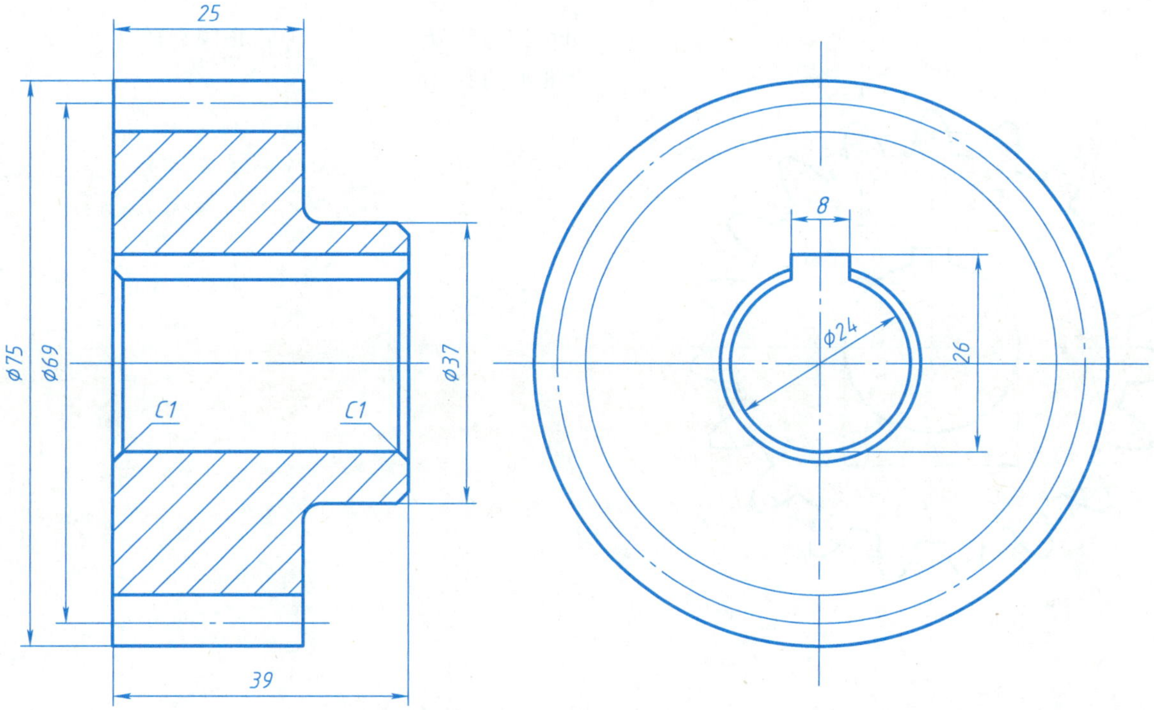

3. 已知齿轮模数 m=2mm，齿数 z_1=17，中心距 a=43mm，试计算下列参数，并完成齿轮啮合图。

齿顶圆直径 d_{a1}=38mm
d_{a2}=56mm

分度圆直径 d_1=34mm
d_2=52mm

齿根圆直径 d_{f1}=29mm
d_{f2}=47mm

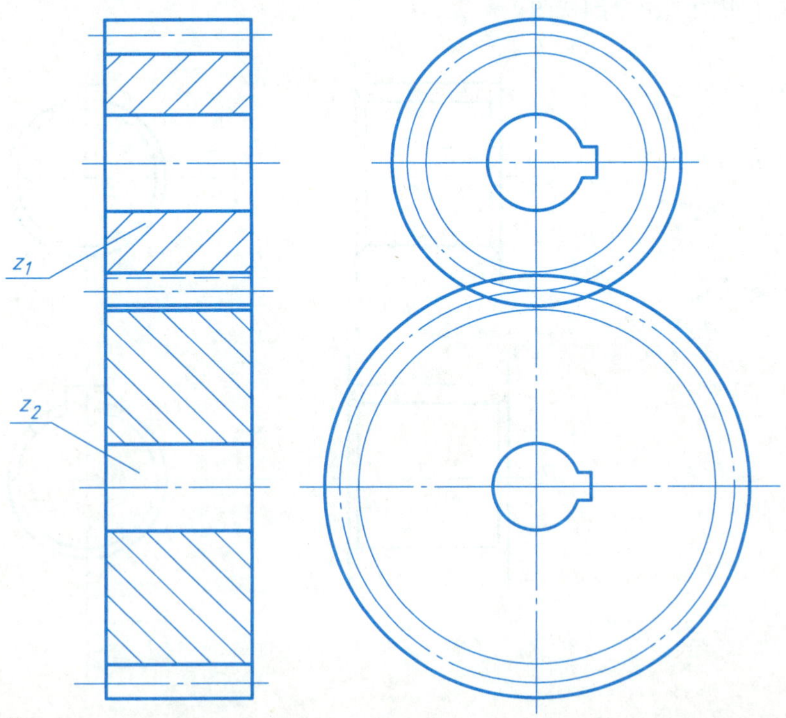

4. 已知齿轮副中齿数 z_1=18、z_2=22，中心距 a=40mm，试计算以下参数并画出两齿轮啮合的主、左视图 (主视图采用全剖视图)。

模数 m=2mm

分度圆直径 d_1=36mm
d_2=44mm

齿顶圆直径 d_{a1}=40mm
d_{a2}=48mm

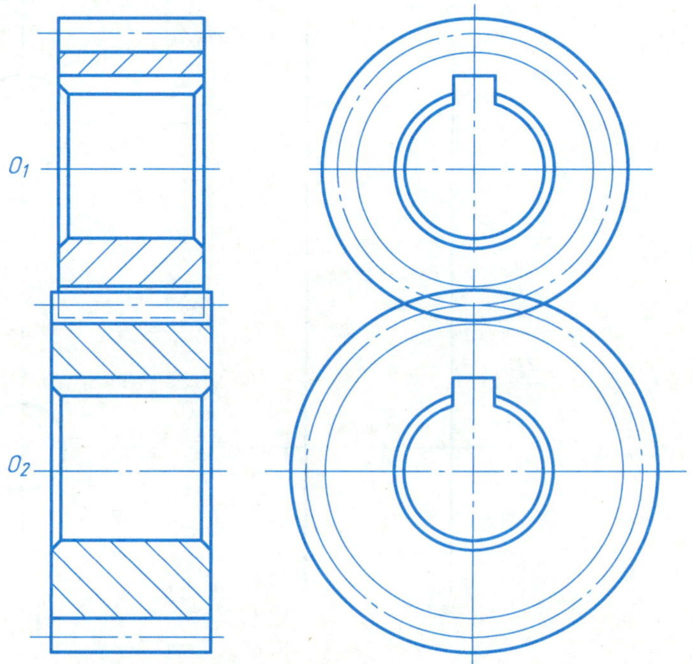

一、标准件和常用件（四）

1. 已知一直齿锥齿轮模数 m=3mm，齿数 z=23，分度圆锥角 δ=45°。试按规定画法画全齿轮的两视图，其中倒角均为 $C1$。

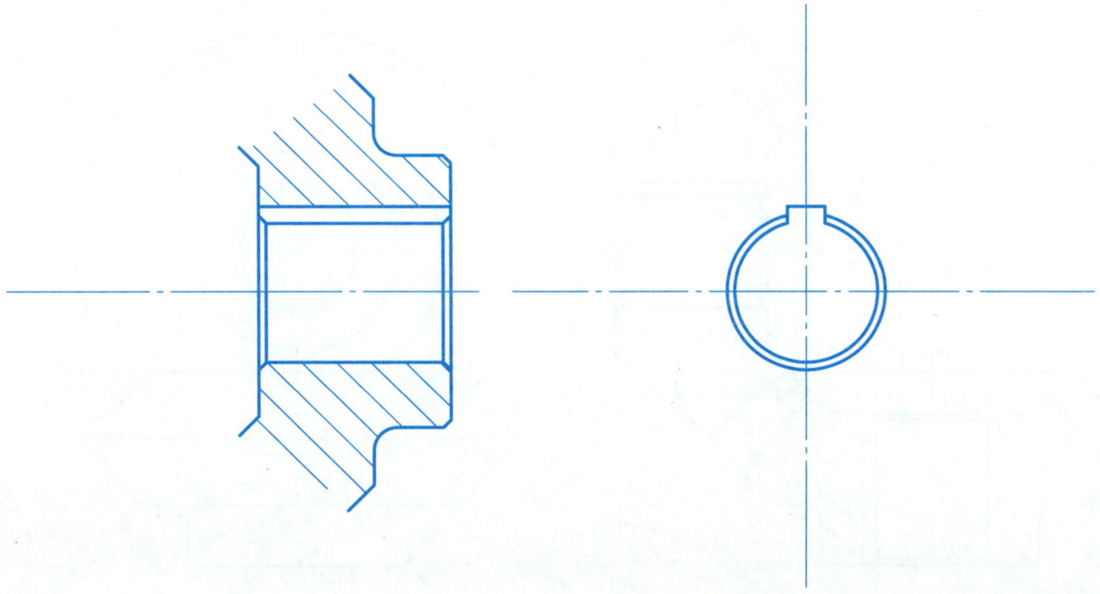

2. 已知一对直齿锥齿轮啮合，齿数 z_1=z_2=18，模数 m=3mm，两轴夹角为 90°，试按规定画法画全两齿轮啮合的两视图。

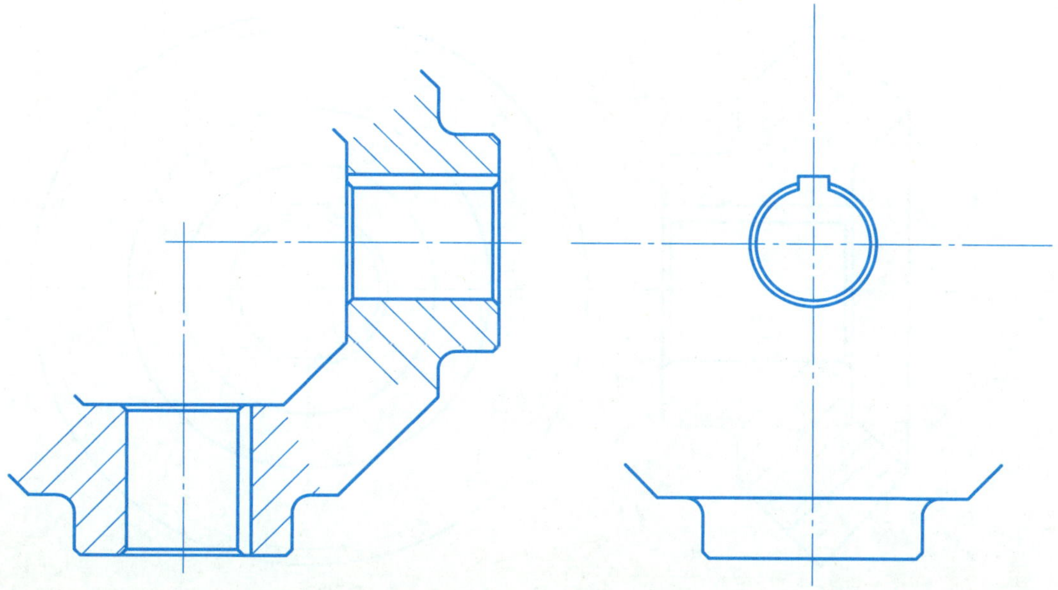

3. 一圆柱螺旋压缩弹簧，外径为 42mm，有效圈数为 7，支承圈数为 2.5，节距为 12mm，材料直径为 6 mm，右旋。试用 1∶1 的比例画出弹簧的剖视图。

4. 已知阶梯轴两端支承轴肩处的直径分别为 25mm 和 15mm，试用 1∶1 的比例画出支承处的滚动轴承（规定画法）。

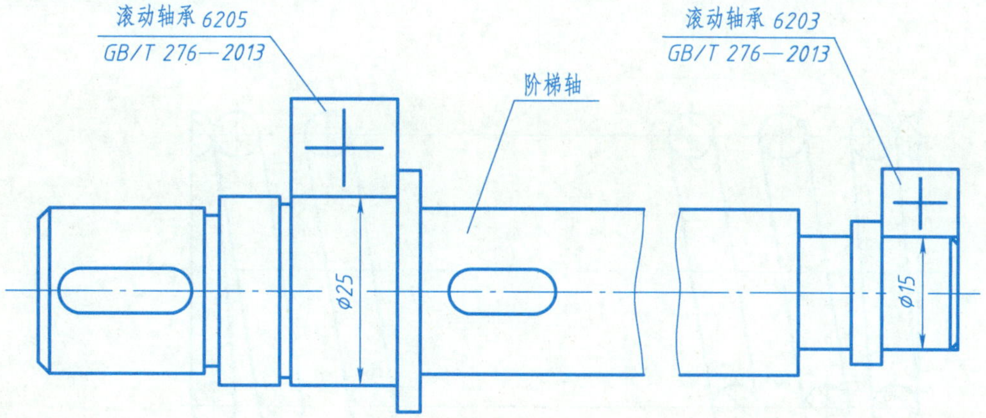

一、标准件和常用件（四）答案

1. 已知一直齿锥齿轮模数 m=3mm，齿数 z=23，分度圆锥角 δ=45°。试按规定画法画全齿轮的两视图，其中倒角均为 C1。

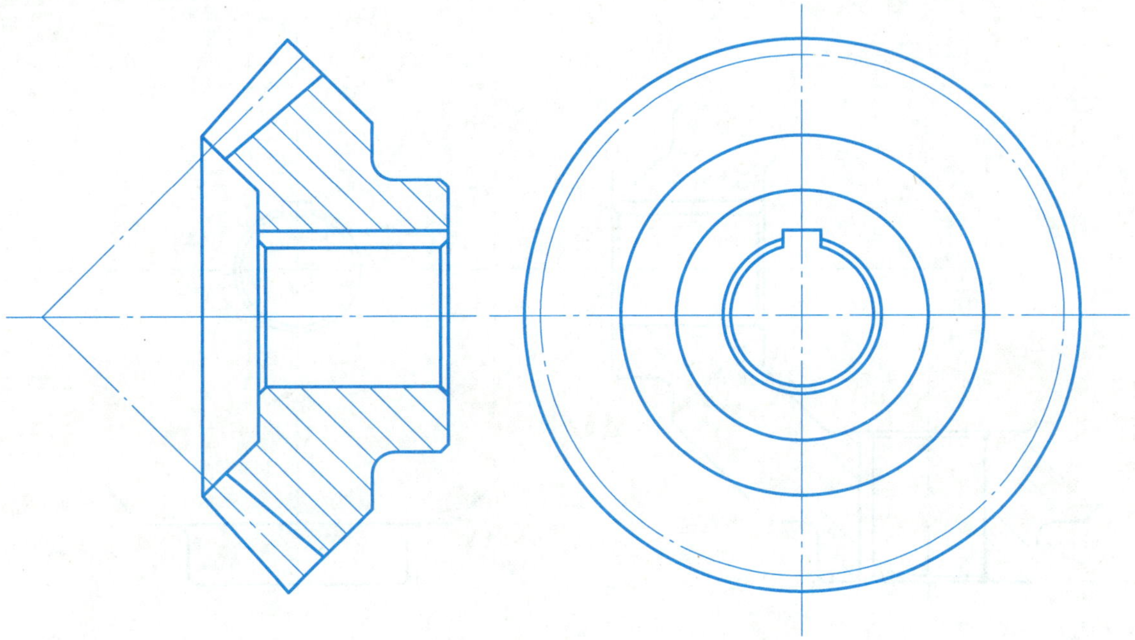

2. 已知一对直齿锥齿轮啮合，齿数 z_1=z_2=18，模数 m=3mm，两轴夹角为 90°，试按规定画法画全两齿轮啮合的两视图。

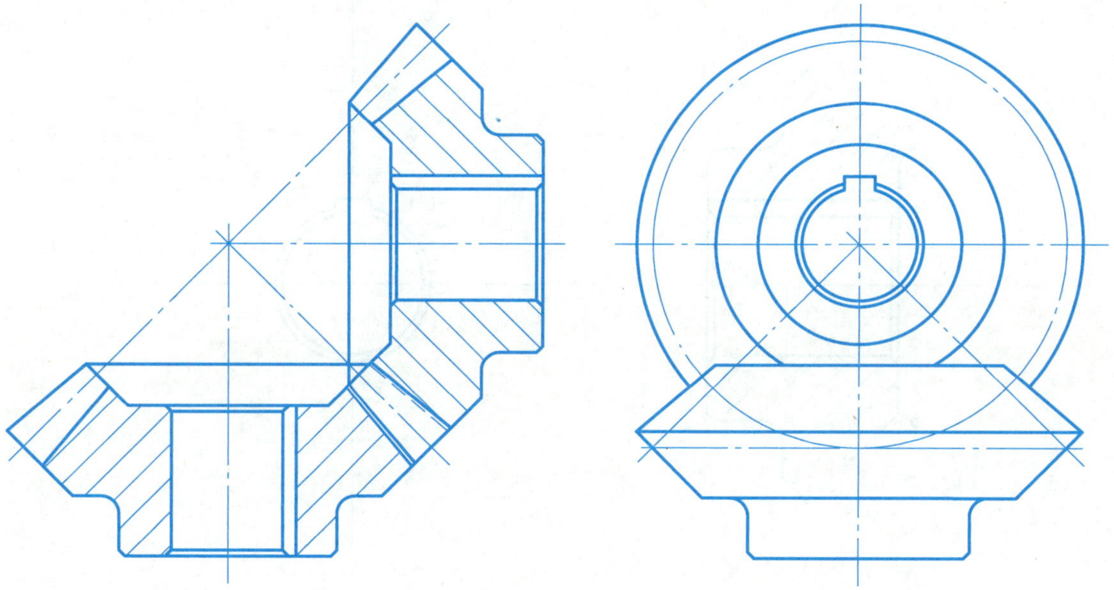

3. 一圆柱螺旋压缩弹簧，外径为 42mm，有效圈数为 7，支承圈数为 2.5，节距为 12mm，材料直径为 6mm，右旋。试用 1∶1 的比例画出弹簧的剖视图。

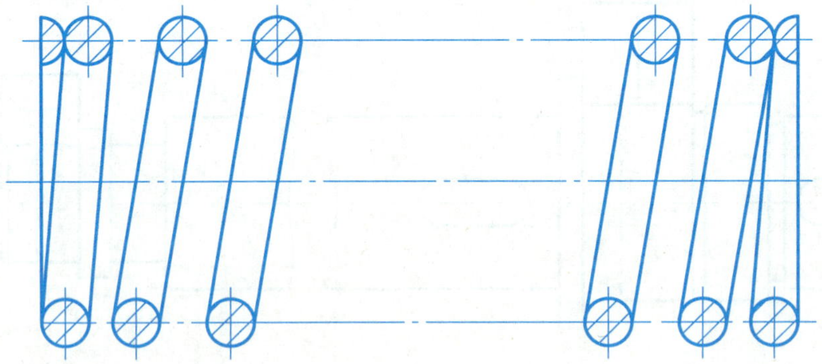

4. 已知阶梯轴两端支承轴肩处的直径分别为 25mm 和 15mm，试用 1∶1 的比例画出支承处的滚动轴承（规定画法）。

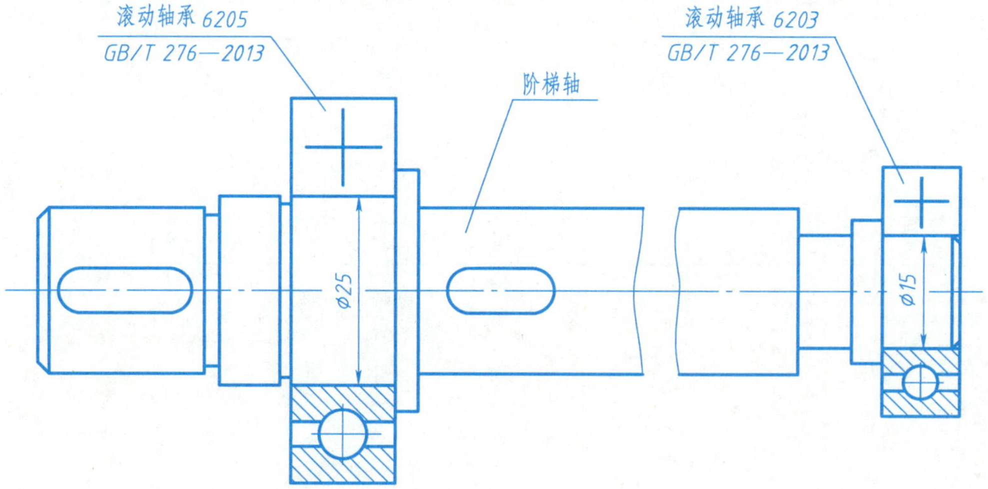

1. 对零件表面进行表面结构要求标注（表面均为加工面）。

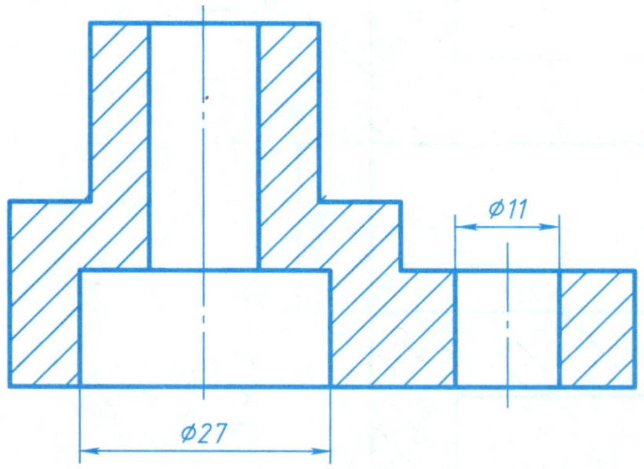

表面	*Ra*/μm
顶面	25
ϕ11	3.2
底面	1.6
ϕ27	3.2
其余	50

2. 对零件表面进行表面结构要求标注。

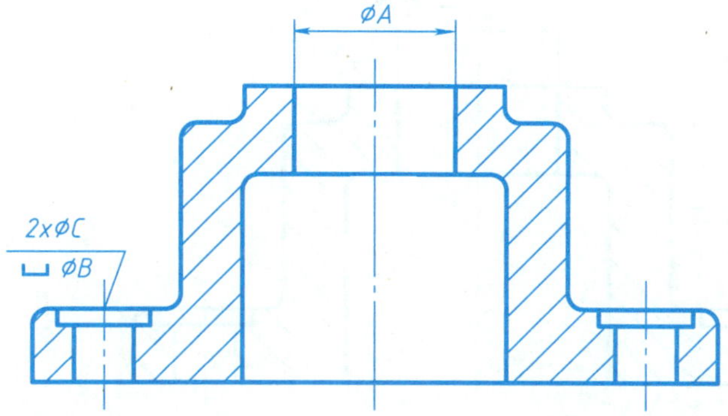

表面	*Ra*/μm
顶面	6.3
底面	6.3
ϕ*A*	1.6
安装孔	12.5
其余	不加工

3. 对零件表面进行表面结构要求标注（表面均为加工面）。

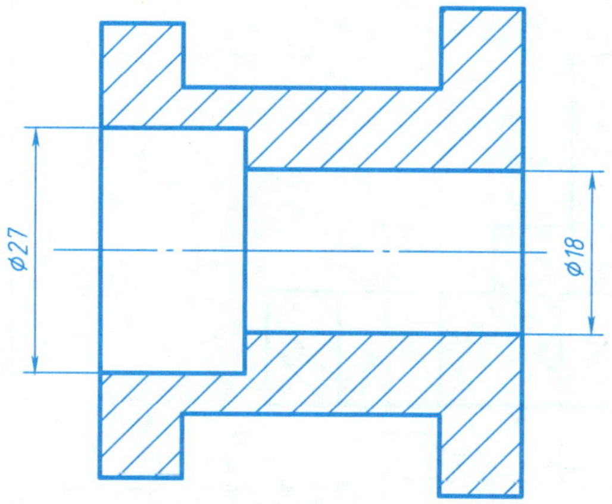

表面	*Ra*/μm
左端面	25
ϕ27	3.2
右端面	1.6
ϕ18	3.2
其余	50

4. 分析图中表面结构要求标注的错误，并重新标注。

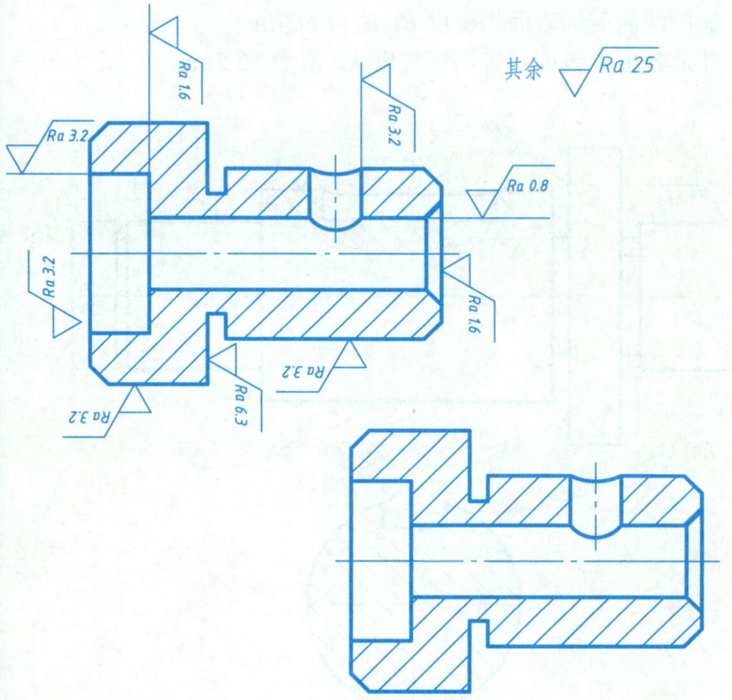

5. 将下面表面结构要求用代号标注在图上。
（1）ϕ10 和 ϕ37 圆柱表面的表面粗糙度 *Ra* 值为 0.8μm。
（2）ϕ15 和 ϕ32 圆柱表面的表面粗糙度 *Ra* 值为 3.2μm。
（3）*A* 和 *B* 面的表面粗糙度 *Ra* 值为 1.6μm。
（4）*C* 面的表面粗糙度 *Ra* 值为 12.5μm。
（5）其余表面均为加工面，表面粗糙度 *Ra* 值为 25μm。

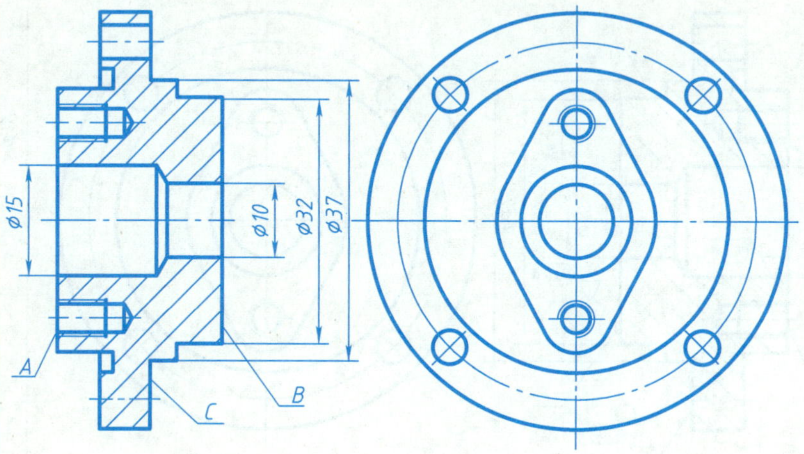

6. 将下面表面结构要求用代号标注在图上。
（1）ϕ19 两圆柱表面的表面粗糙度 *Ra* 值为 3.2μm。
（2）圆柱表面 *I* 和轴肩右端面 *II* 的表面粗糙度 *Ra* 值为 6.3μm。
（3）键槽两侧面的表面粗糙度 *Ra* 值为 6.3μm。
（4）其余各加工表面的表面粗糙度 *Ra* 值为 12.5μm。

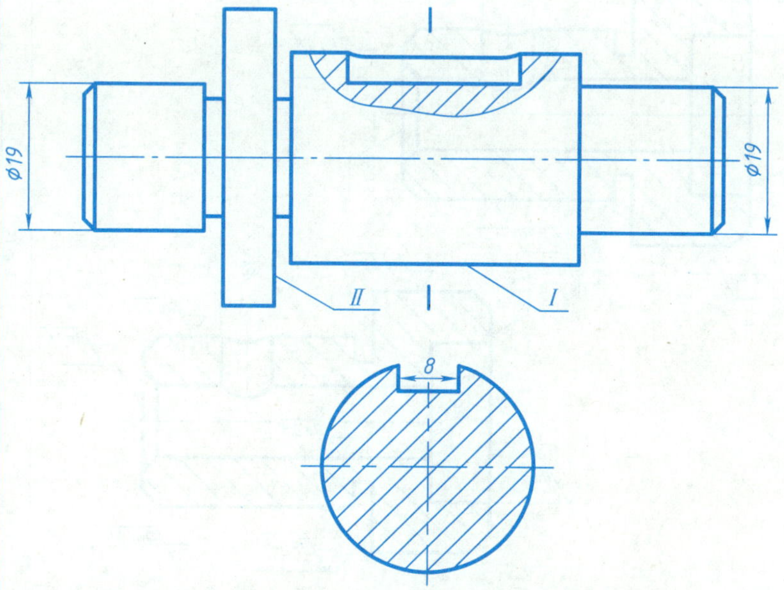

二、零件图技术要求（一）答案

1. 对零件表面进行表面结构要求标注（表面均为加工面）。

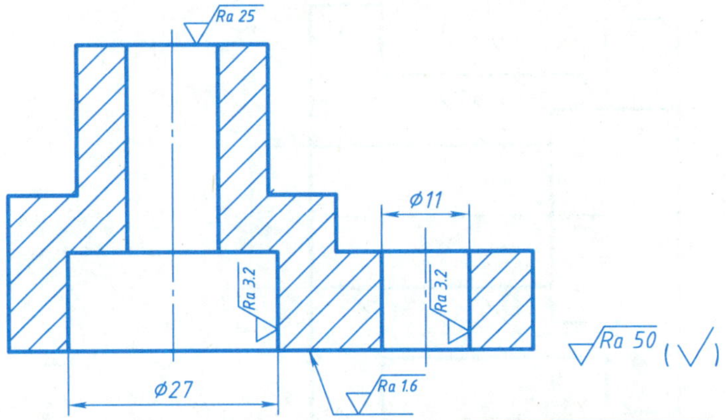

表面	Ra/μm
顶面	25
ϕ11	3.2
底面	1.6
ϕ27	3.2
其余	50

2. 对零件表面进行表面结构要求标注。

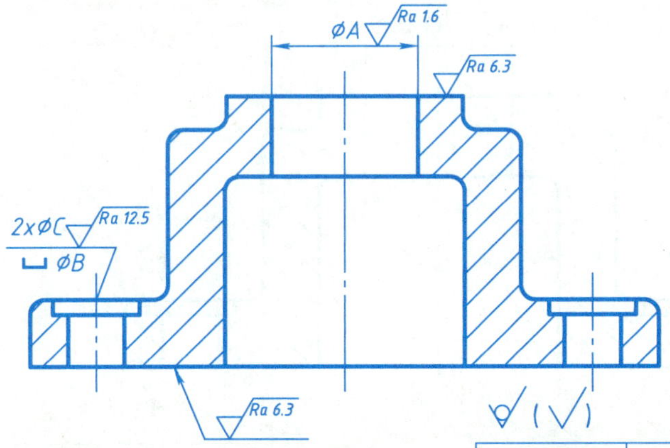

表面	Ra/μm
顶面	6.3
底面	6.3
ϕA	1.6
安装孔	12.5
其余	不加工

3. 对零件表面进行表面结构要求标注（表面均为加工面）。

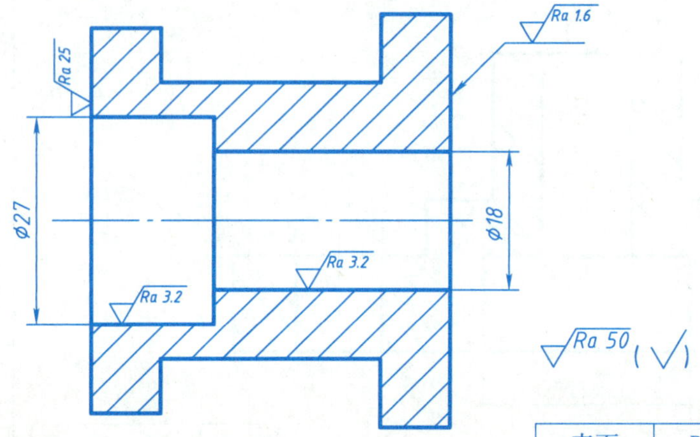

表面	Ra/μm
左端面	25
ϕ27	3.2
右端面	1.6
ϕ18	3.2
其余	50

4. 分析图中表面结构要求标注的错误，并重新标注。

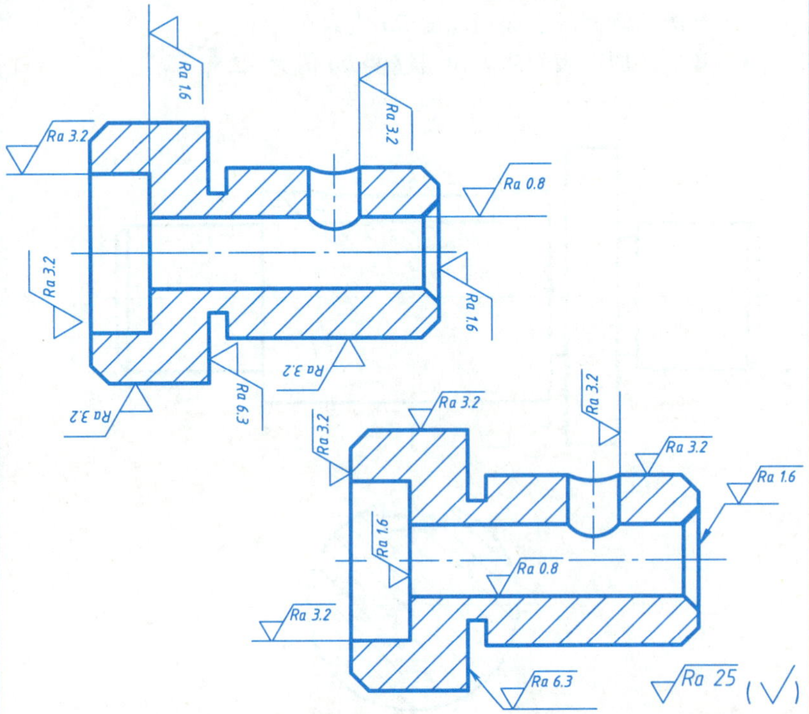

5. 将下面表面结构要求用代号标注在图上。

（1）ϕ10 和 ϕ37 圆柱表面的表面粗糙度 *Ra* 值为 0.8μm。

（2）ϕ15 和 ϕ32 圆柱表面的表面粗糙度 *Ra* 值为 3.2μm。

（3）*A* 和 *B* 面的表面粗糙度 *Ra* 值为 1.6μm。

（4）*C* 面的表面粗糙度 *Ra* 值为 12.5μm。

（5）其余表面均为加工面，表面粗糙度 *Ra* 值为 25μm。

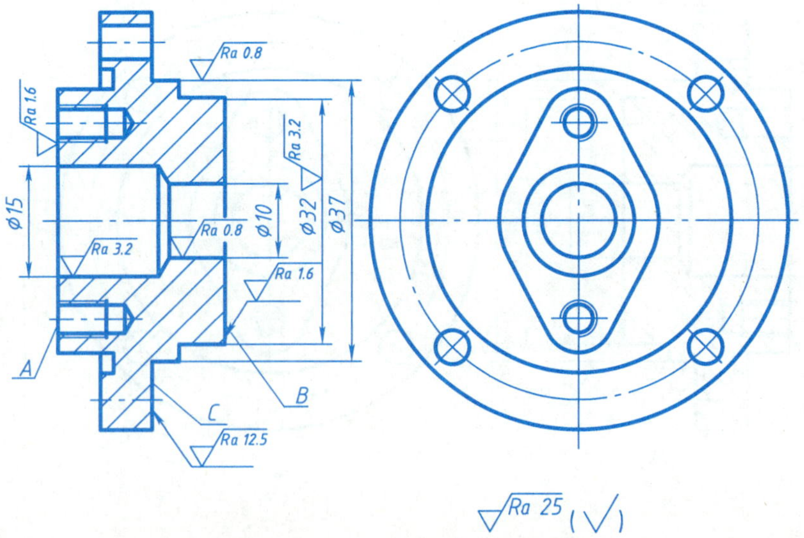

6. 将下面表面结构要求用代号标注在图上。

（1）ϕ19 两圆柱表面的表面粗糙度 *Ra* 值为 3.2μm。

（2）圆柱表面 *I* 和轴肩右端面 *II* 的表面粗糙度 *Ra* 值为 6.3μm。

（3）键槽两侧面的表面粗糙度 *Ra* 值为 6.3μm。

（4）其余各加工表面的表面粗糙度 *Ra* 值为 12.5μm。

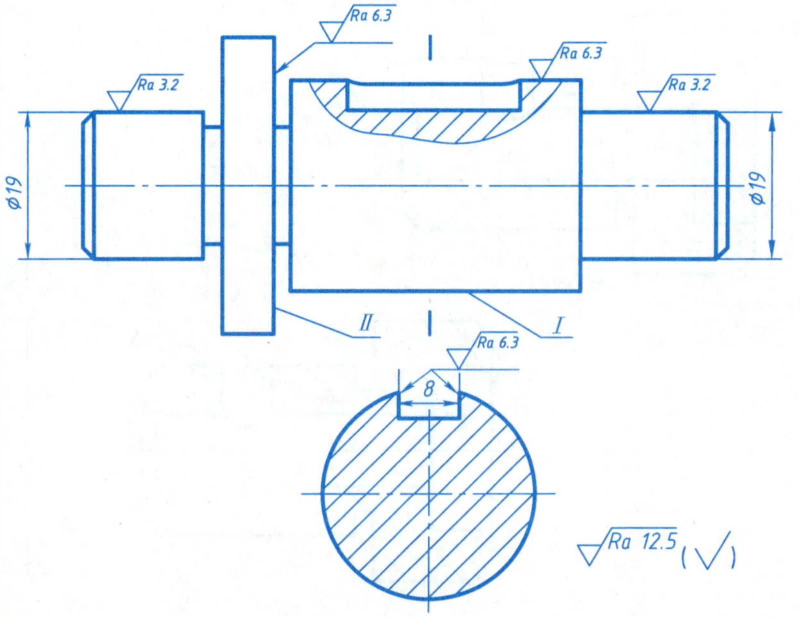

二、零件图技术要求（二）

1. 由公差带图完成下列问题。

（1）该配合为 ______ 制 ______ 配合，该配合的最大间隙为 ______ 。

（2）ϕ22f6的上极限偏差为 ______，下极限偏差为 ______，基本偏差代号为 ______，标准公差等级为 ______，上极限尺寸为 ______，下极限尺寸为 ______ 。

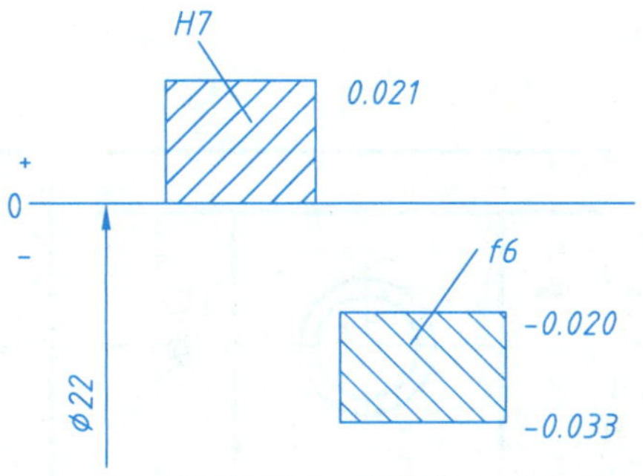

（3）在下列图中分别将配合尺寸及轴、孔的尺寸和公差注出。

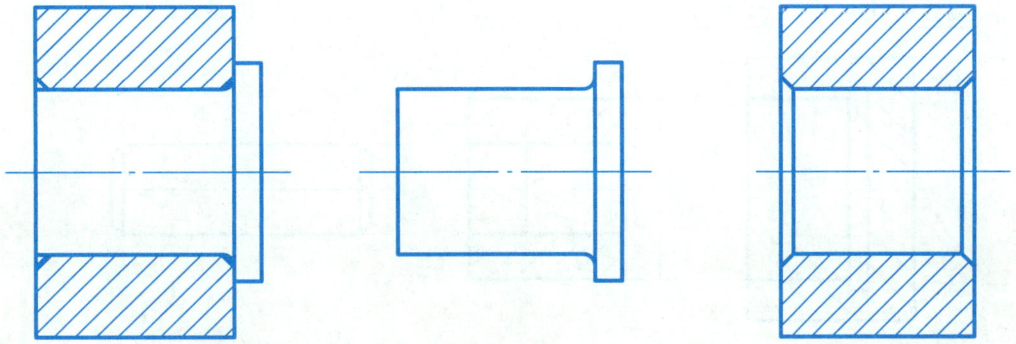

2. 根据装配图中的尺寸填表，并分别在零件图中注出零件的公称尺寸和公差带代号。

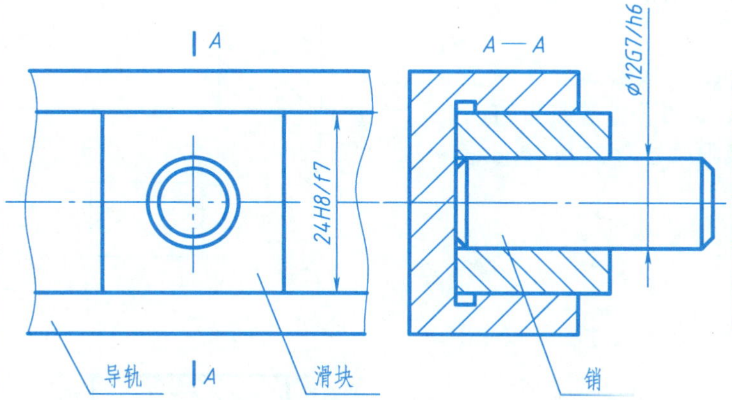

	导轨、滑块配合	滑块、销配合
配合制度		
配合种类		

	导轨	滑块	滑块	销
基本偏差代号				
公差等级				

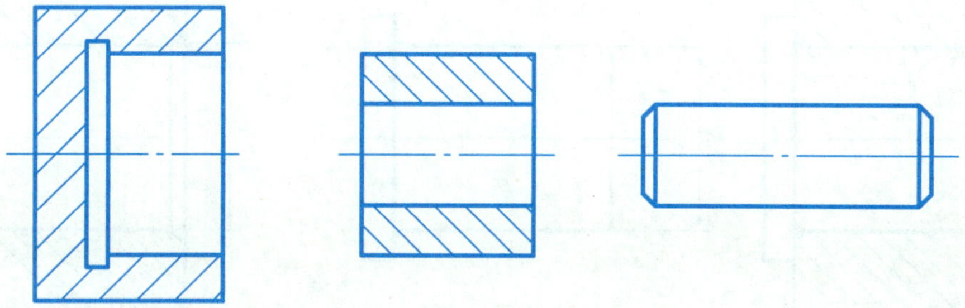

3. 根据图 a 给出的配合尺寸，在图 b、c、d 中注出公称尺寸和公差带代号，并回答下列问题。

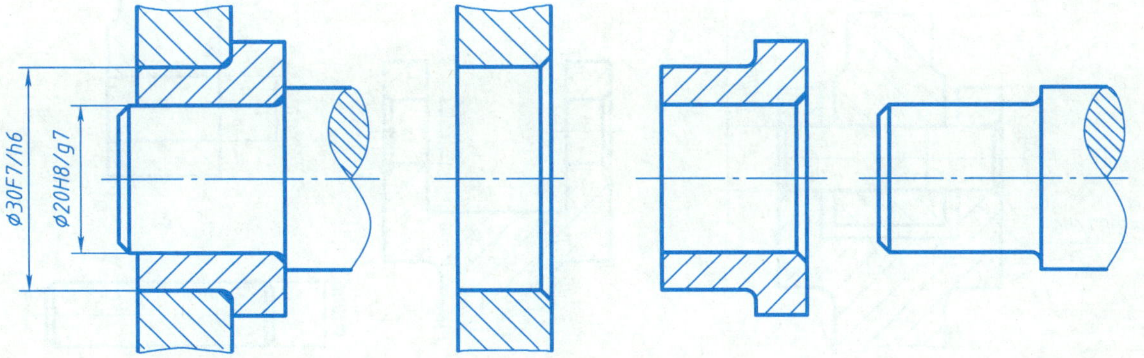

a)　　b)　　c)　　d)

ϕ30F7/h6 表示 ______ 制 ______ 配合，孔的基本偏差代号为 ______，公差等级为 ______；

ϕ20H8/g7 表示 ______ 制 ______ 配合，孔的基本偏差代号为 ______，公差等级为 ______ 。

4. 根据图 a 给出的配合尺寸，在图 b、c、d 中注出公称尺寸和公差带代号，并回答下列问题。

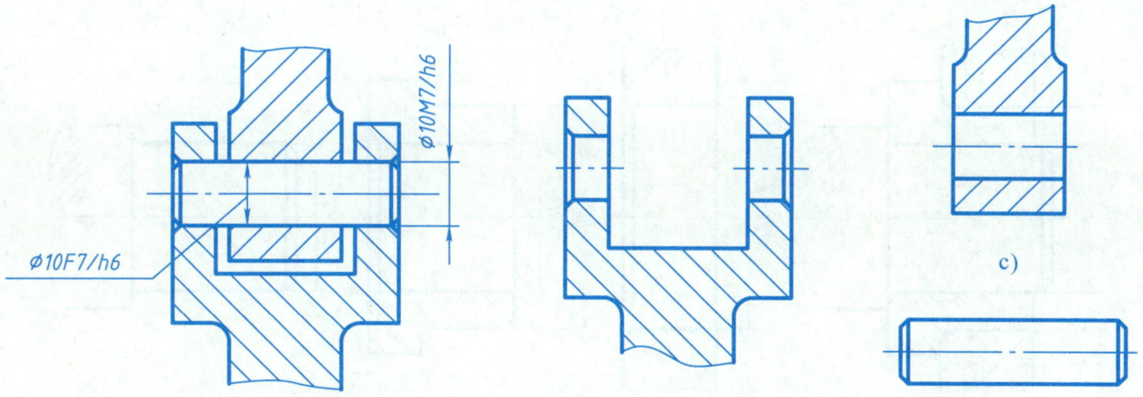

a)　　b)　　d)

ϕ10F7/h6 表示 ______ 制 ______ 配合，孔的基本偏差代号为 ______，公差等级为 ______；轴的基本偏差代号为 ______，公差等级为 ______ 。

二、零件图技术要求（二）答案

1. 由公差带图完成下列问题。

（1）该配合为 基孔制 间隙 配合，该配合的最大间隙为 0.054 。

（2）ϕ22f6的上极限偏差为 −0.020mm，下极限偏差为 −0.033mm，基本偏差代号为 f，标准公差等级为 IT6，上极限尺寸为 21.980mm ，下极限尺寸为 21.967mm 。

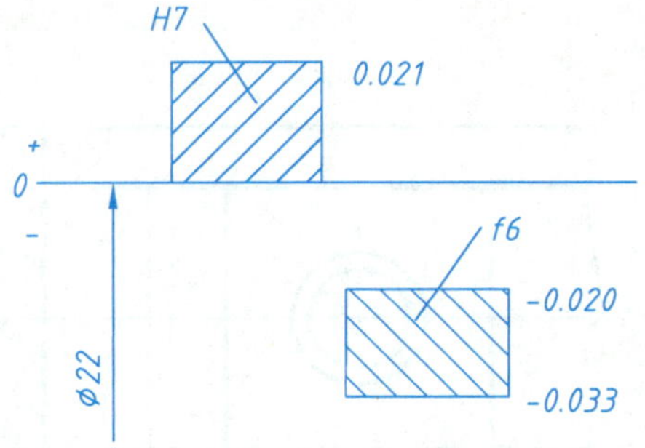

（3）在下列图中分别将配合尺寸及轴、孔的尺寸和公差注出。

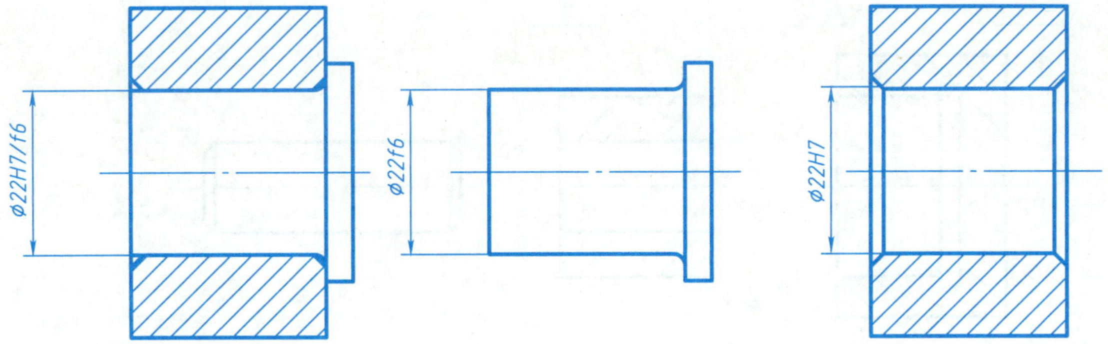

2. 根据装配图中的尺寸填表，并分别在零件图中注出零件的公称尺寸和公差带代号。

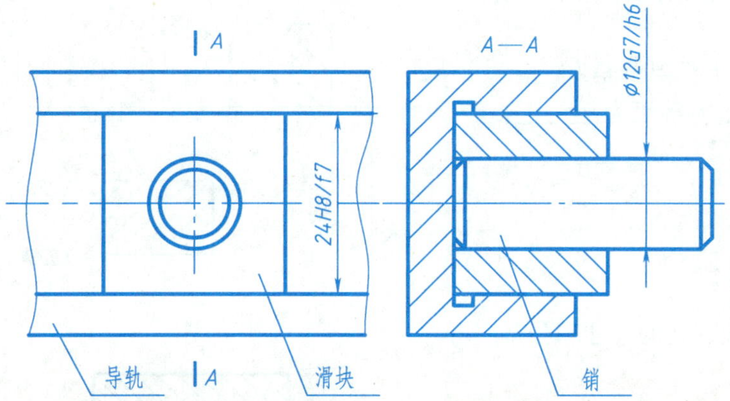

	导轨、滑块配合	滑块、销配合
配合制度	基孔制	基轴制
配合种类	间隙配合	间隙配合

	导轨	滑块	滑块	销
基本偏差代号	H	f	G	h
公差等级	IT8	IT7	IT7	IT6

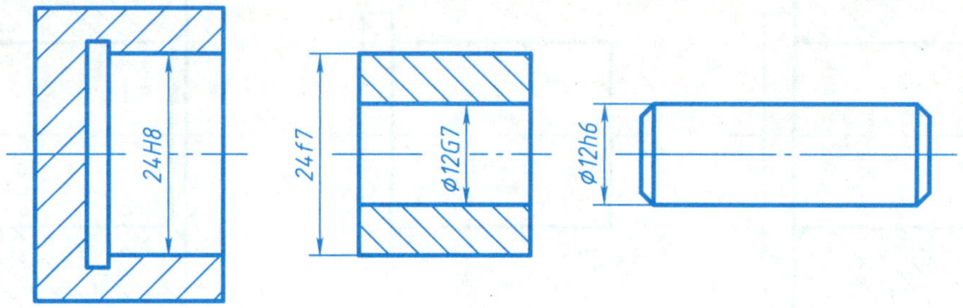

3. 根据图 a 给出的配合尺寸，在图 b、c、d 中注出公称尺寸和公差带代号，并回答下列问题。

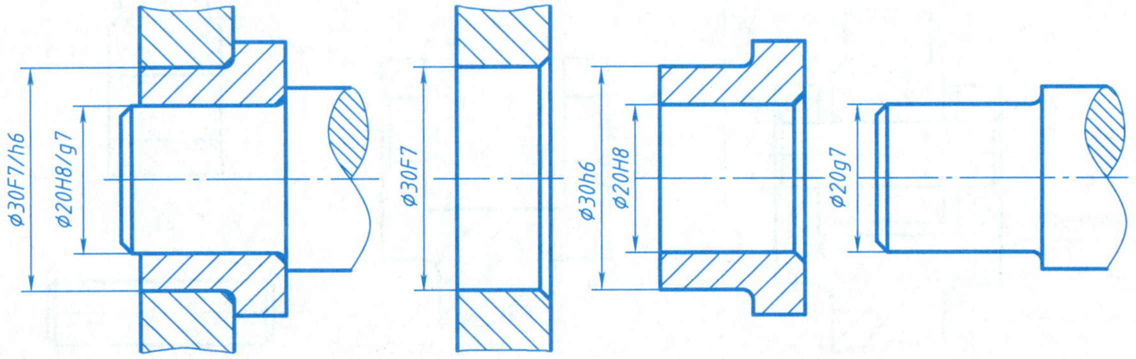

a)　　b)　　c)　　d)

ϕ30F7/h6 表示 基轴制 间隙 配合，孔的基本偏差代号为 F ，公差等级为 IT7 ；

ϕ20H8/g7 表示 基孔制 间隙 配合，孔的基本偏差代号为 H ，公差等级为 IT8 。

4. 根据图 a 给出的配合尺寸，在图 b、c、d 中注出公称尺寸和公差带代号，并回答下列问题。

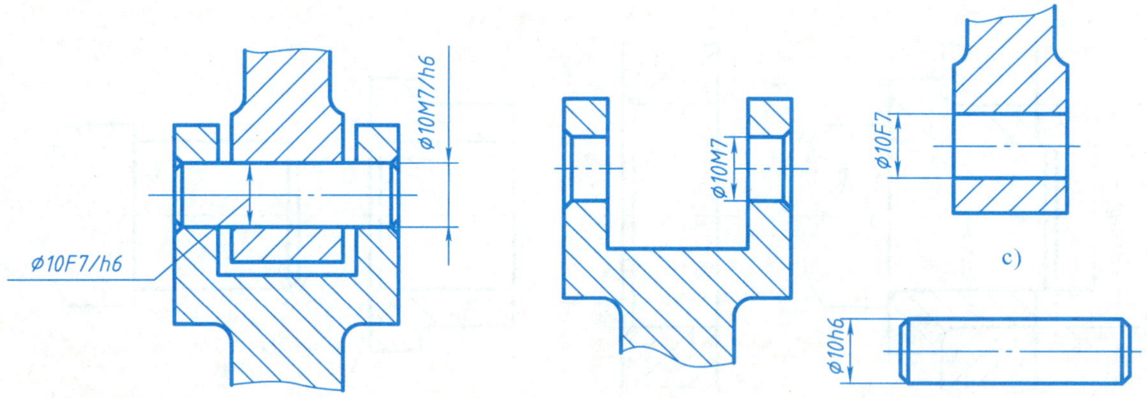

a)　　b)　　d)

ϕ10F7/h6 表示 基轴制 间隙 配合，孔的基本偏差代号为 F ，公差等级为 IT7 ；轴的基本偏差代号为 h ，公差等级为 IT6 。

三、读绘零件图（一）

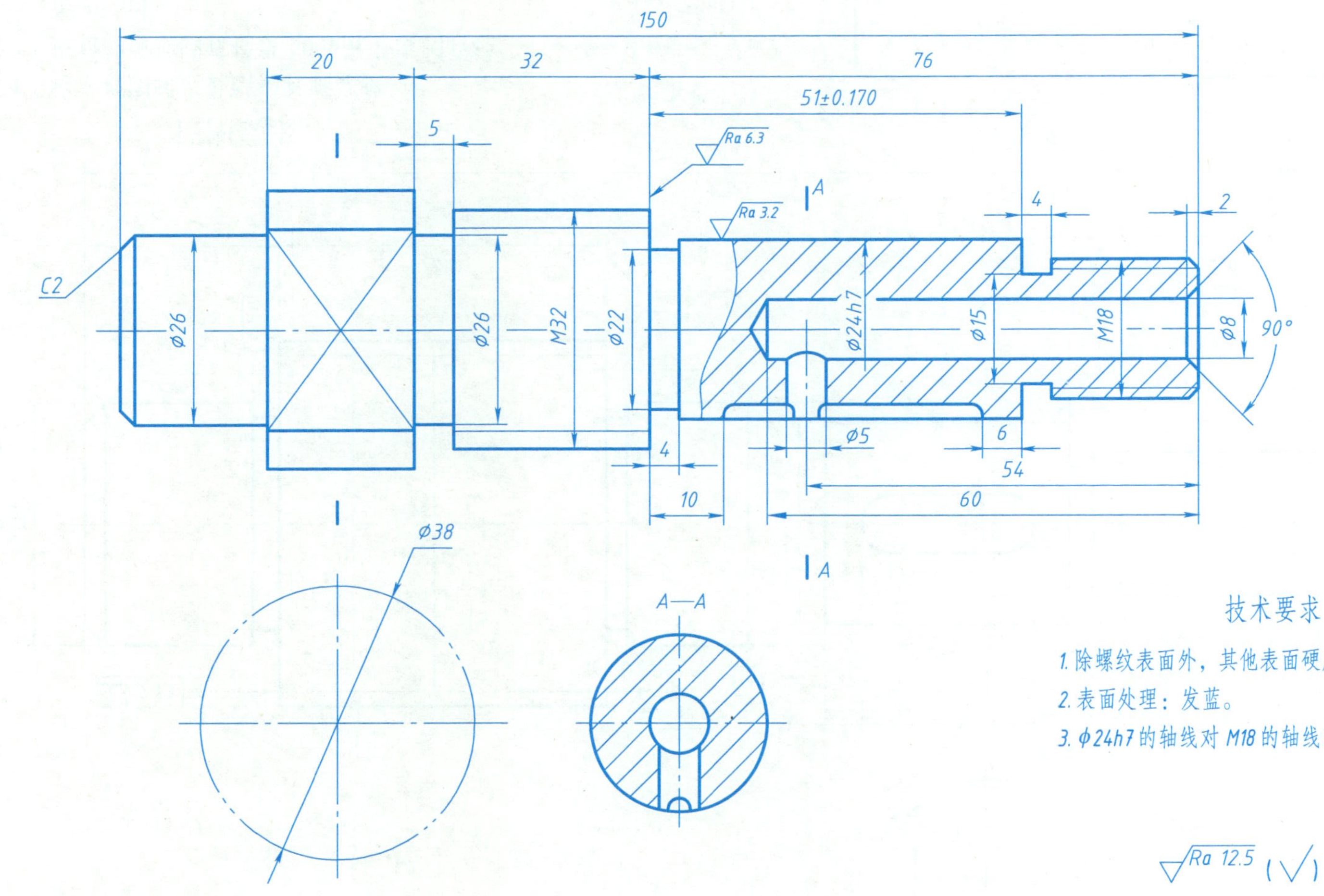

技术要求

1. 除螺纹表面外，其他表面硬度均为45～50HRC。
2. 表面处理：发蓝。
3. φ24h7的轴线对M18的轴线的同轴度公差为φ0.04。

$\sqrt{Ra\ 12.5}$ ($\sqrt{}$)

读图要求

（1）靠左侧的两条相交细实线是什么符号？试按图中断面位置作出断面图，并标注尺寸。
（2）将技术要求第3条所给几何公差标注在图上。
（3）在图中标出φ24h7的极限偏差数值。

轴			比例	1 : 1		
			数量			
制图			重量		材料	45
描图						
审核						

模数	m	2mm
齿数	z	23

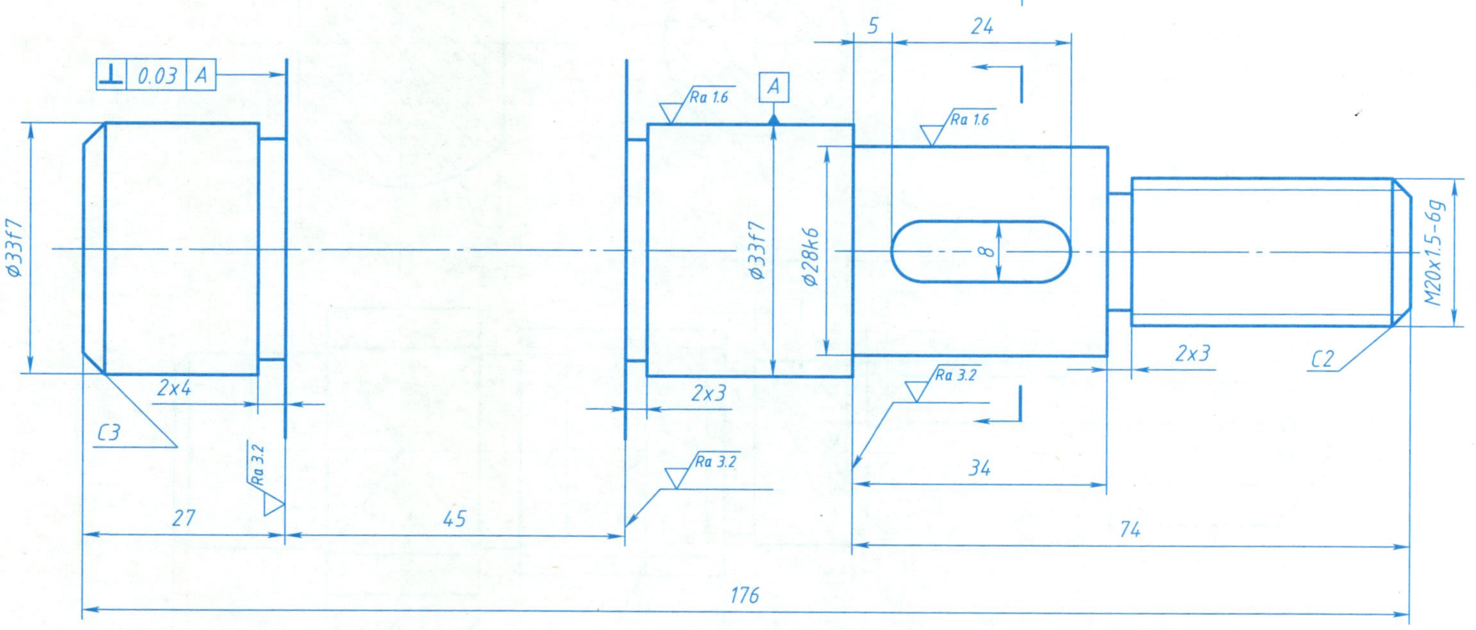

读图要求

（1）将主视图轮齿处结构补画完整。
（2）齿轮的齿顶圆直径是____mm，分度圆直径是____mm。
（3）齿廓Ra值为1.6μm，标注其表面结构代号。
（4）在指定位置画出断面图。

技术要求

1. 除螺纹表面外，其他表面硬度均为45～50HRC。
2. 表面处理：发蓝。

$\sqrt{Ra\ 12.5}$ ($\sqrt{}$)

主动齿轮轴			比例	1 : 1		
			数量			
制图			重量		材料	45
描图						
审核						

三、读绘零件图（一）答案（实体图见 P111）

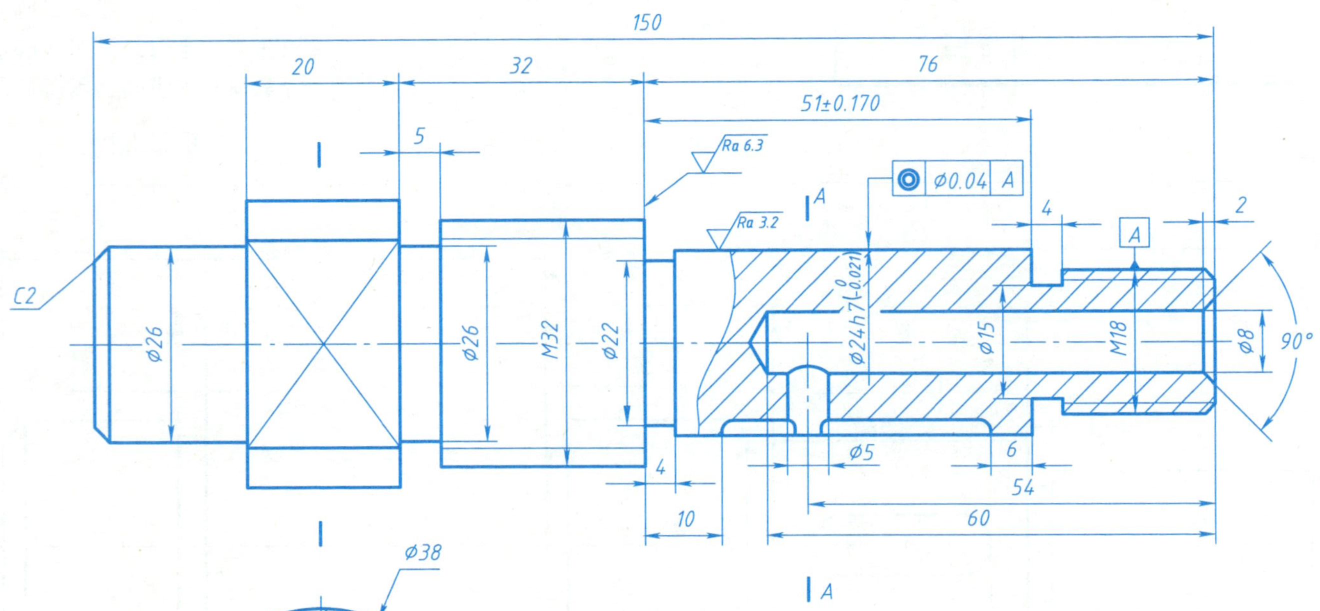

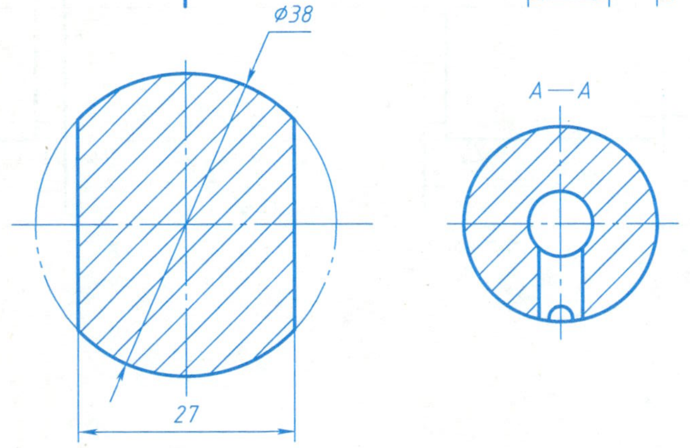

技术要求

1. 除螺纹表面外，其他表面硬度均为 45 ~ 50HRC。
2. 表面处理：发蓝。
3. ϕ24h7 的轴线对 M18 的轴线的同轴度公差为 ϕ0.04。

Ra 12.5 (√)

读图要求

（1）靠左侧的两条相交细实线是什么符号？试按图中断面位置作出断面图，并标注尺寸。答：平面符号。
（2）将技术要求第3条所给几何公差标注在图上。
（3）在图中标出ϕ24h7的极限偏差数值。

轴			比例	1 : 1		
			数量			
制图			重量		材料	45
描图						
审核						

模数	m	2mm
齿数	z	23

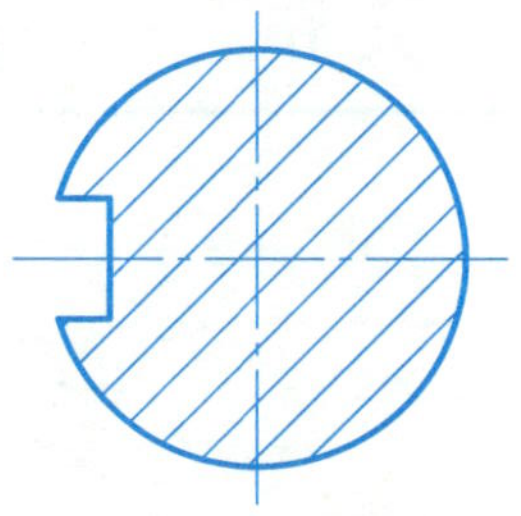

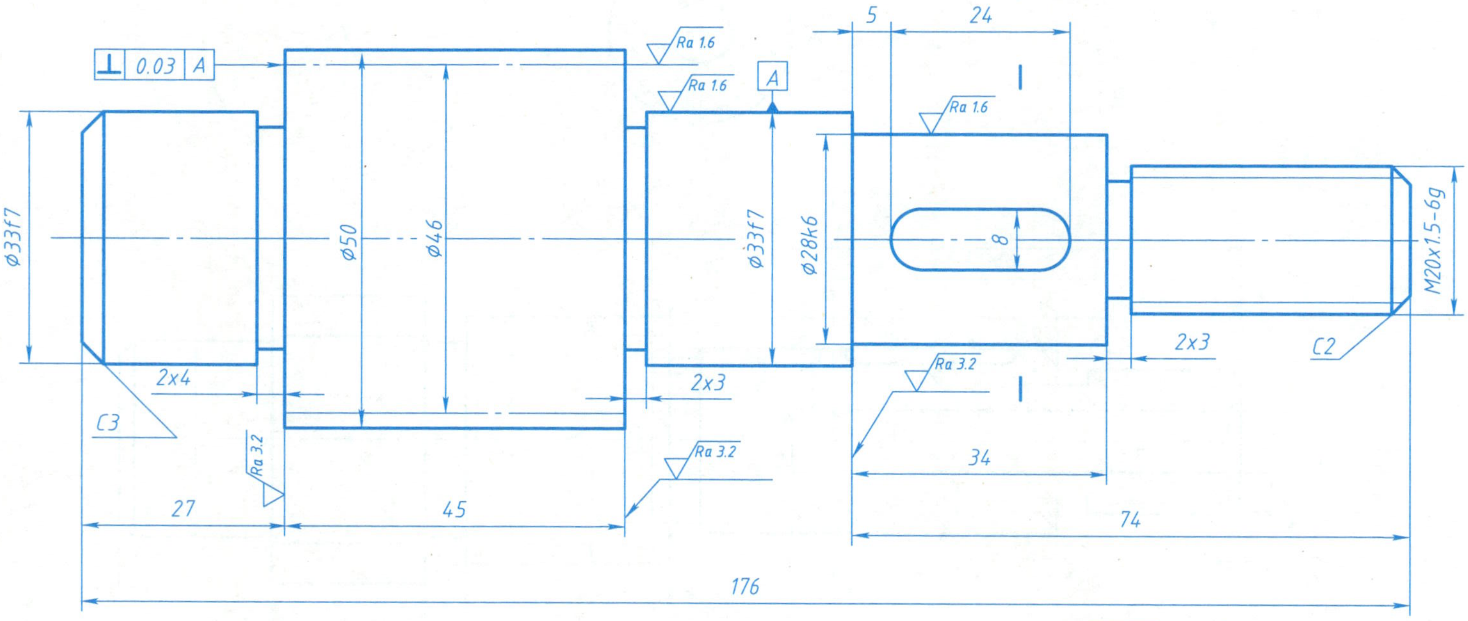

Ra 12.5 (√)

读图要求

（1）将主视图轮齿处结构补画完整。
（2）齿轮的齿顶圆直径是 50 mm,分度圆直径是 46 mm。
（3）齿廓Ra值为1.6μm，标注其表面结构代号。
（4）在指定位置画出断面图。

技术要求

1. 除螺纹表面外，其他表面硬度均为45~50HRC。
2. 表面处理：发蓝。

主动齿轮轴			比例	1 : 1		
			数量			
制图			重量		材料	45
描图						
审核						

三、读绘零件图（二）

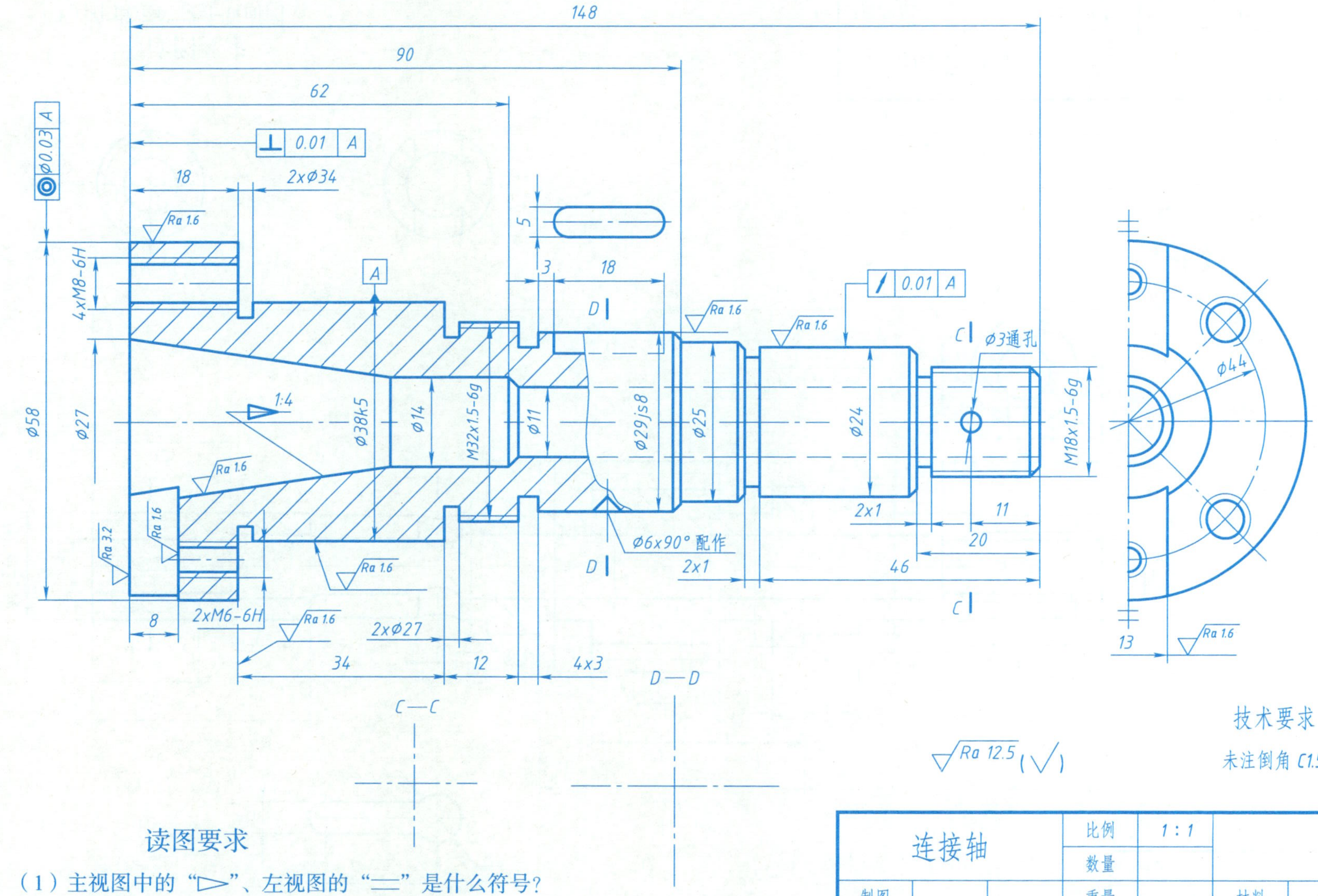

技术要求

未注倒角C1.5。

连接轴			比例	1:1		
			数量			
制图			重量		材料	45
描图						
审核						

读图要求

（1）主视图中的“▷”、左视图的“═”是什么符号？

（2）在指定位置作断面图。

（3）主视图横放是考虑（　　）位置。

模数	m	2mm
齿数	z	15

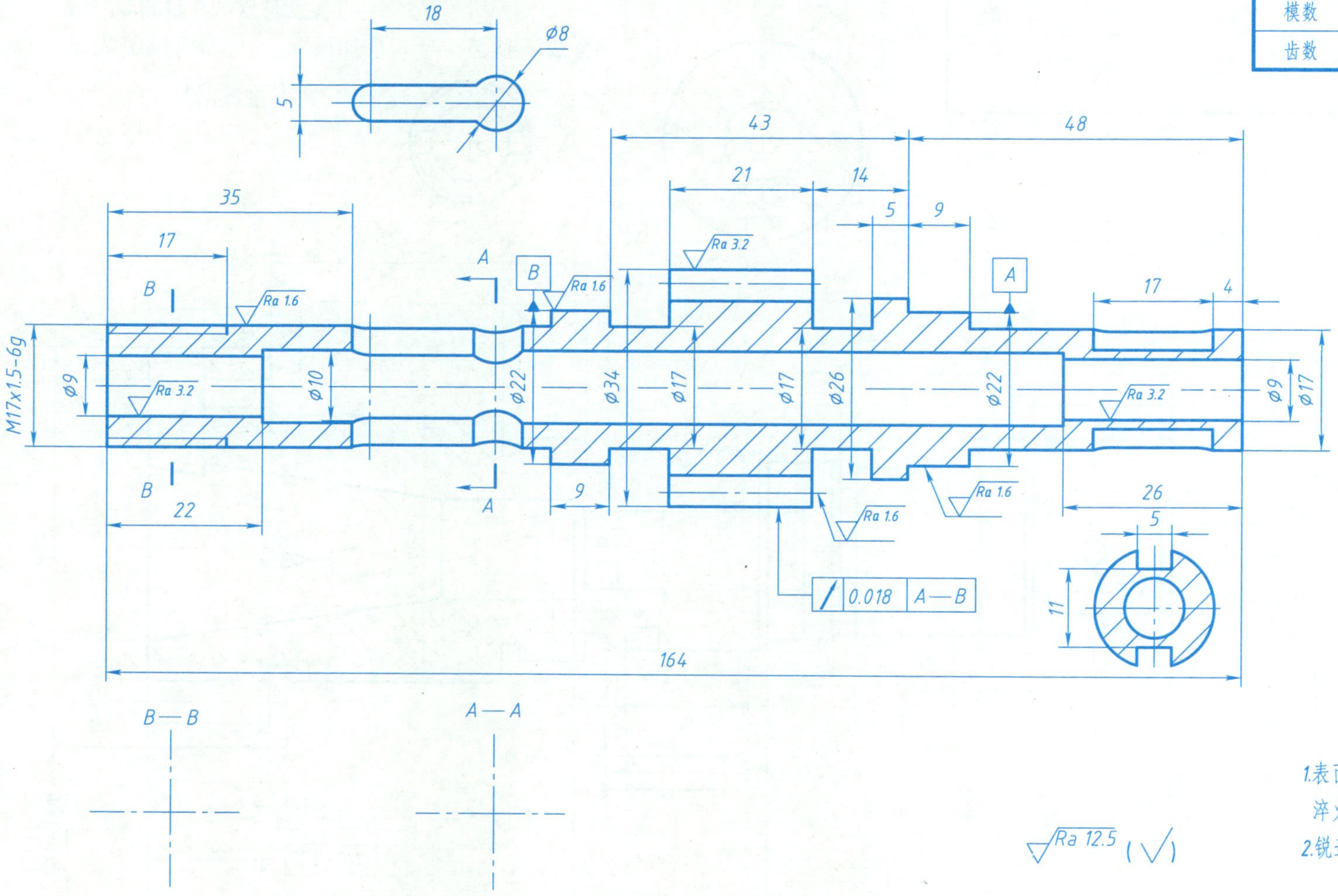

技术要求

1.表面渗碳0.6mm，

淬火硬度55~58HRC。

2.锐边倒圆R0.5。

Ra 12.5 (√)

空心齿轮轴			比例	1:1		
			数量			
制图			重量		材料	45
描图						
审核						

读图要求

（1）在指定位置作断面图。

（2）主视图横放是考虑（　　）位置。

三、读绘零件图（二）答案（实体图见 P111）

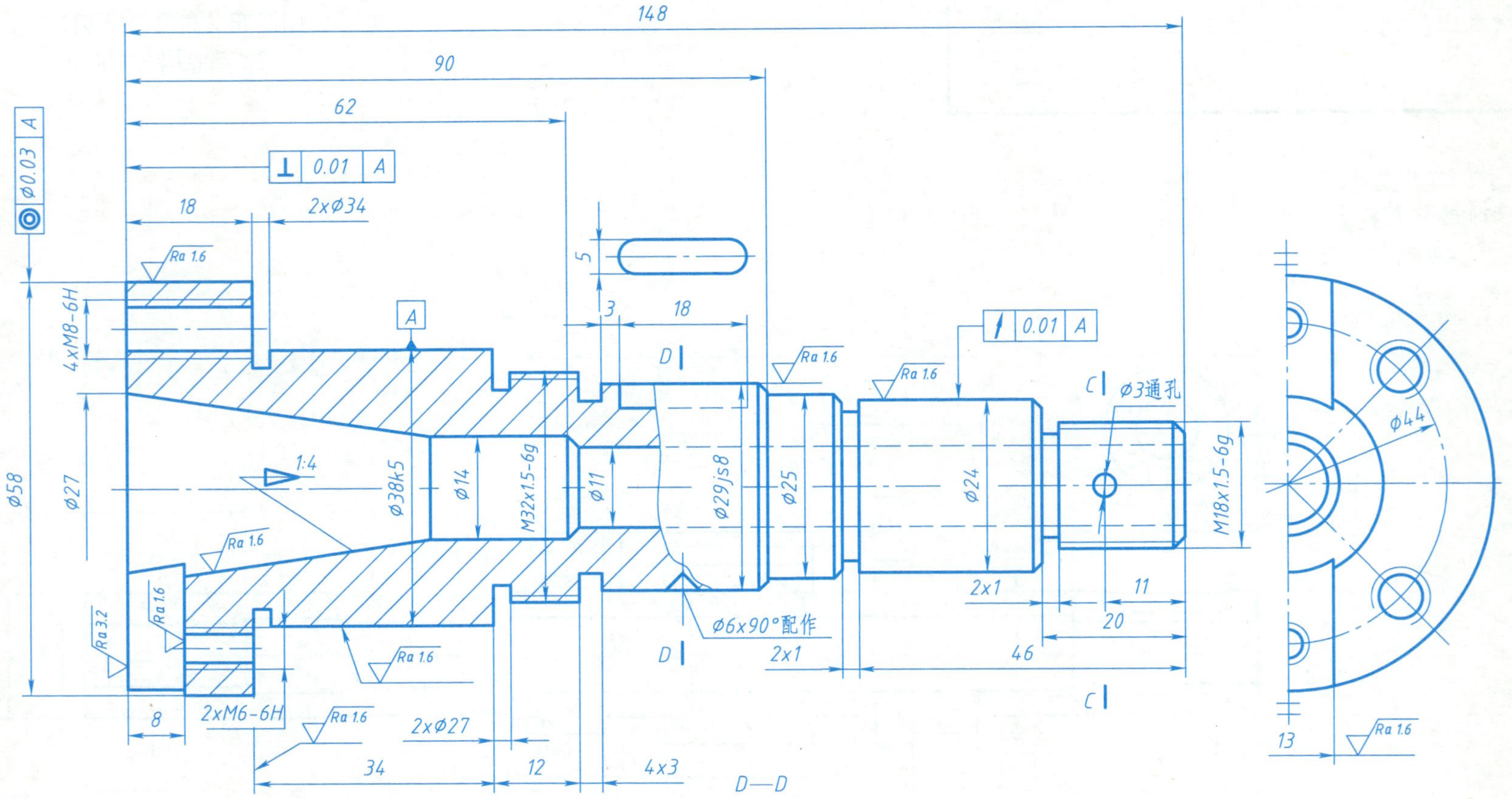

C—C

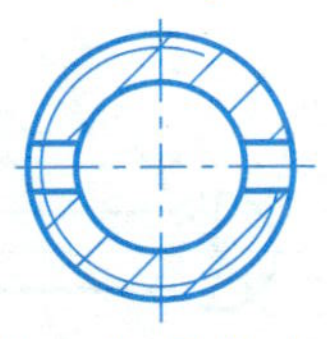

D—D

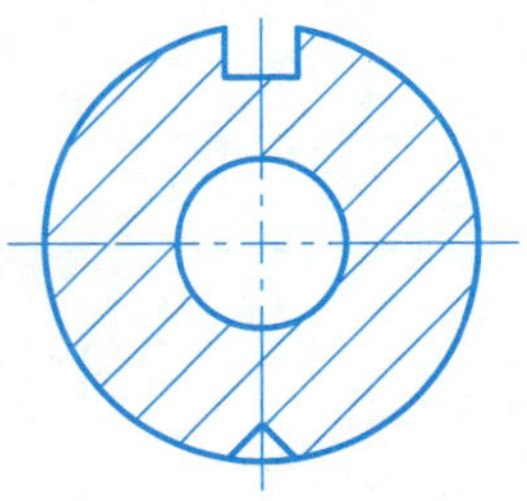

$\sqrt{Ra\ 12.5}$ ($\sqrt{}$)

技术要求

未注倒角 C1.5。

连接轴		比例	1:1		
		数量			
制图		重量		材料	45
描图					
审核					

读图要求

（1）主视图中的“▷”、左视图的“⊐⊏”是什么符号？

答：锥度符号、对称符号。

（2）在指定位置作断面图。

（3）主视图横放是考虑（加工）位置。

模数	m	2mm
齿数	z	15

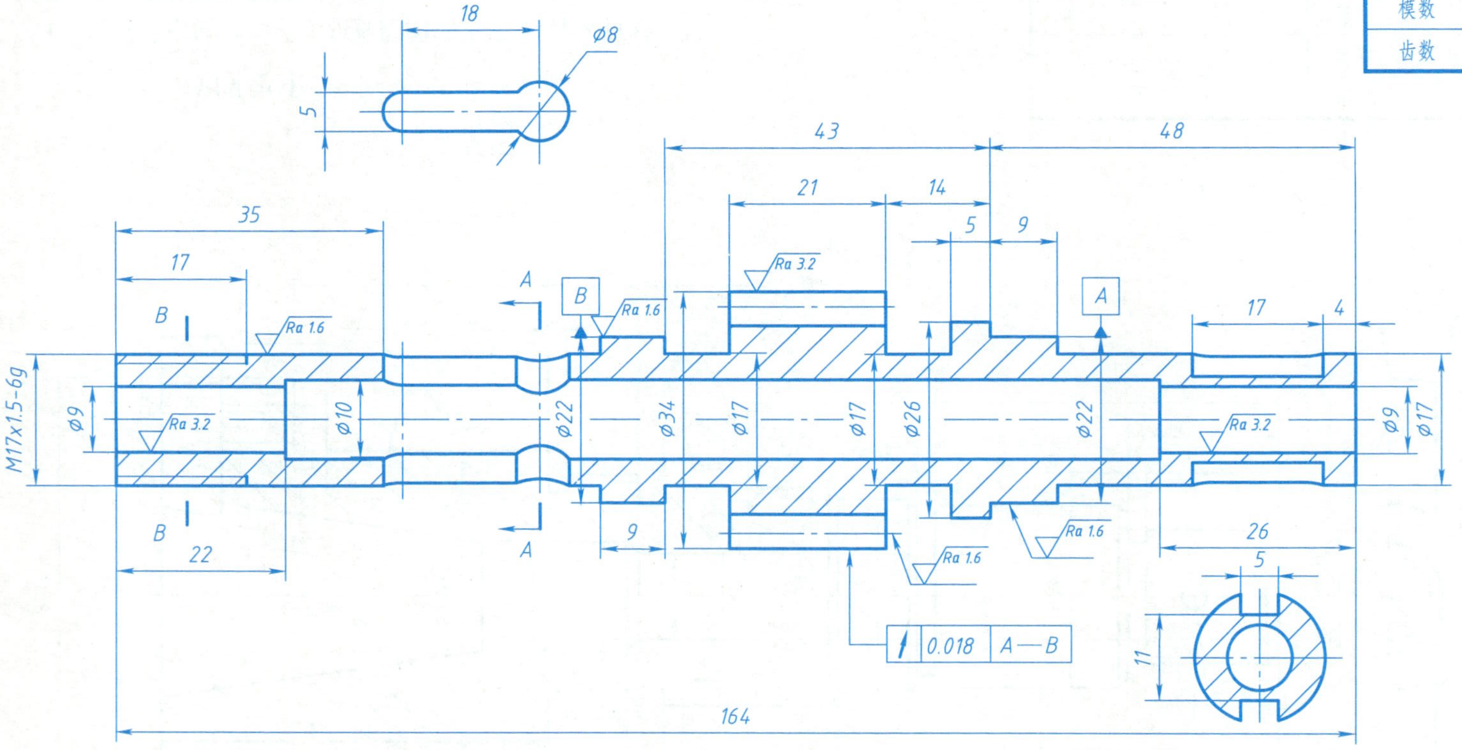

B—B

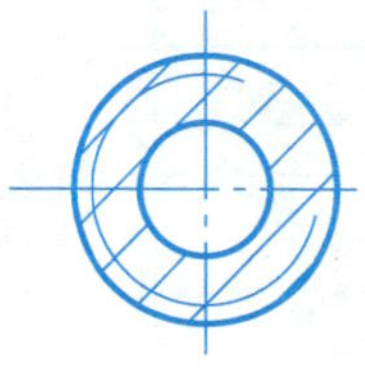

A—A

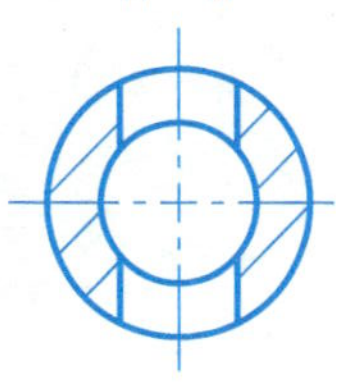

技术要求

1.表面渗碳 0.6mm,

淬火硬度 55~58HRC。

2.锐边倒圆 R0.5。

$\sqrt{Ra\ 12.5}$ ($\sqrt{}$)

空心齿轮轴		比例	1:1		
		数量			
制图		重量		材料	45
描图					
审核					

读图要求

（1）在指定位置作断面图。

（2）主视图横放是考虑（加工）位置。

三、读绘零件图（三）

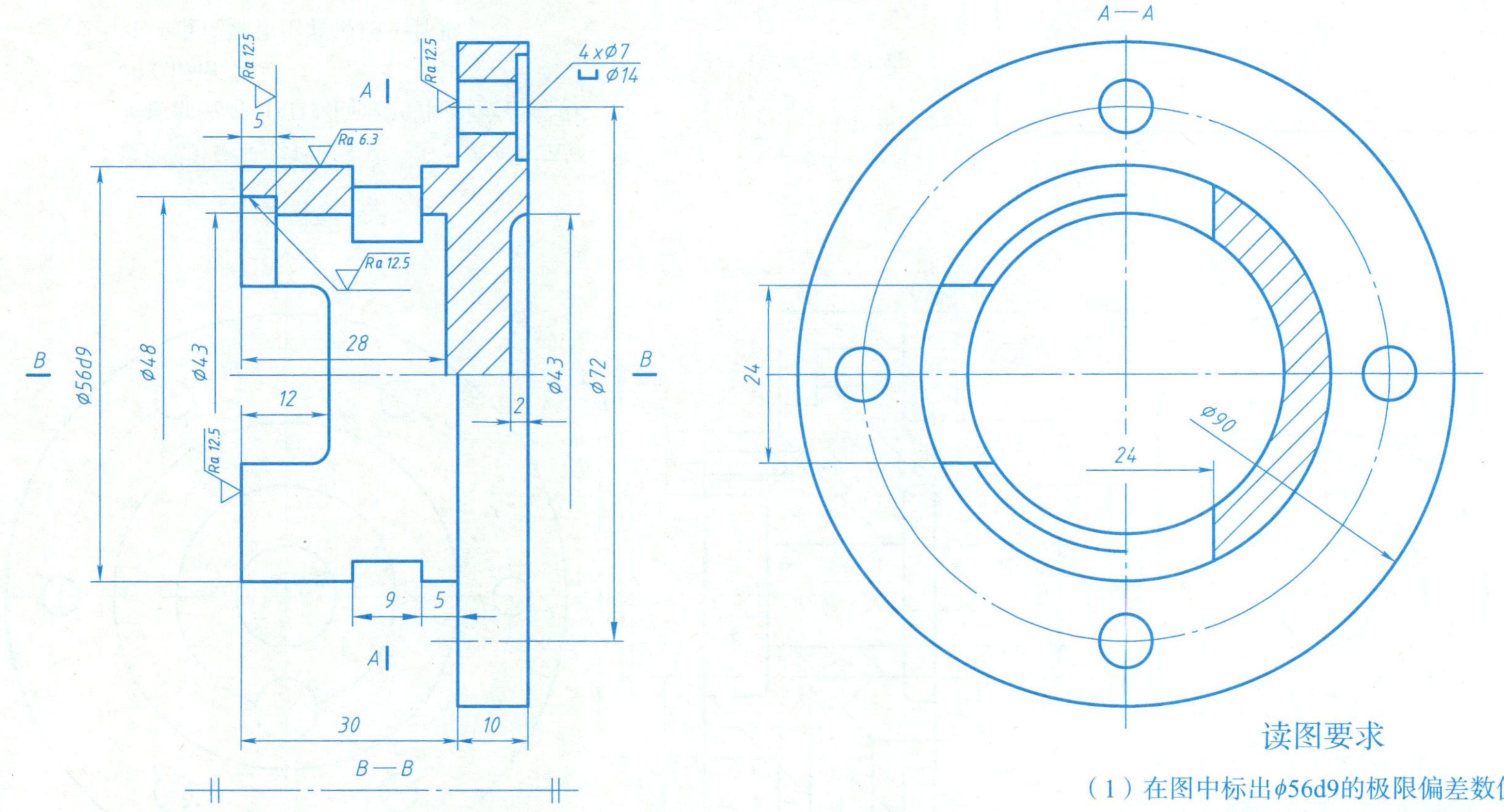

读图要求

（1）在图中标出ϕ56d9的极限偏差数值。

（2）在指定位置采用对称画法作出B—B剖视图（即前方的一半）。

$\sqrt{Ra\ 25}$（$\sqrt{}$）

轴承盖		比例	1:1		
		数量			
制图		重量		材料	HT200
描图					
审核					

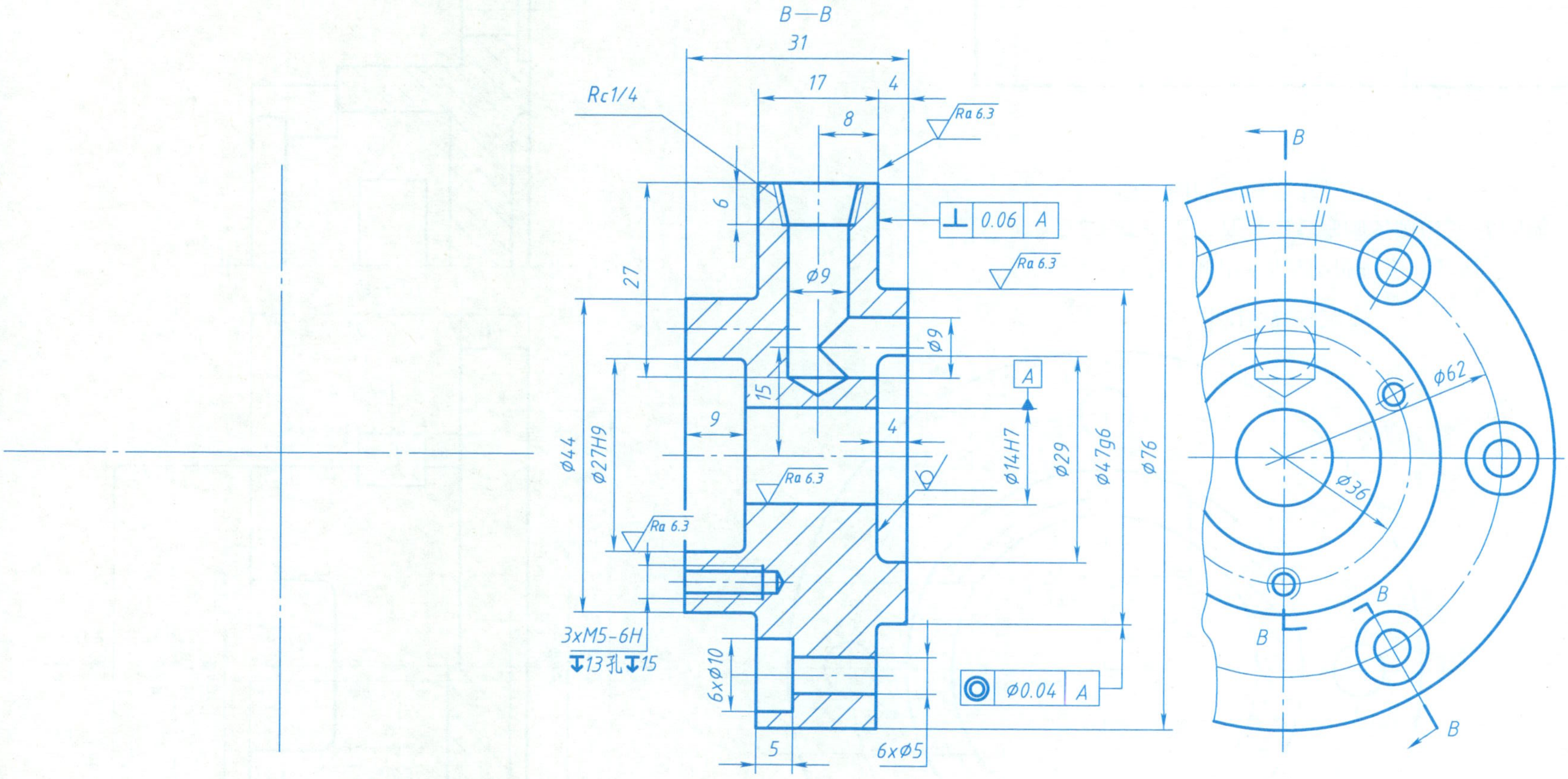

读图要求

（1）说明 ◎ ϕ0.04 A 的含义。

（2）在指定位置作出右视图（外形）。

技术要求

1. 未注倒角 C1.5。
2. 未注铸造圆角 R2~R3。

$\sqrt{Ra\ 25}$（$\sqrt{}$）

泵盖		比例	1:1		
		数量			
制图		重量		材料	HT200
描图					
审核					

三、读绘零件图（三）答案（实体图见 P111）

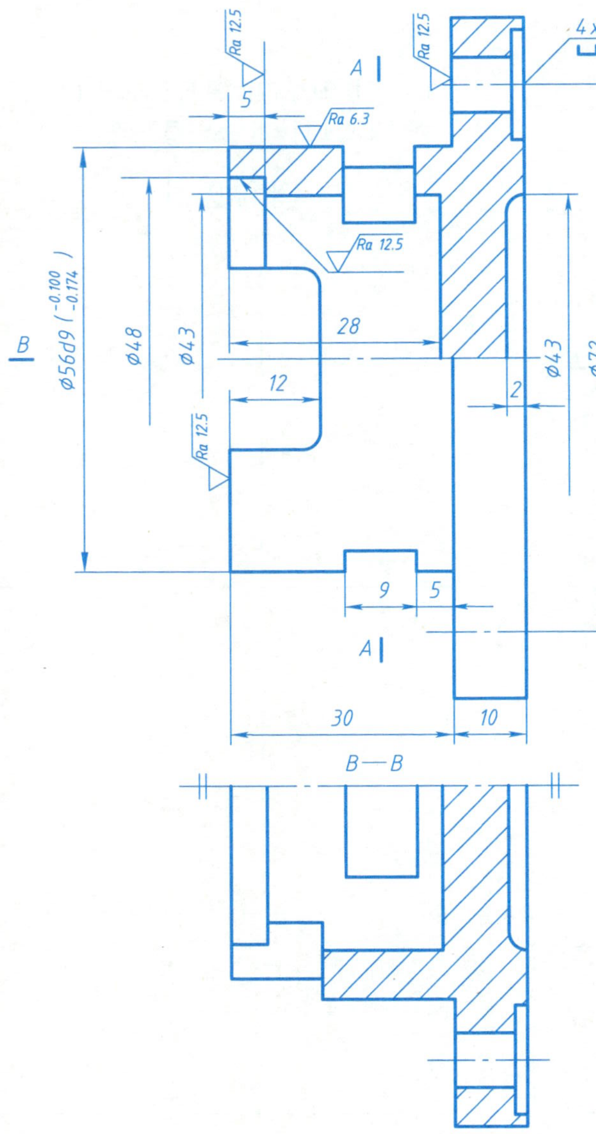

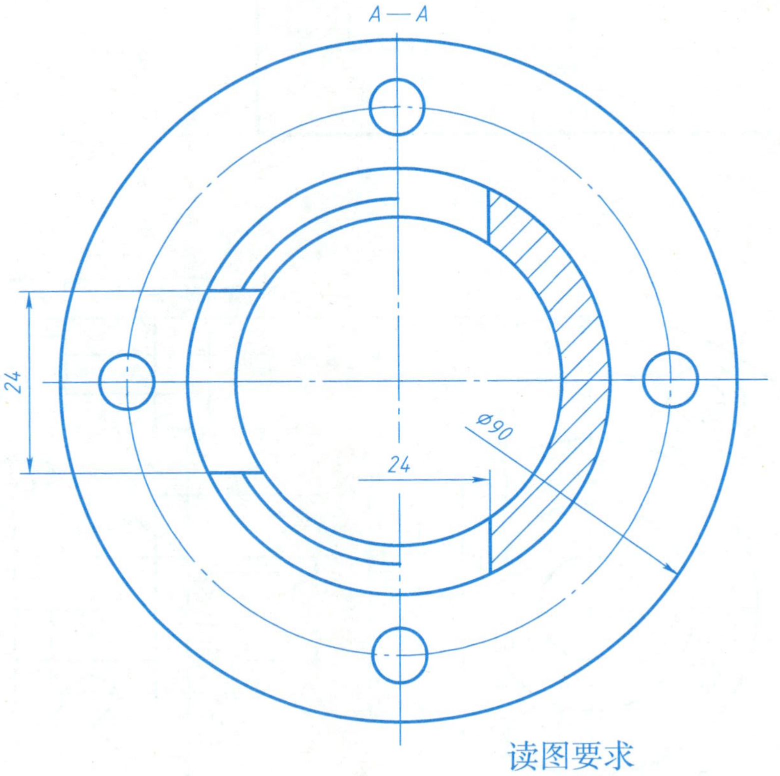

读图要求

（1）在图中标出ϕ56d9的极限偏差数值。

（2）在指定位置采用对称画法画出B—B剖视图（即前方的一半）。

$\sqrt{Ra\ 25}$ ($\sqrt{}$)

轴承盖			比例	1∶1		
			数量			
制图			重量		材料	HT200
描图						
审核						

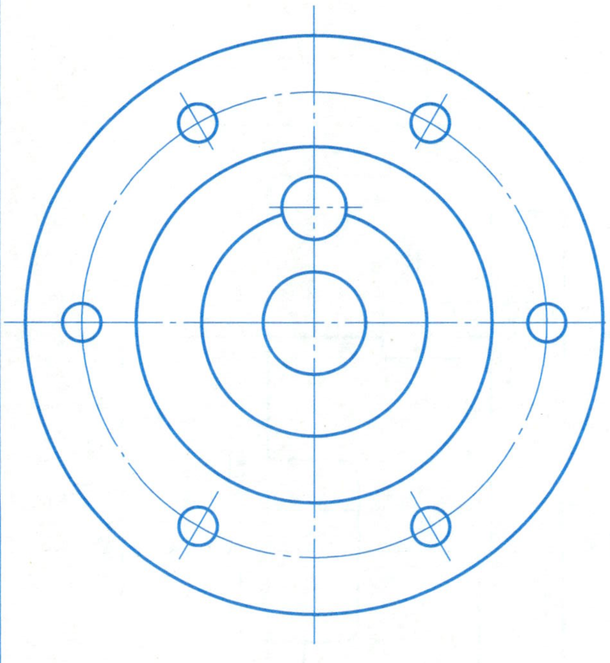

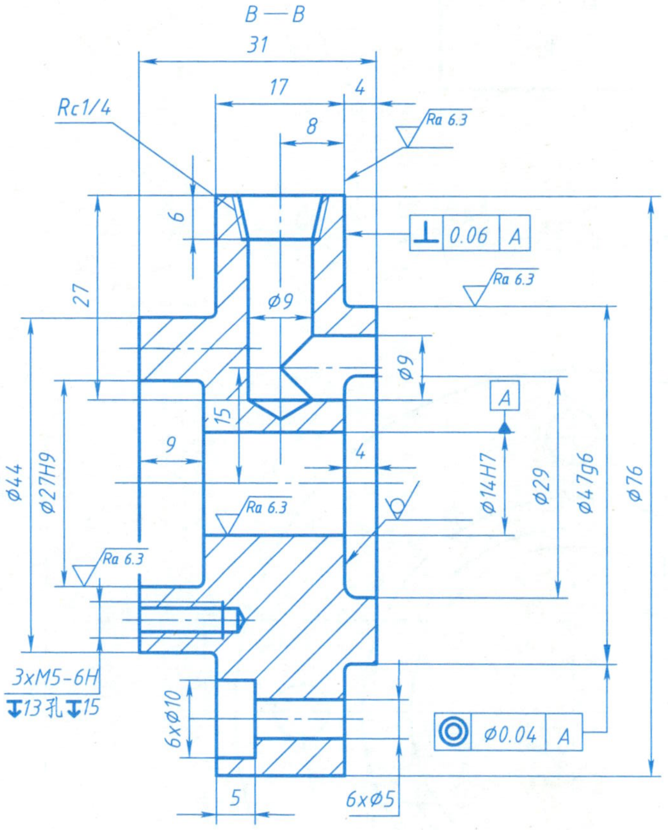

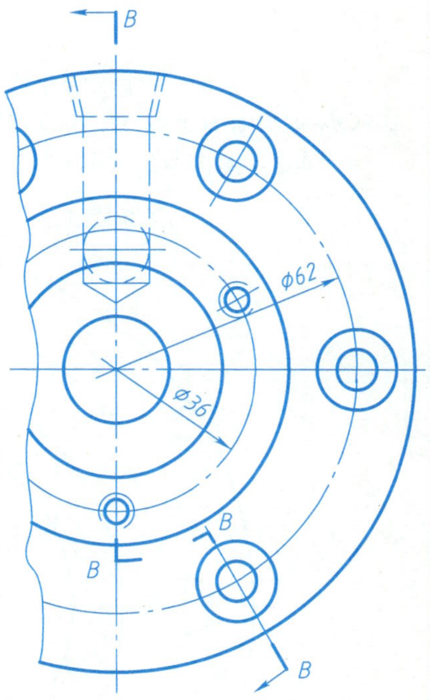

读图要求

（1）说明 [◎ ϕ0.04 A] 的含义。答：表示ϕ47g6圆柱轴线对ϕ14H7孔轴线的同轴度公差为ϕ0.04mm。

（2）在指定位置作出右视图（外形）。

技术要求

1. 未注倒角 C1.5。
2. 未注铸造圆角 R2~R3。

$\sqrt{Ra\ 25}$ ($\sqrt{}$)

泵　盖			比例	1∶1		
			数量			
制图			重量		材料	HT200
描图						
审核						

三、读绘零件图（四）

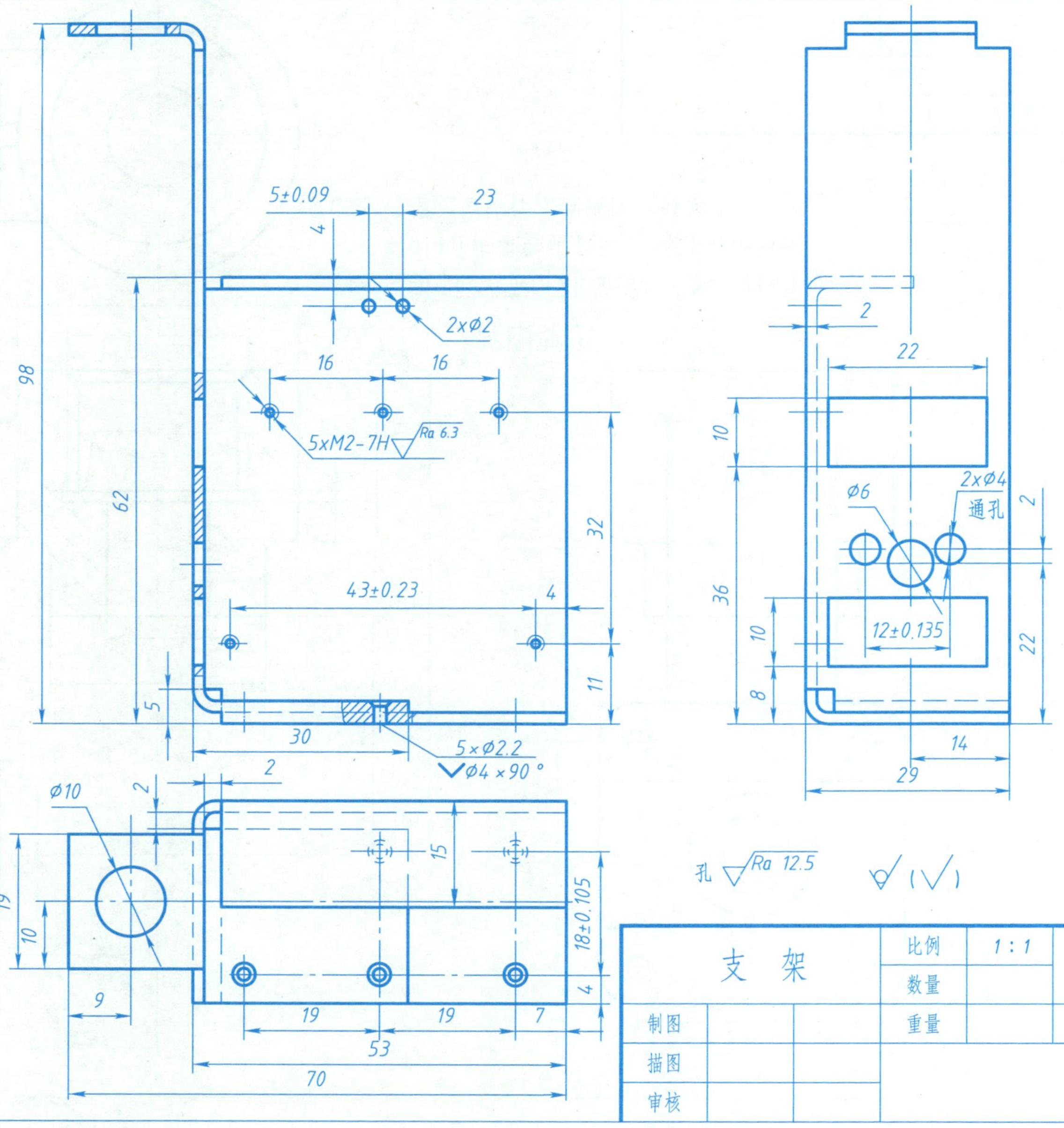

支 架			比例	1:1		
			数量			
制图			重量		材料	硬铝
描图						
审核						

读图要求

看懂支架零件图，想出支架的形状，并作其右视图。

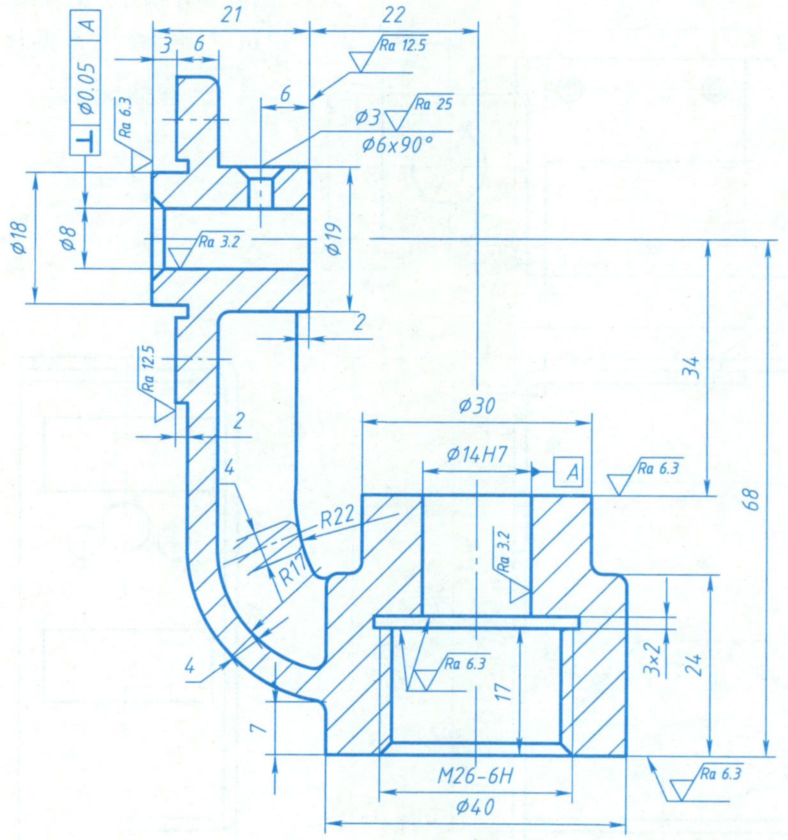

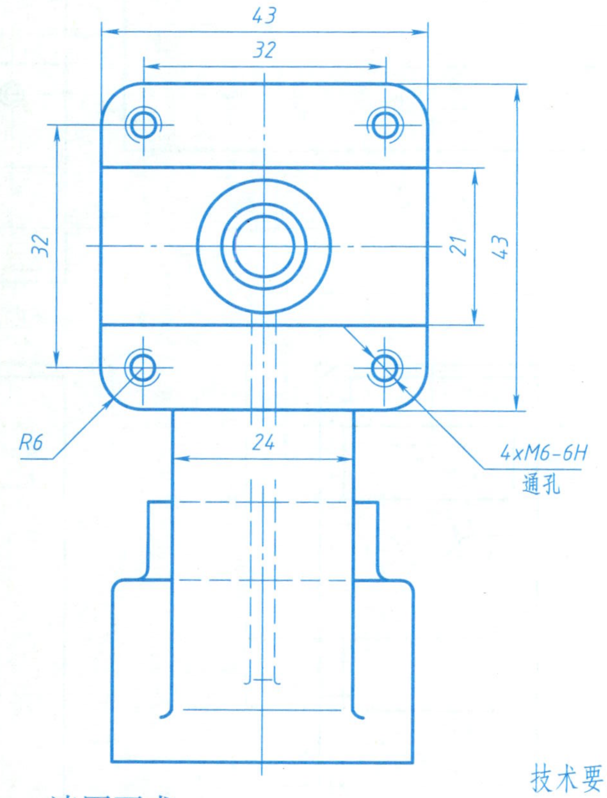

读图要求

（1）说明 ⊥ ⌀0.05 A 的含义。

（2）在指定位置作出俯视图（外形）。

技术要求

1. 未注倒角C1.5。
2. 未注铸造圆角R2~R3。
3. 铸件不允许有砂眼、缩孔、裂纹等缺陷。

(√)

支 架			比例	1:1		
			数量			
制图			重量		材料	HT200
描图						
审核						

三、读绘零件图（四）答案（实体图见 P111）

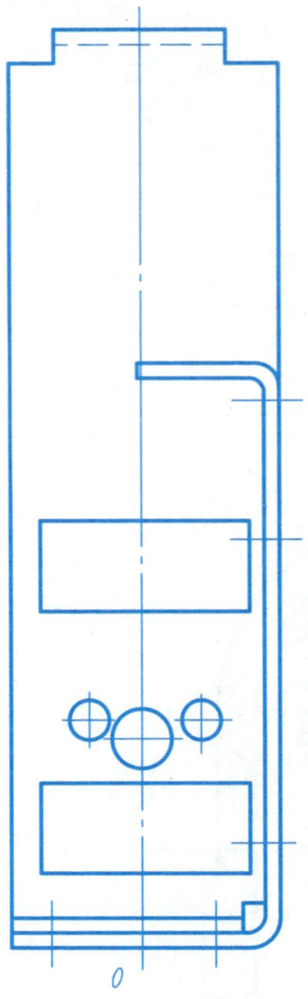
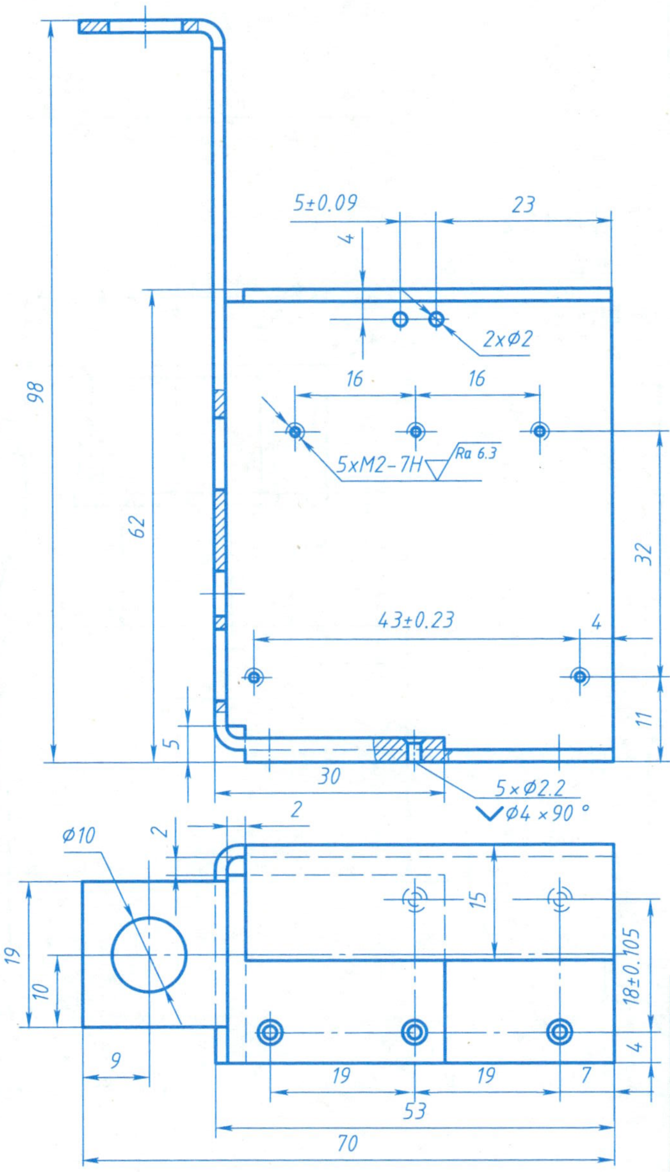
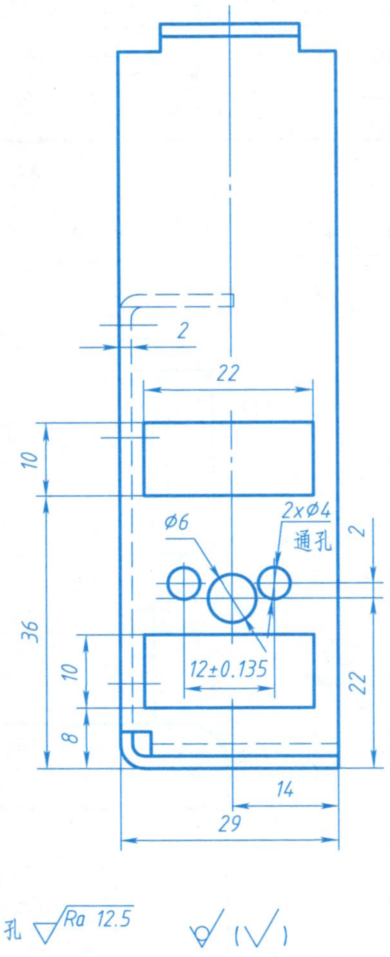

读图要求

看懂支架零件图，想出支架的形状，并作其右视图。

支　架		比例	1 : 1		
		数量			
制图		重量		材料	硬铝
描图					
审核					

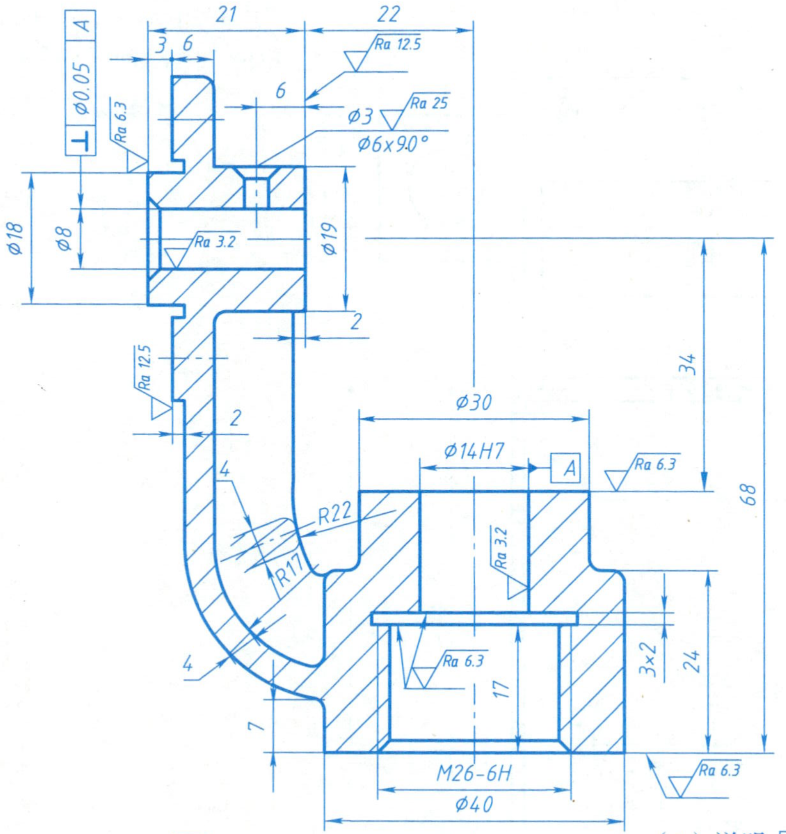
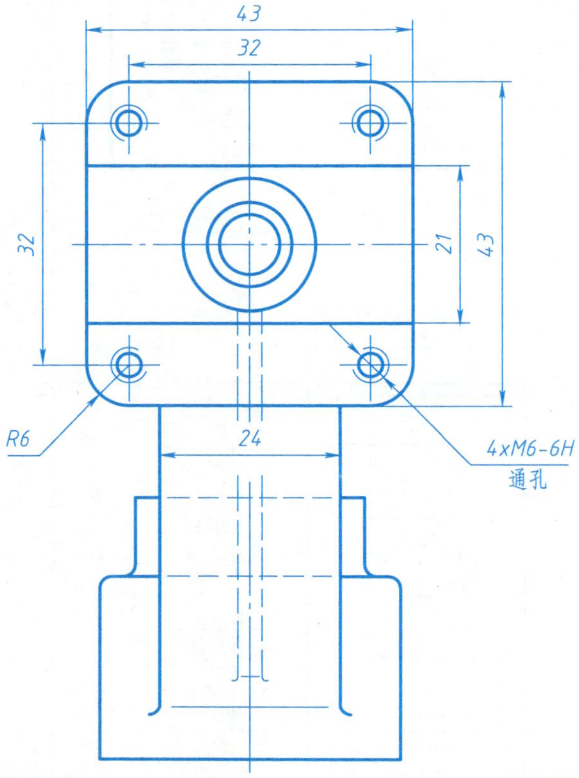

读图要求

（1）说明 ⊥ φ0.05 A 的含义。答：φ18孔轴线对φ14孔的轴线垂直度公差为φ0.05mm。

（2）在指定位置作出俯视图（外形）。

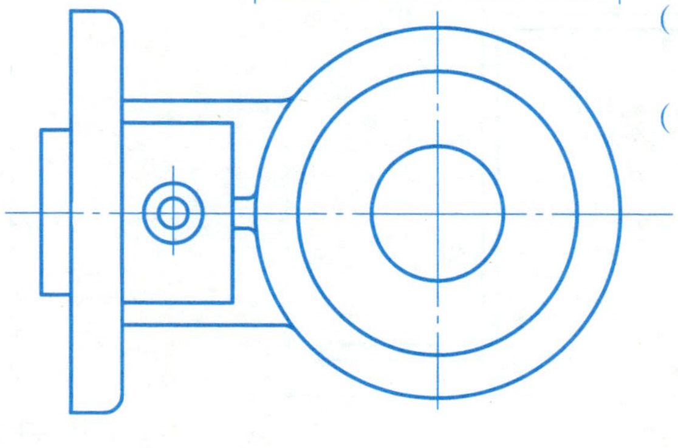

技术要求

1.未注倒角C1.5。

2.未注铸造圆角R2~R3。

3.铸件不允许有砂眼、缩孔、裂纹等缺陷。

(√)

支　架		比例	1 : 1		
		数量			
制图		重量		材料	HT200
描图					
审核					

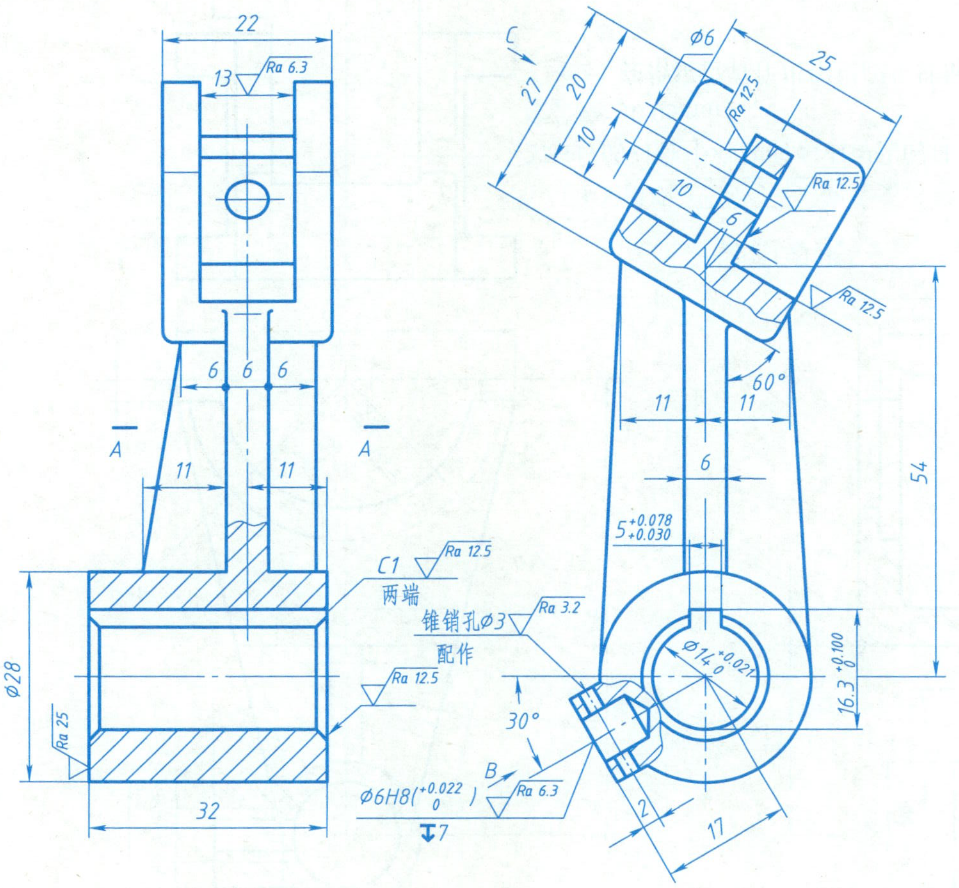

A—A

C

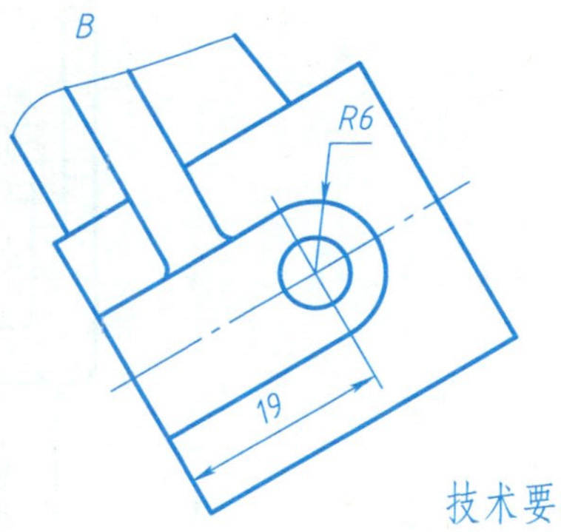

技术要求

1. 未加工面去除毛刺，涂防锈漆。

2. 未注铸造圆角 R2~R3。

$\sqrt{}$ ($\checkmark$)

拨　叉			比例	1 : 1		
			数量			
制图			重量		材料	HT200
描图						
审核						

读图要求

（1）看懂图形想象形状，作出 *A*—*A* 断面图。

（2）作出 *C* 斜视图。

（3）作出 ϕ6H8 孔的轴线在主视图上的位置。

B—B

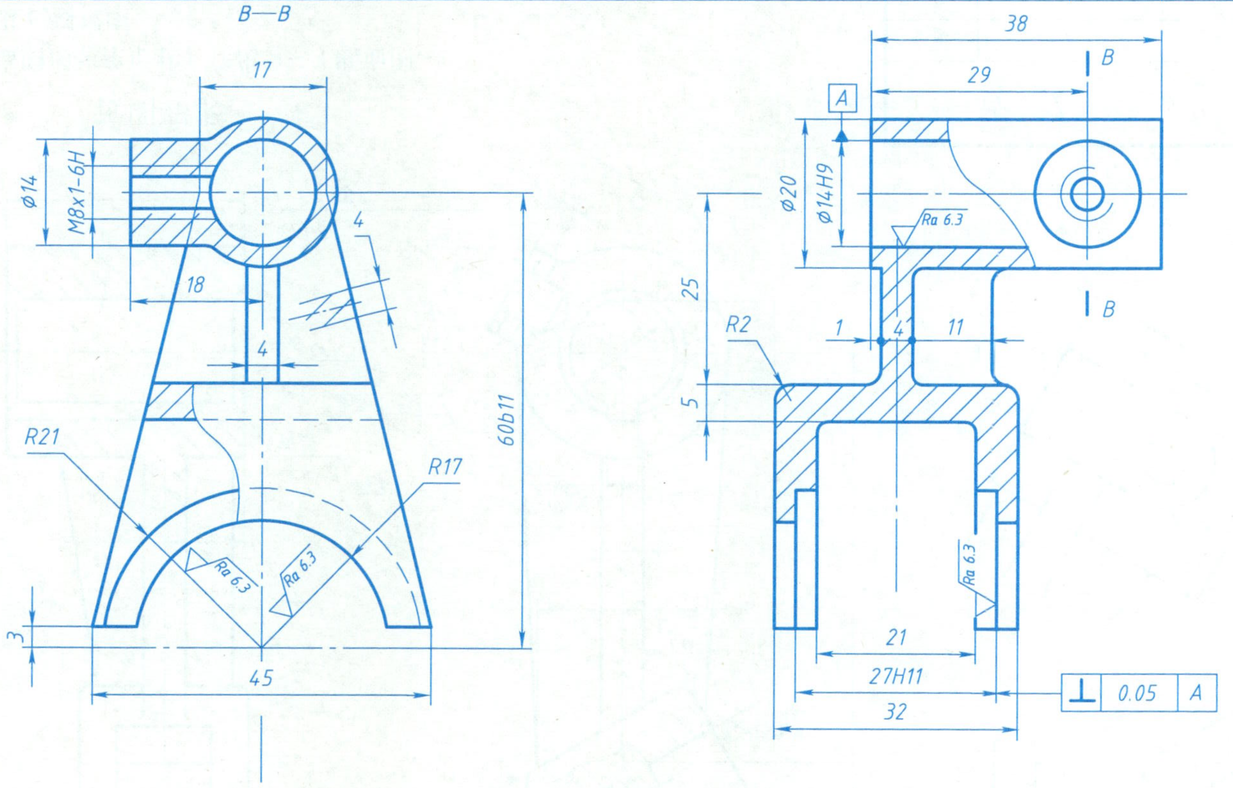

读图要求

（1）说明 ⊥ 0.05 A 的含义。

（2）在指定位置作出俯视图（外形）。

技术要求

1. 未加工面去除毛刺，涂防锈漆。

2. 未注铸造圆角 R2~R3。

$\sqrt{}$ ($\checkmark$)

拨　叉			比例	1 : 1		
			数量			
制图			重量		材料	HT200
描图						
审核						

三、读绘零件图（五）答案（实体图见 P111）

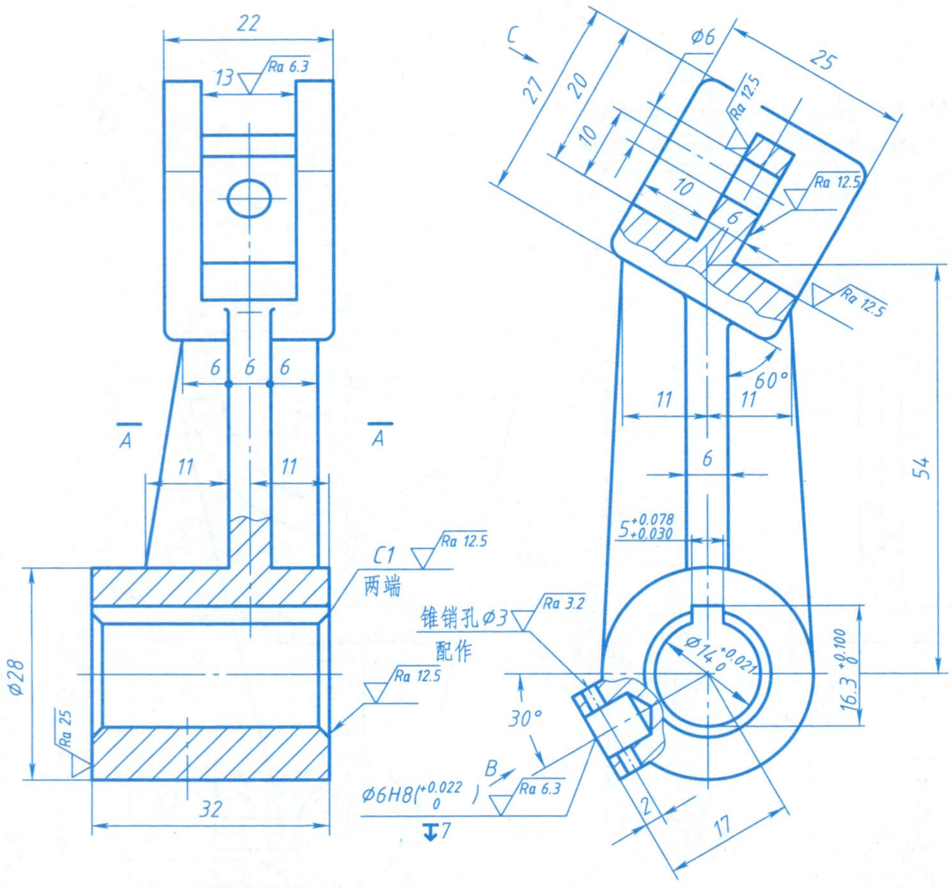

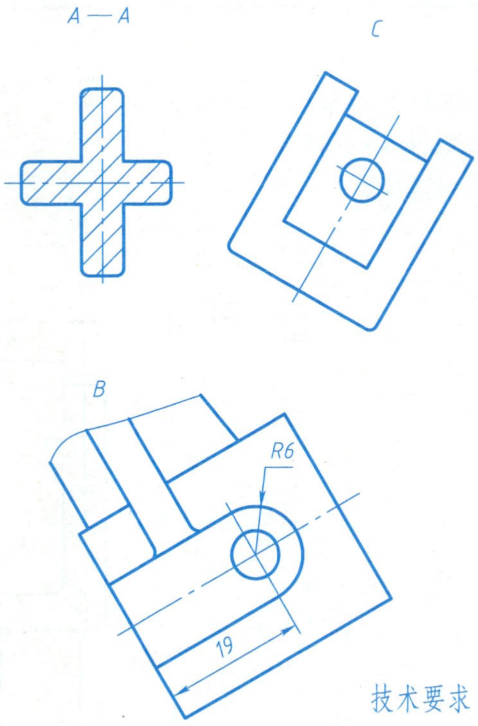

技术要求

1. 未加工面去除毛刺，涂防锈漆。
2. 未注铸造圆角 R2~R3。

$\sqrt{}$ ($\sqrt{}$)

拨　叉			比例	1：1		
			数量			
制图			重量		材料	HT200
描图						
审核						

读图要求

（1）看懂图形想象形状，作出 *A—A* 断面图。

（2）作出 *C* 斜视图。

（3）作出 ϕ6H8 孔的轴线在主视图上的位置。

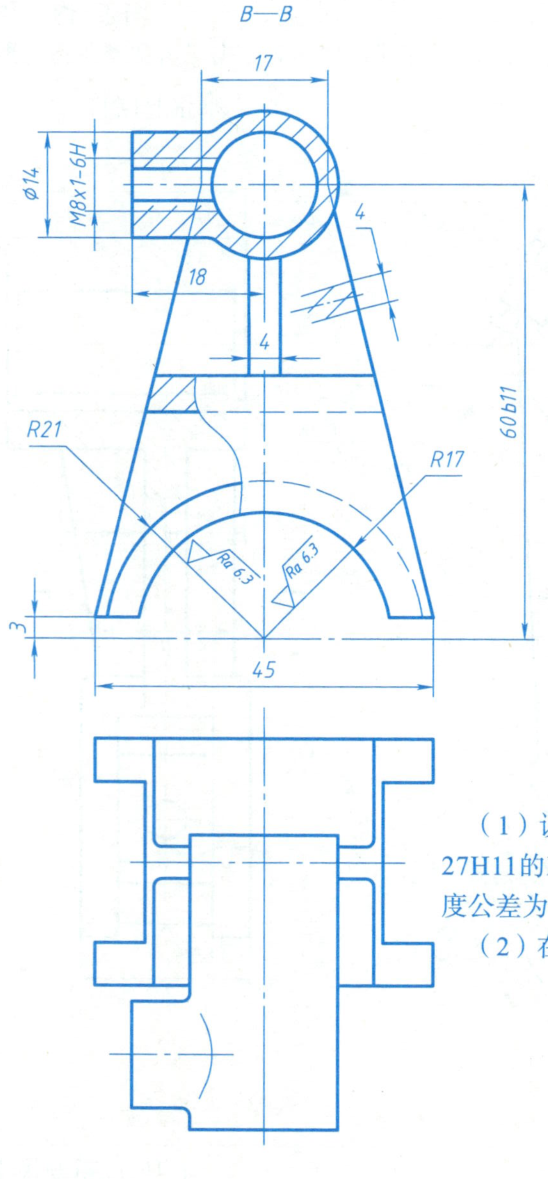

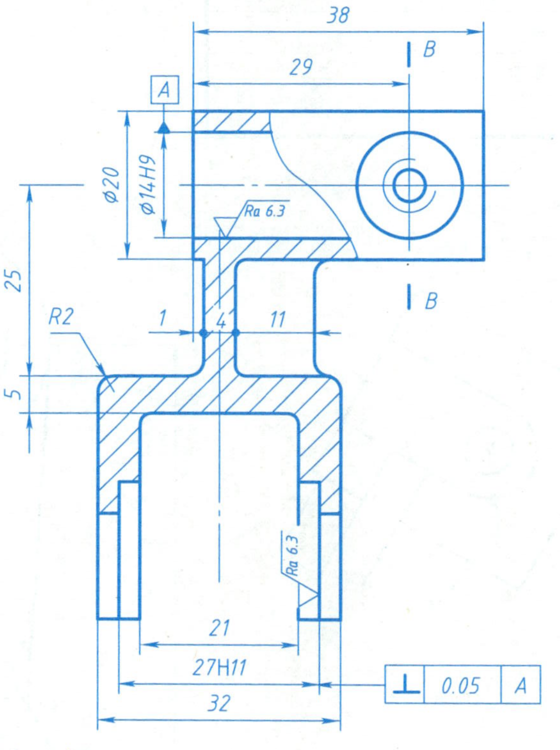

读图要求

（1）说明 ⊥ 0.05 A 的含义。答：表示27H11的对称中心线对ϕ14H9孔的轴线垂直度公差为0.05mm。

（2）在指定位置作出俯视图（外形）。

技术要求

1. 未加工面去除毛刺，涂防锈漆。
2. 未注铸造圆角 R2~R3。

$\sqrt{}$ ($\sqrt{}$)

拨　叉			比例	1：1		
			数量			
制图			重量		材料	HT200
描图						
审核						

三、读绘零件图（六）*

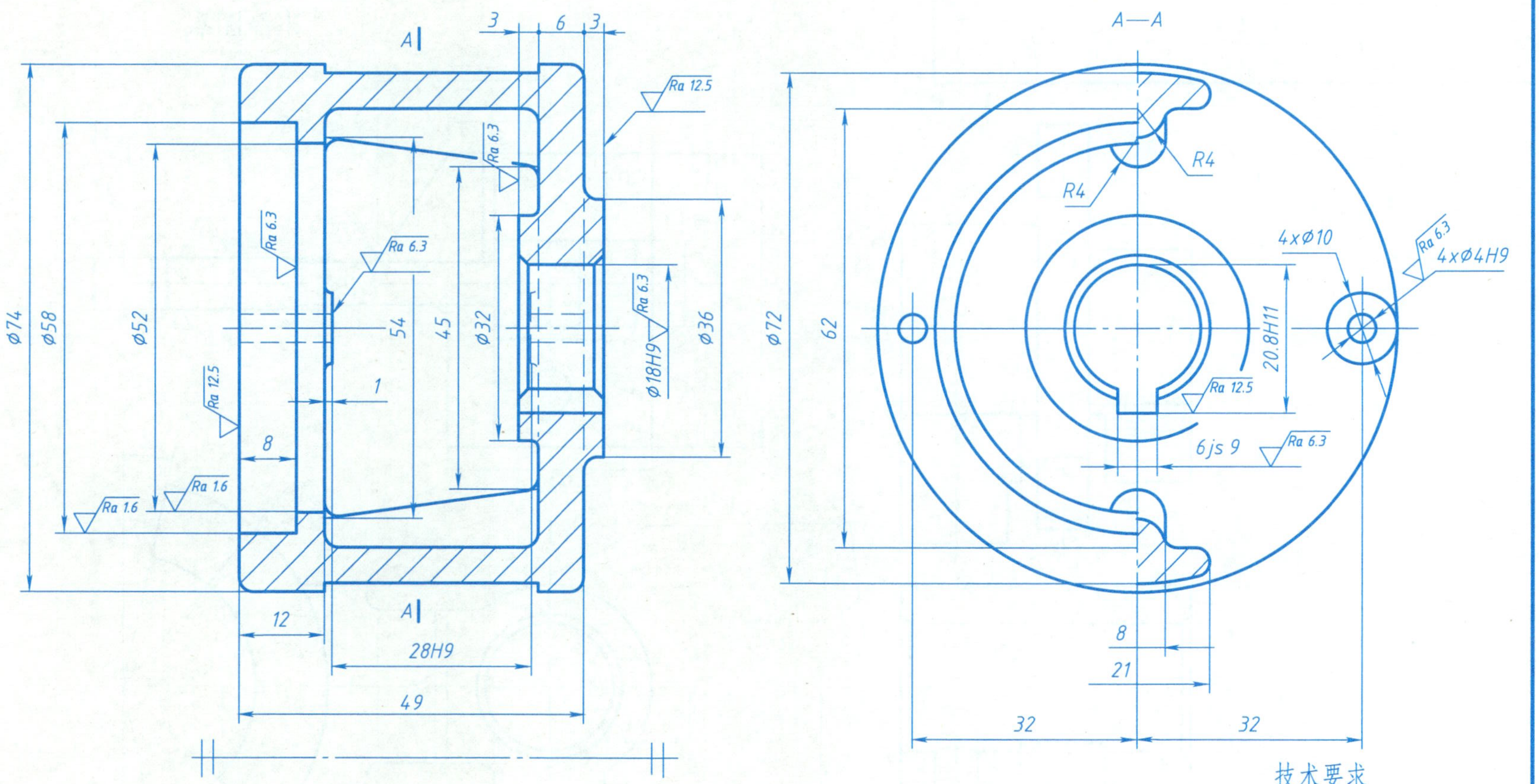

技术要求

1. 未注倒角 C1.5。
2. 未注铸造圆角 R2~R3。

回转架			比例	1 : 1		
			数量			
制图			重量		材料	HT200
描图						
审核						

读图要求

在指定位置作全剖俯视图。

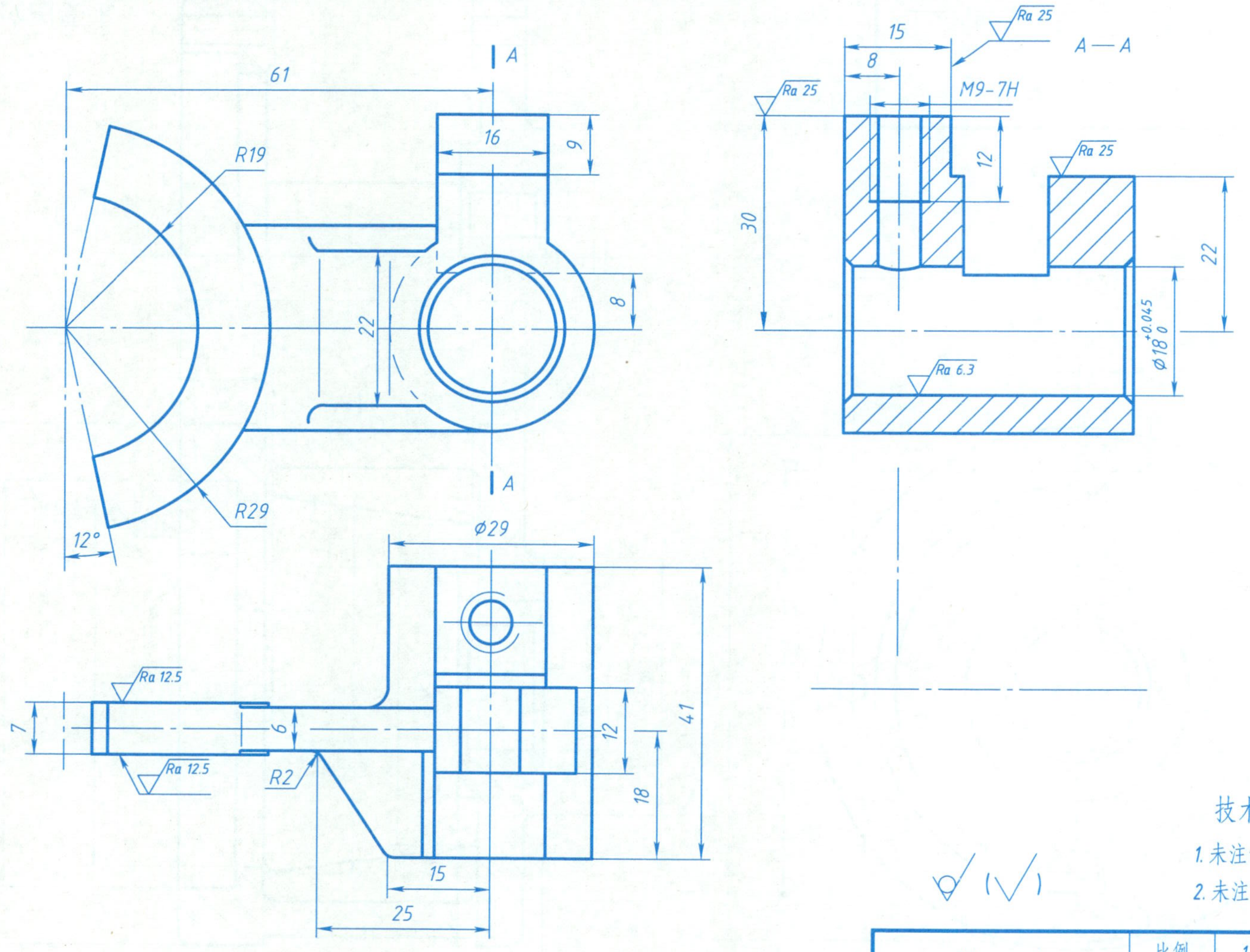

技术要求

1. 未注倒角 C1.5。
2. 未注铸造圆角 R2~R3。

拨 叉			比例	1 : 1		
			数量			
制图			重量		材料	HT200
描图						
审核						

读图要求

（1）在指定位置作左视图（外形）。

（2）在图中注出各个方向的主要尺寸基准。

三、读绘零件图（六）* 答案（实体图见 P111）

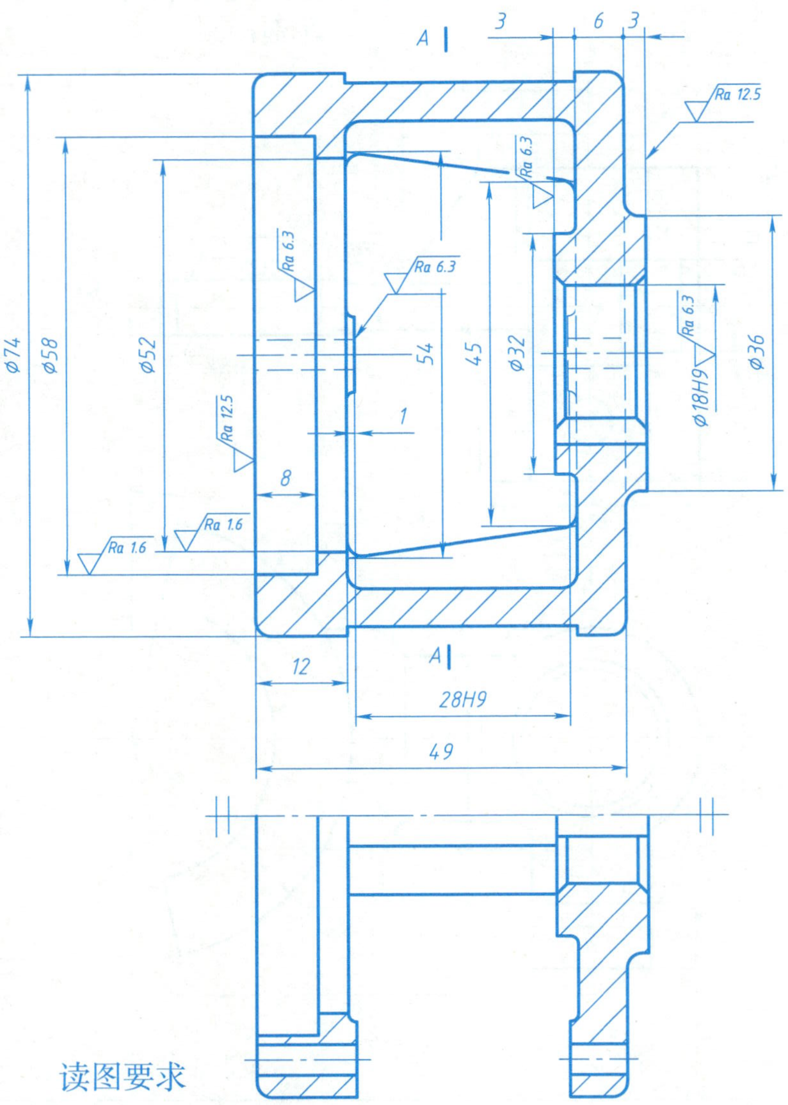

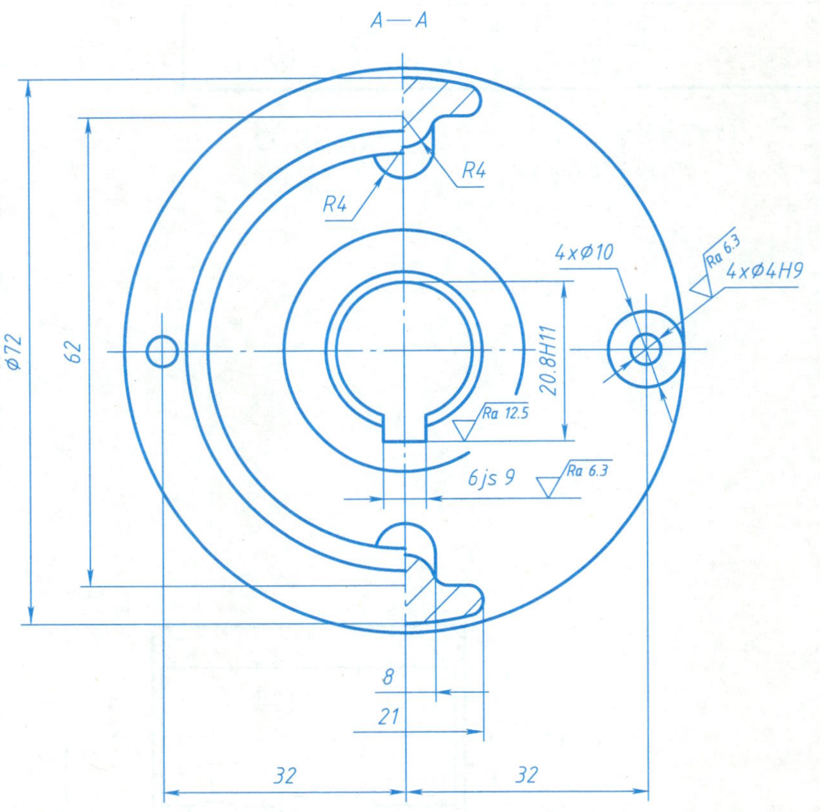

读图要求

在指定位置作全剖俯视图。

(√)

技术要求

1. 未注倒角 C1.5。
2. 未注铸造圆角 R2~R3。

回转架		比例	1 : 1		
		数量			
制图		重量		材料	HT200
描图					
审核					

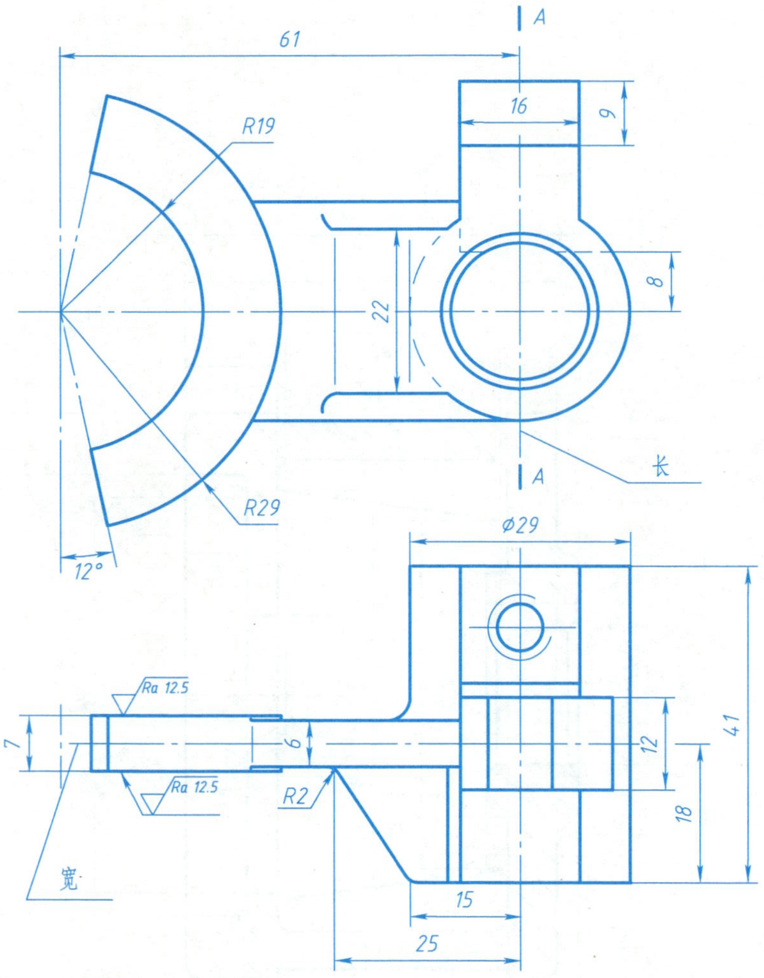

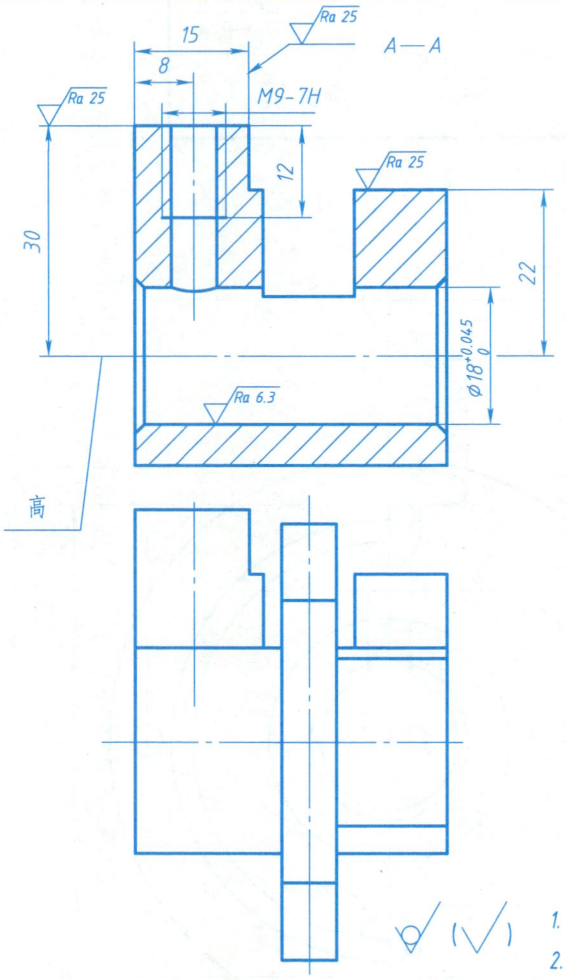

读图要求

（1）在指定位置作左视图（外形）。

（2）在图中注出各个方向的主要尺寸基准。

(√)

技术要求

1. 未注倒角 C1.5。
2. 未注铸造圆角 R2~R3。

拨 叉		比例	1 : 1		
		数量			
制图		重量		材料	HT200
描图					
审核					

三、读绘零件图（七）

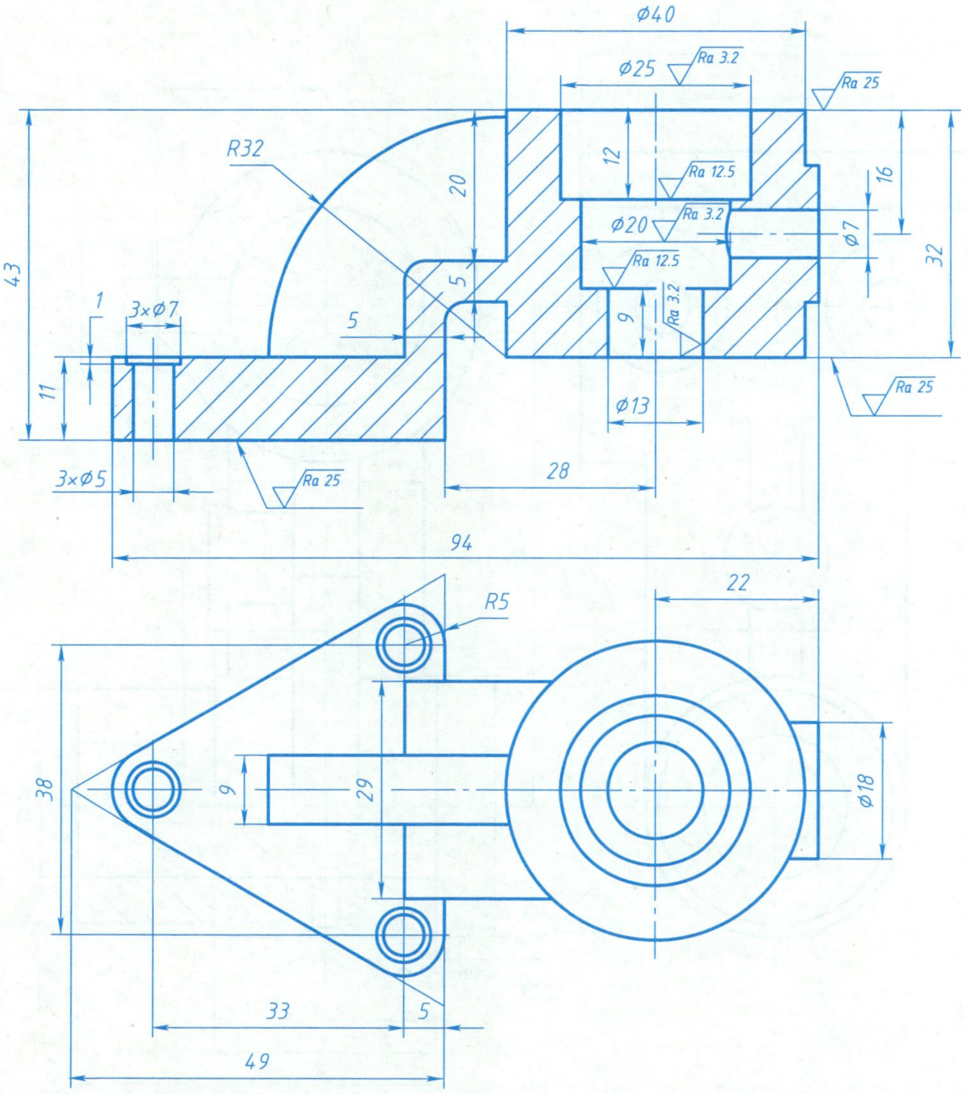

读图要求

（1）在指定位置作左视图（外形）。

（2）在图中注出各个方向的主要尺寸基准。

技术要求

1. 未注铸造圆角 R2~R3。
2. 铸件不得有砂眼、气孔等缺陷。
3. 未加工表面涂绿漆。

$\sqrt{}$ （$\sqrt{}$）

拨叉			比例	1:1		
			数量			
制图			重量		材料	HT200
描图						
审核						

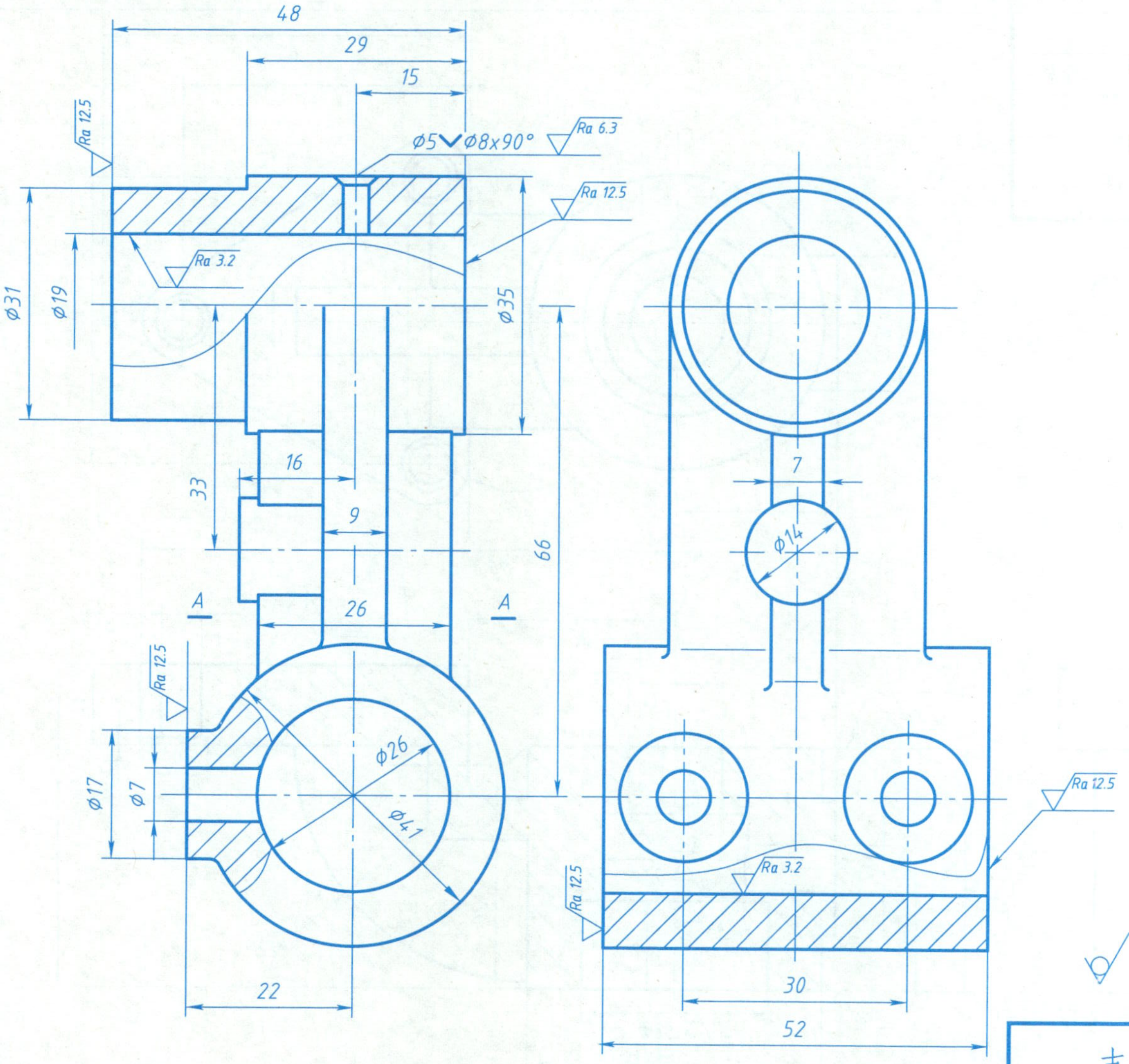

读图要求

（1）该零件采用了哪些表达方法？它们的作用是什么？

（2）看懂图形想象形状，作出 A—A 断面图。

技术要求

1. 未注铸造圆角 R2~R3。
2. 铸件不得有砂眼、气孔等缺陷。
3. 未加工表面涂绿漆。

$\sqrt{}$ （$\sqrt{}$）

支架			比例	1:1		
			数量			
制图			重量		材料	HT200
描图						
审核						

三、读绘零件图（七）答案（实体图见 P111）

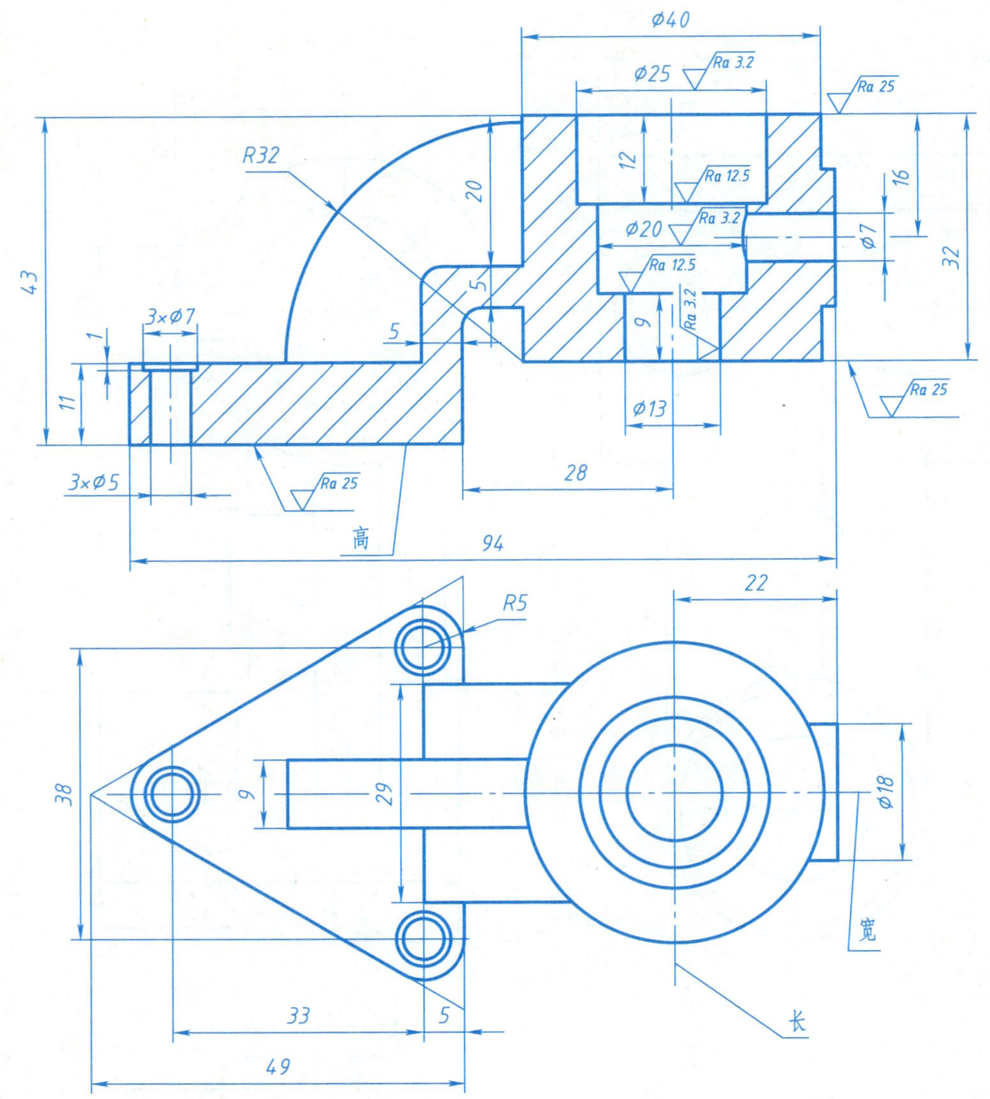

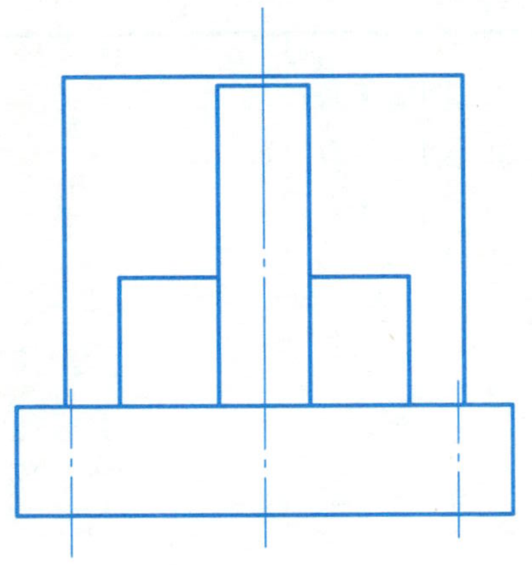

读图要求

（1）在指定位置作左视图（外形）。

（2）在图中注出各个方向的主要尺寸基准。

技术要求

1. 未注铸造圆角 R2~R3。
2. 铸件不得有砂眼、气孔等缺陷。
3. 未加工表面涂绿漆。

√ (√)

拨　叉			比例	1 : 1		
			数量			
制图			重量		材料	HT200
描图						
审核						

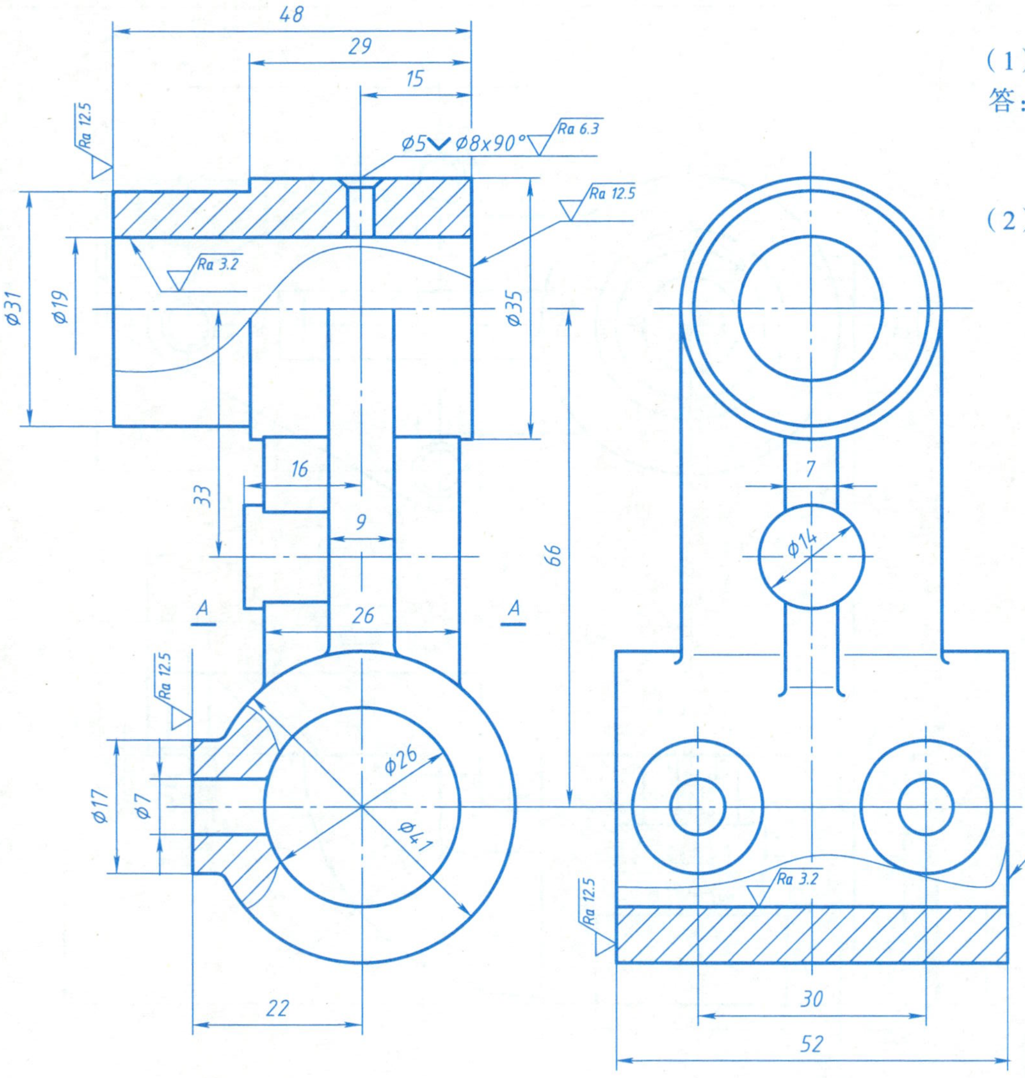

读图要求

（1）该零件采用了哪些表达方法？它们的作用是什么？

答：该零件采用了三处局部剖视图和移出断面图。局部剖视图表达了各个孔的相通情况，断面图表达了连接部分的断面形状。

（2）看懂图形想象形状，作出 A—A 断面图。

A—A

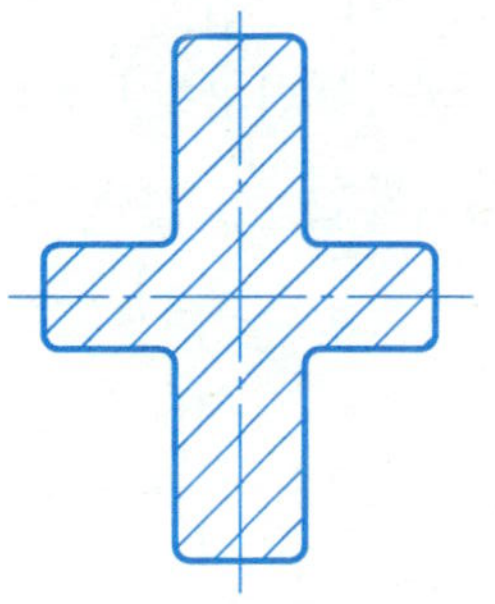

技术要求

1. 未注铸造圆角 R2~R3。
2. 铸件不得有砂眼、气孔等缺陷。
3. 未加工表面涂绿漆。

√ (√)

支　架			比例	1 : 1		
			数量			
制图			重量		材料	HT200
描图						
审核						

三、读绘零件图（八）

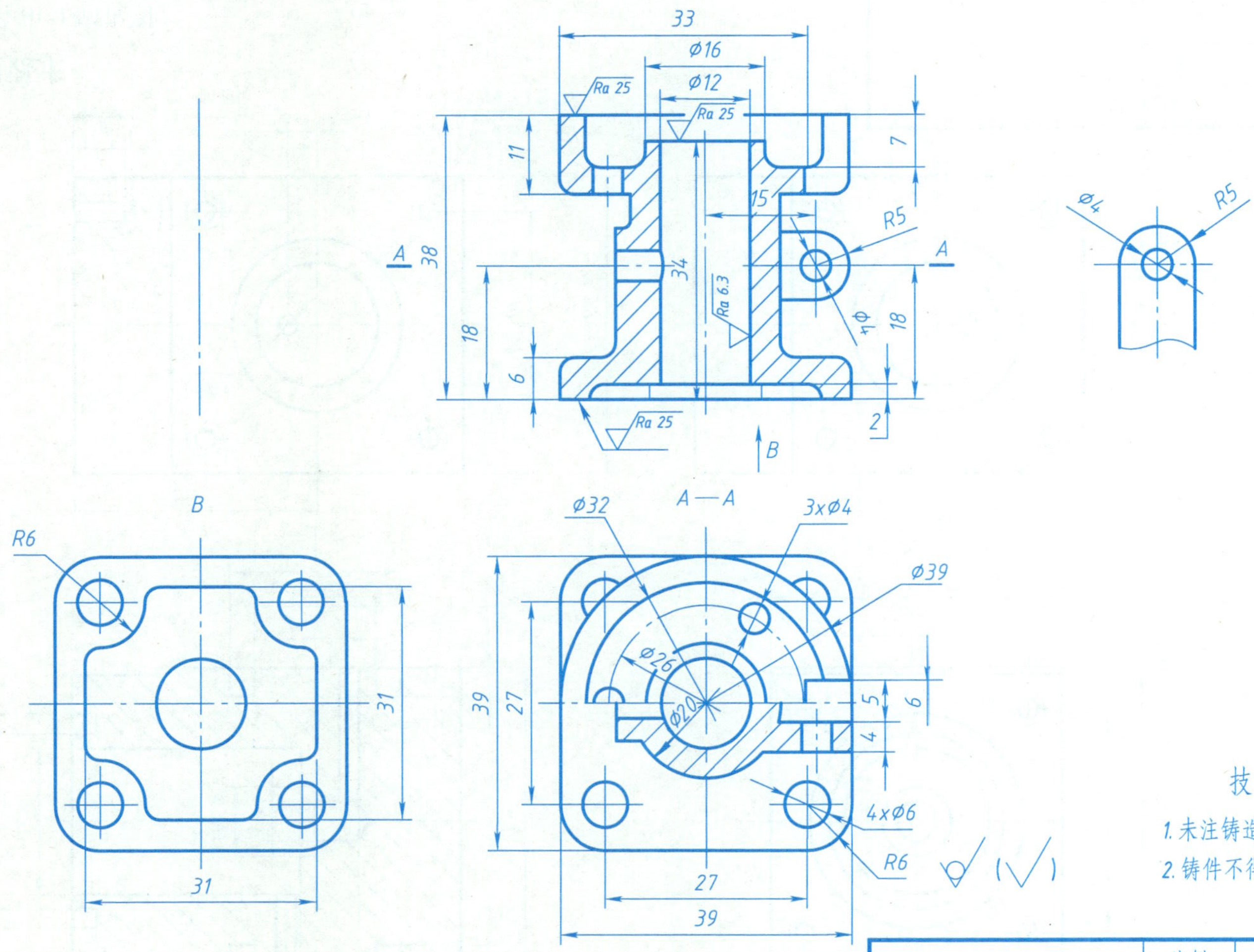

技术要求

1. 未注铸造圆角 R2~R3。
2. 铸件不得有砂眼、气孔等缺陷。

$\sqrt{}$（$\sqrt{}$）

阀体			比例	1:1		
			数量			
制图			重量		材料	HT200
描图						
审核						

读图要求

（1）在指定位置作右视图（外形）。
（2）在图中注出各个方向的主要尺寸基准。

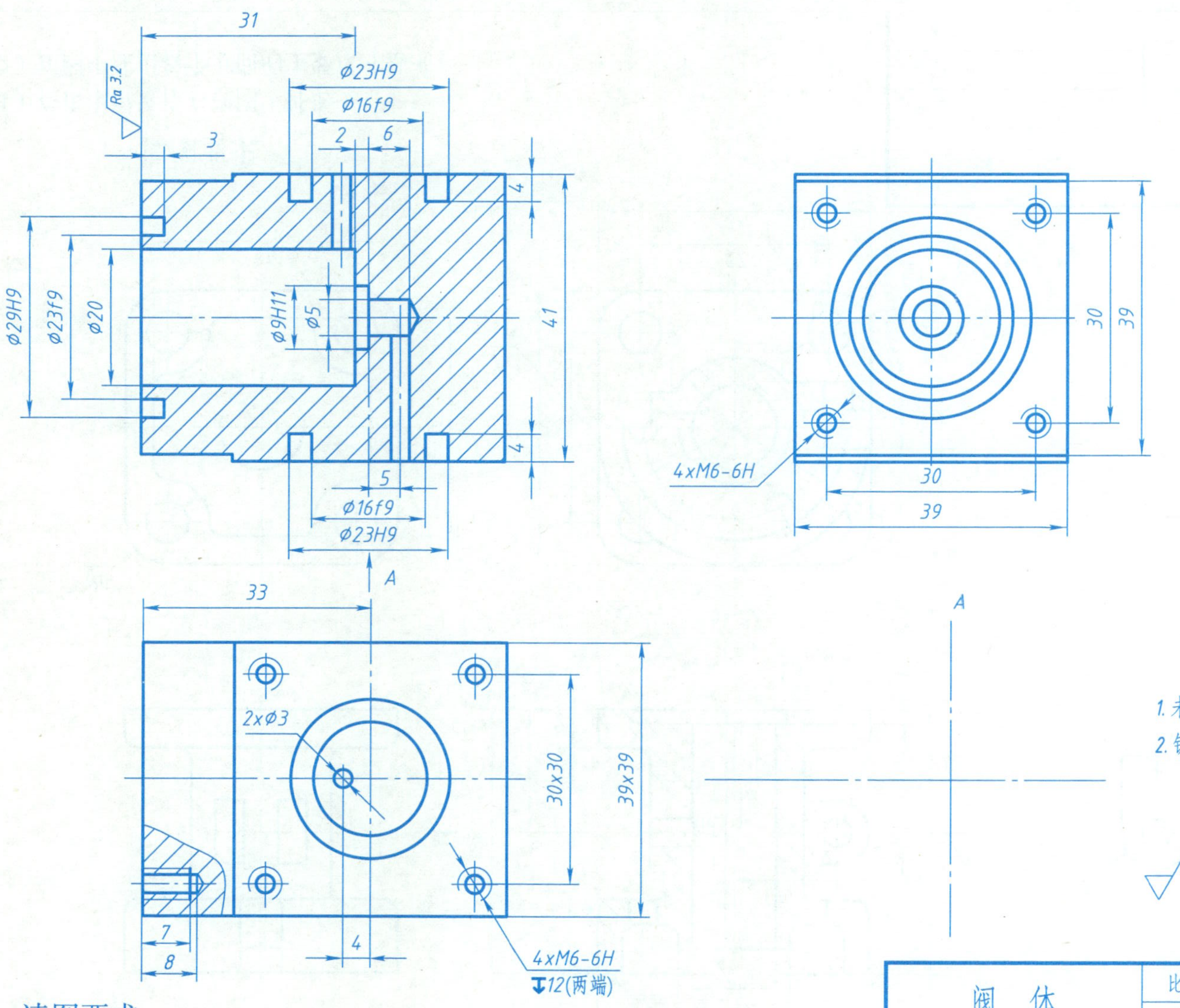

技术要求

1. 未注铸造圆角 R2~R3。
2. 铸件不得有砂眼、气孔等缺陷。

$\sqrt{Ra\ 6.3}$（$\sqrt{}$）

阀体			比例	1:1		
			数量			
制图			重量		材料	HT200
描图						
审核						

读图要求

在指定位置作出 *A* 向视图。

三、读绘零件图（八）答案（实体图见 P111）

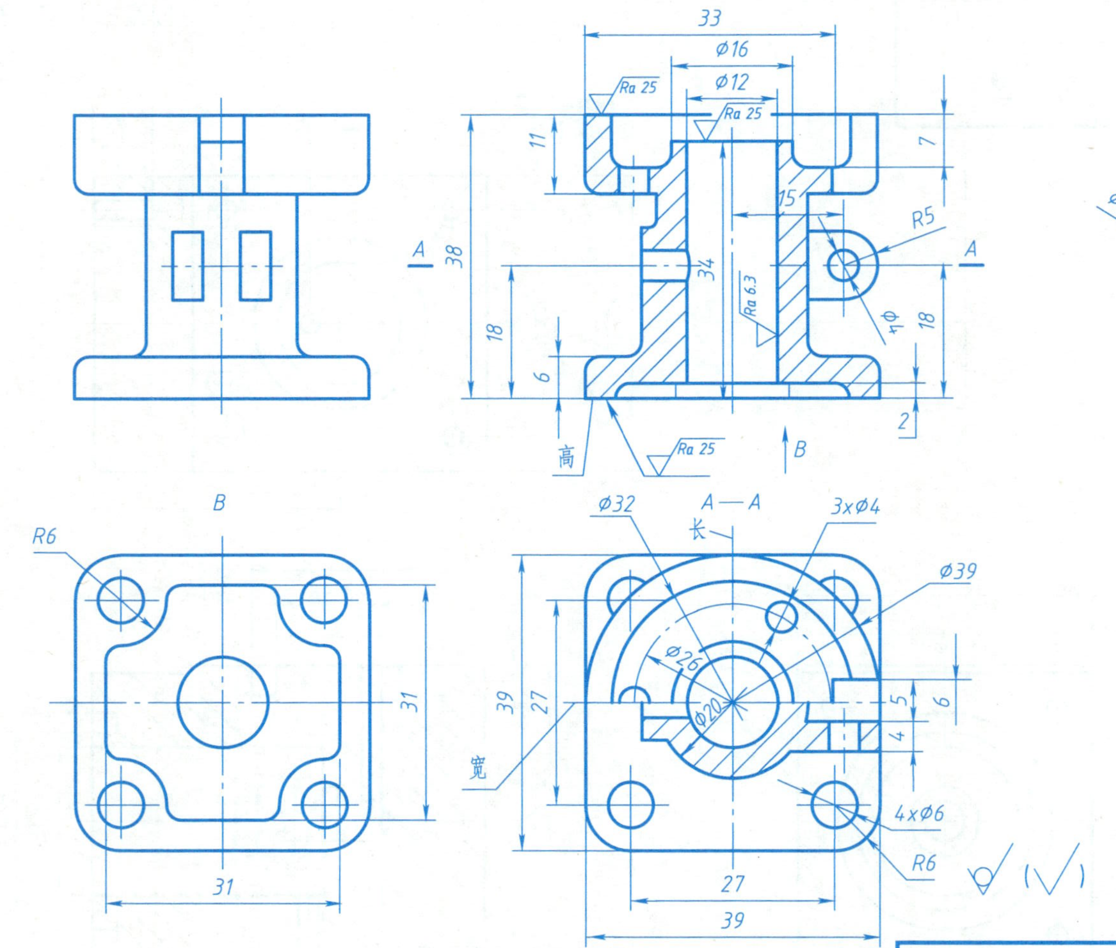

技术要求

1. 未注铸造圆角 R2~R3。

2. 铸件不得有砂眼、气孔等缺陷。

阀 体			比例	1 : 1	
			数量		
制图			重量		材料	HT200
描图					
审核					

读图要求

（1）在指定位置作右视图（外形）。

（2）在图中注出各个方向的主要尺寸基准。

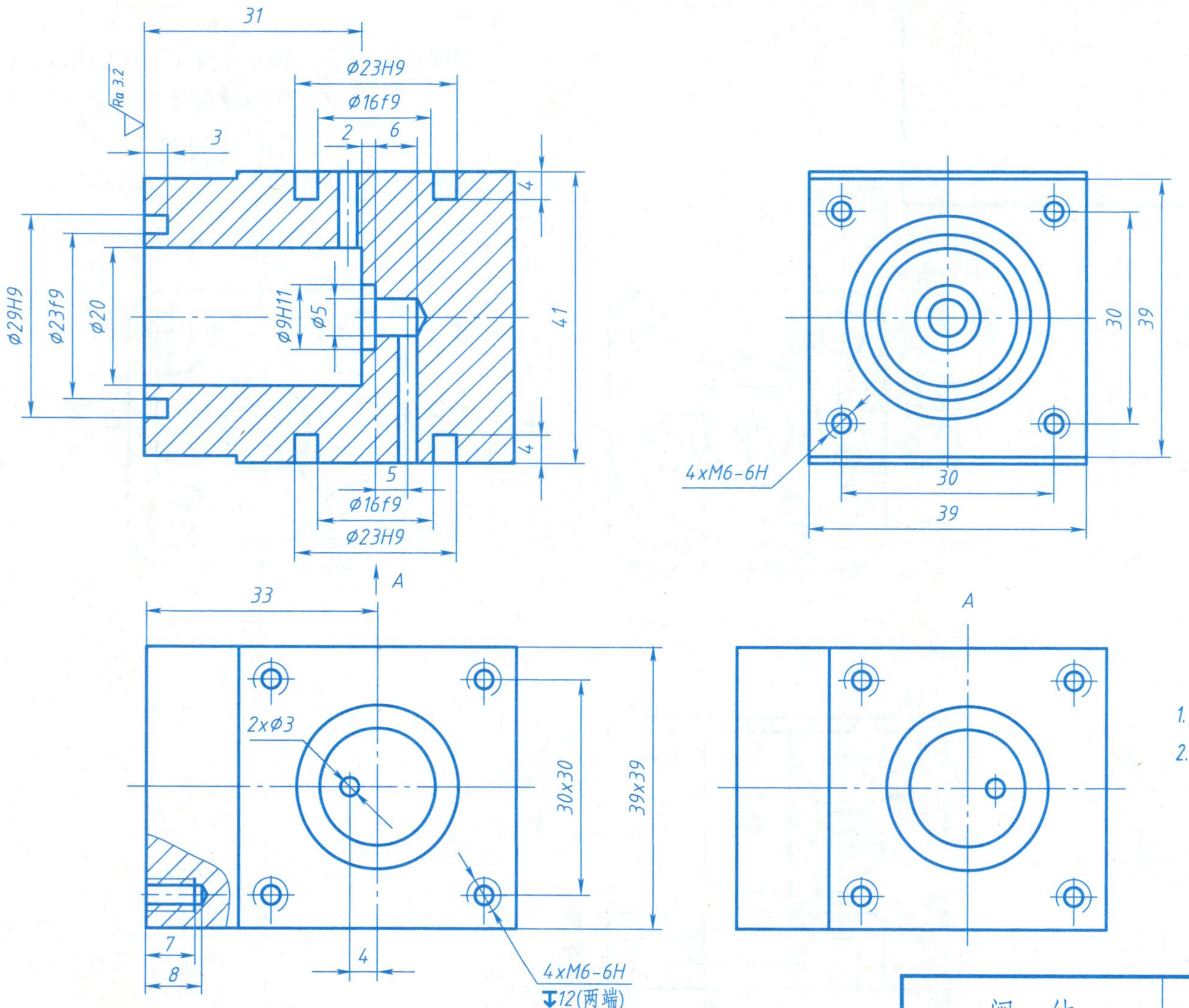

技术要求

1. 未注铸造圆角 R2~R3。

2. 铸件不得有砂眼、气孔等缺陷。

$\sqrt{Ra\ 6.3}$ (√)

阀 体			比例	1 : 1	
			数量		
制图			重量		材料	HT200
描图					
审核					

读图要求

在指定位置作出 A 向视图。

三、读绘零件图（九）

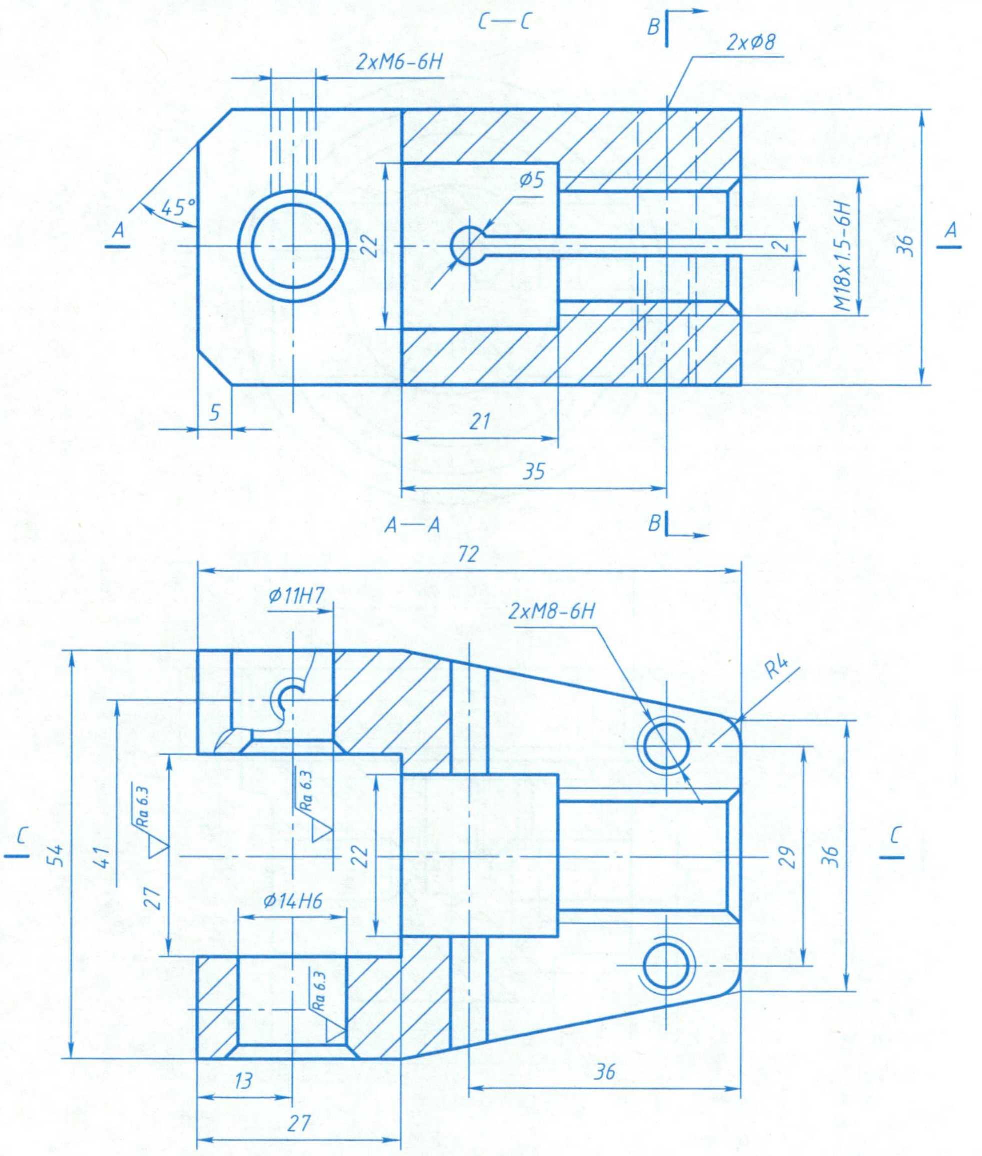

B—B

技术要求

未注倒角 C1.5。

读图要求

（1）俯视图采用的是什么表达方法？

（2）在指定位置作出 *B—B* 全剖视图。

Ra 25 （√）

连接块			比例	1 : 1		
			数量			
制图			重量		材料	20Cr
描图						
审核						

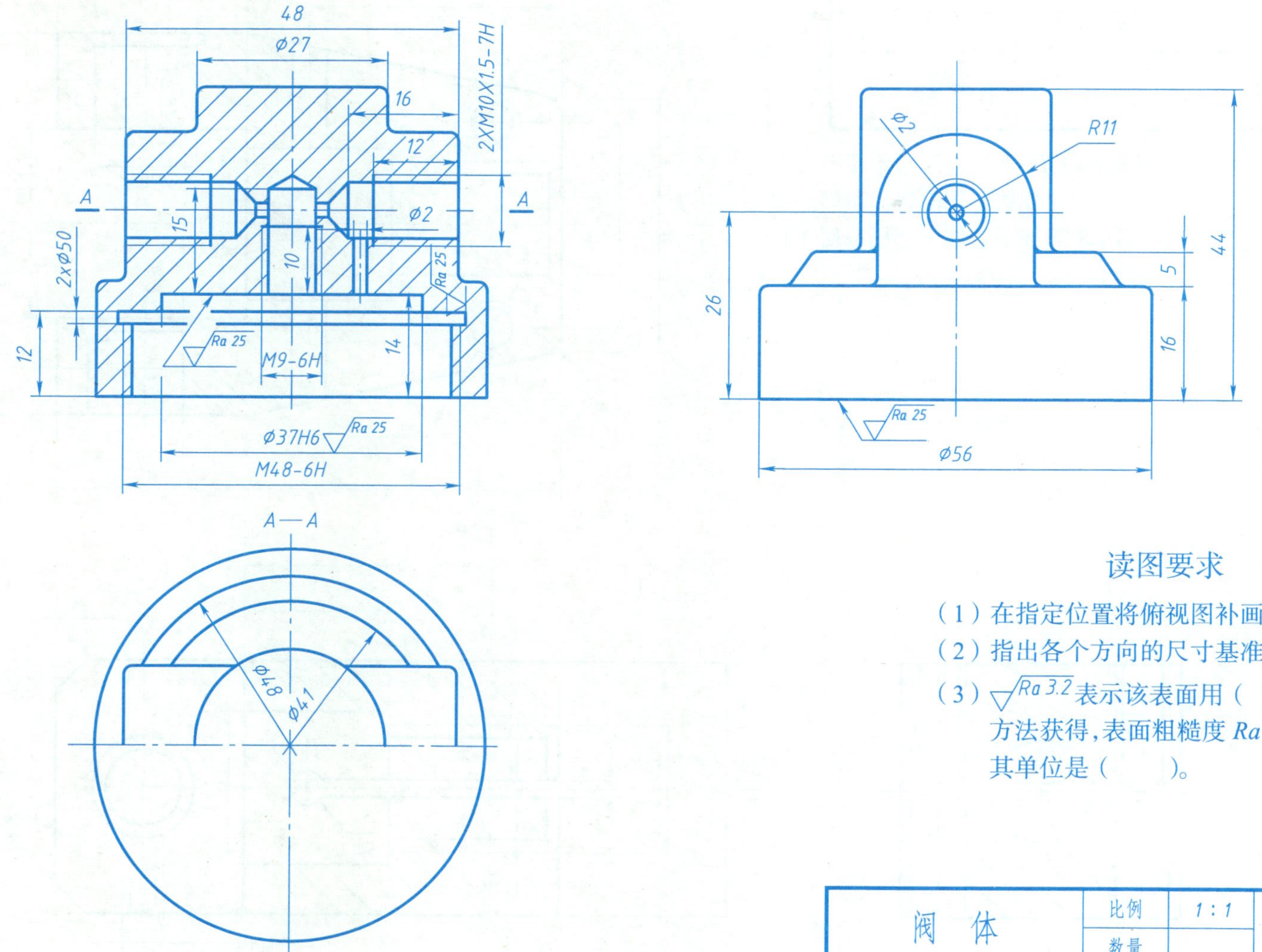

读图要求

（1）在指定位置将俯视图补画完整（半剖）。

（2）指出各个方向的尺寸基准。

（3）$\sqrt{Ra\ 3.2}$ 表示该表面用（　　　　）方法获得，表面粗糙度 *Ra* 值为（　　），其单位是（　　）。

（√）

阀　体			比例	1 : 1		
			数量			
制图			重量		材料	HT200
描图						
审核						

三、读绘零件图（九）答案（实体图见 P112）

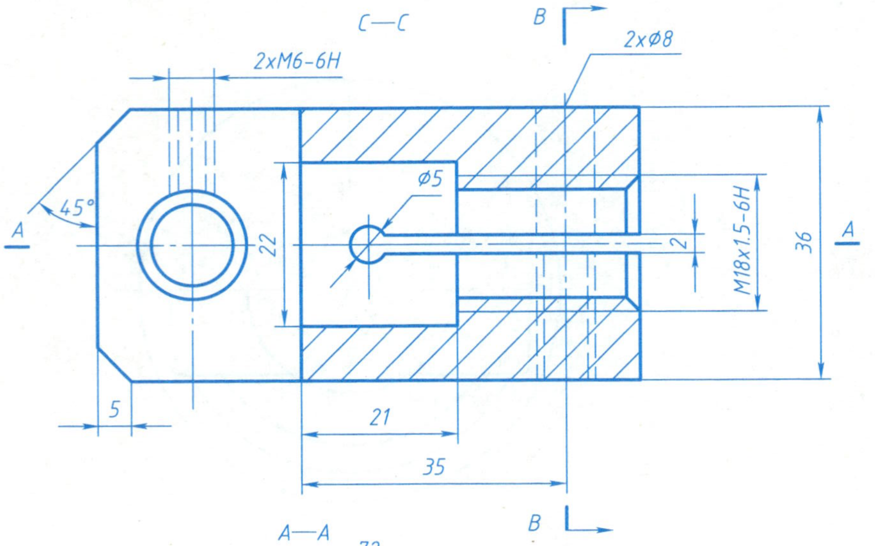

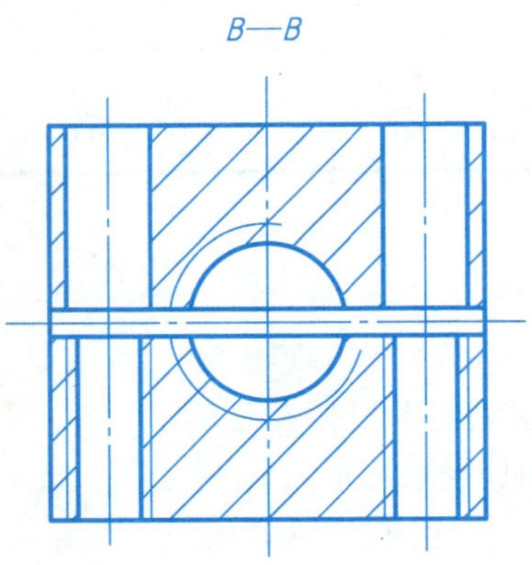

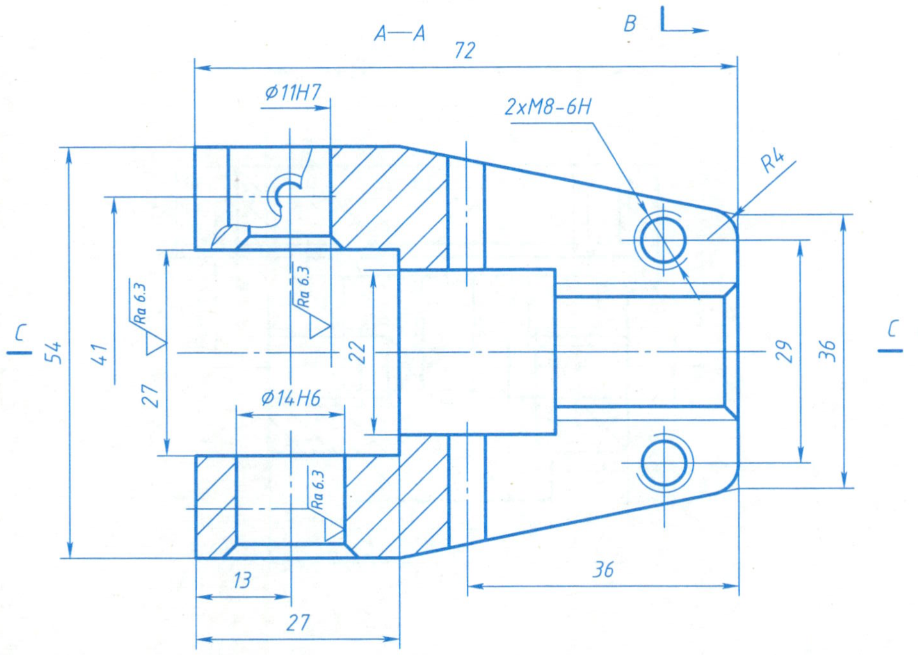

技术要求

未注倒角 C1.5。

读图要求

（1）俯视图采用的是什么表达方法？

答：俯视图采用的是局部剖视图。

（2）在指定位置作出 B—B 全剖视图。

$\sqrt{Ra\ 25}$ （√）

连接块		比例	1 : 1		
		数量			
制图		重量		材料	20Cr
描图					
审核					

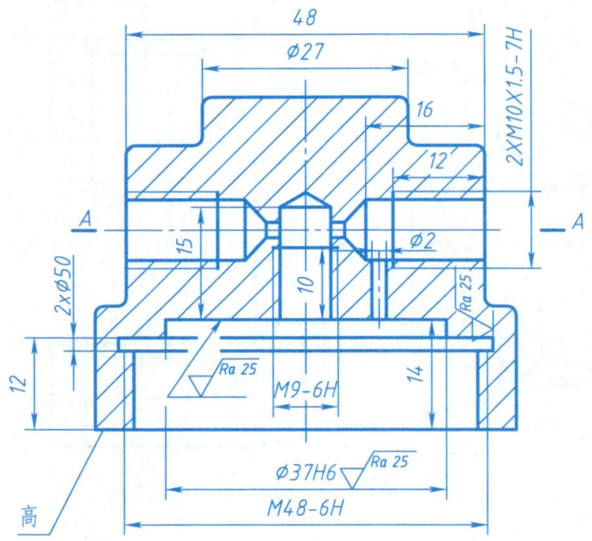

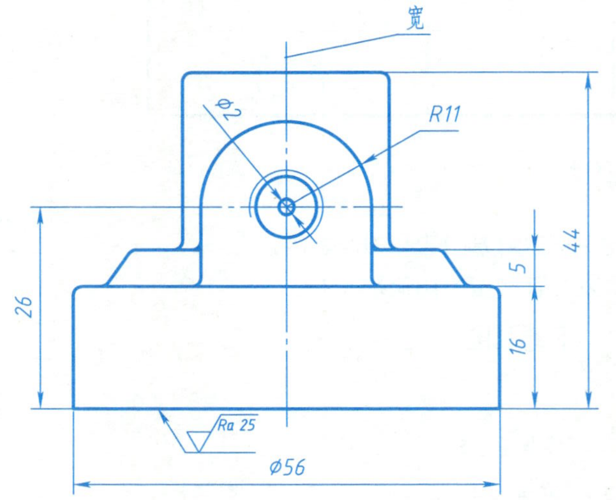

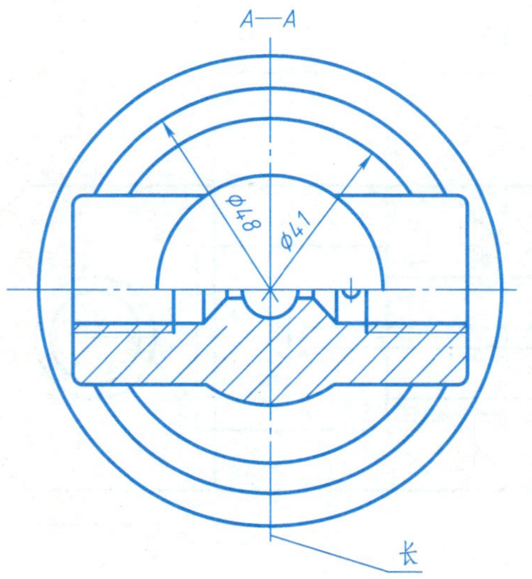

读图要求

（1）在指定位置将俯视图补画完整（半剖）。

（2）指出各个方向的尺寸基准。

（3）$\sqrt{Ra\ 3.2}$ 表示该表面用（去除材料）方法获得，表面粗糙度 Ra 值为（3.2），其单位是（微米）。

$\sqrt{}$ （√）

阀 体		比例	1 : 1		
		数量			
制图		重量		材料	HT200
描图					
审核					

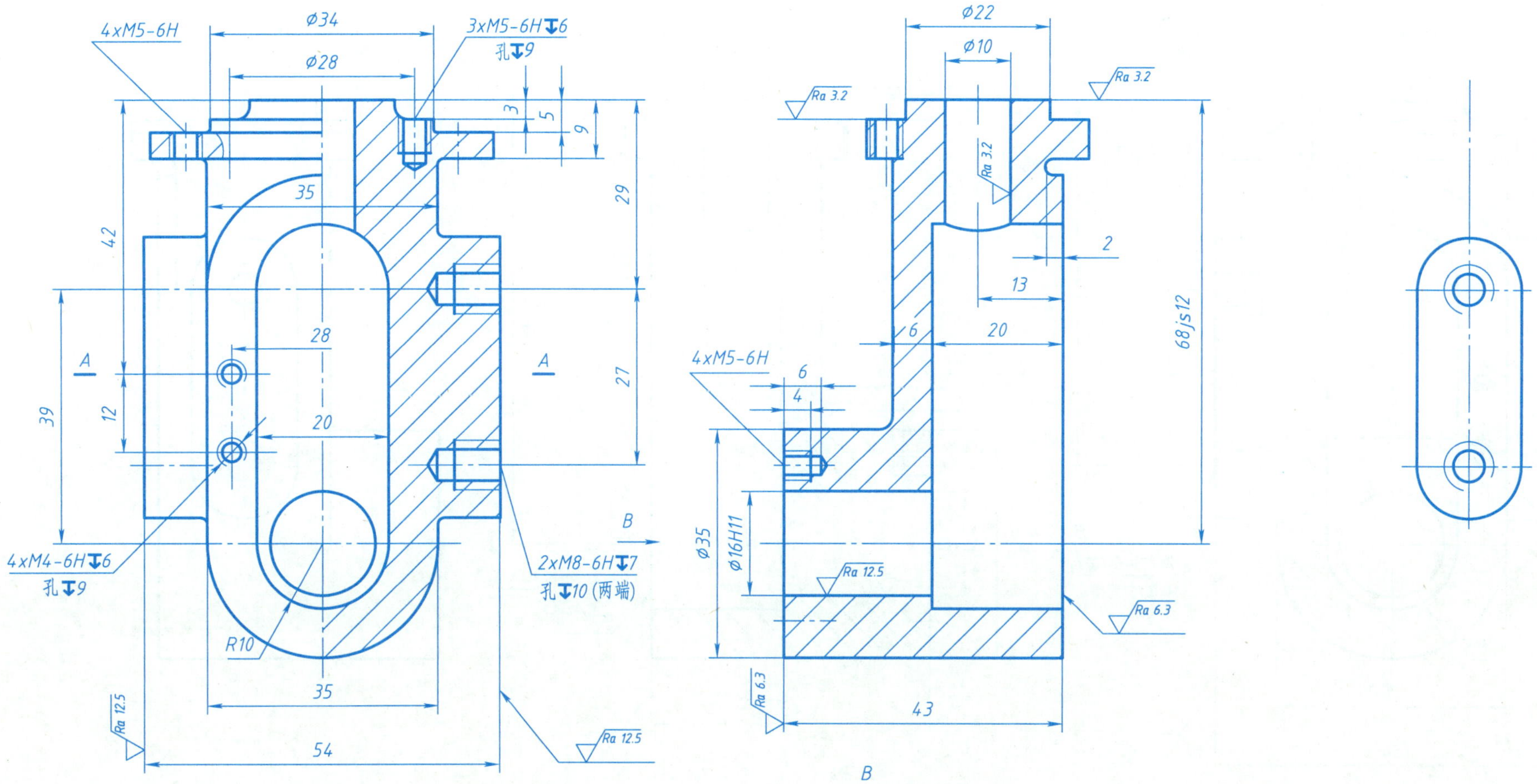

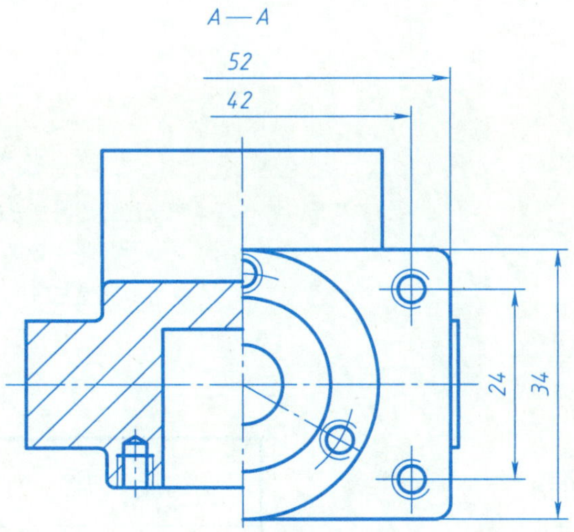

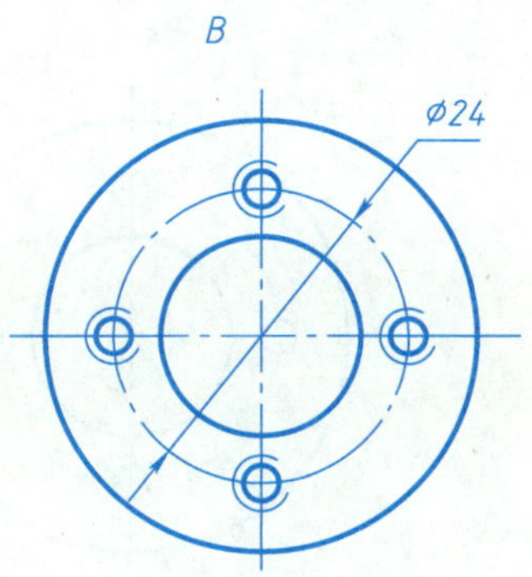

技术要求

1. 未注铸造圆角 R3。
2. 铸件不得有砂眼、气孔、裂纹等缺陷。
3. 孔口倒角 C1.5。

读图要求

（1）在指定位置作出左视图（外形）。
（2）在图中注出各个方向的主要尺寸基准。

底座			比例	1∶1		
			数量			
制图			重量		材料	HT200
描图						
审核						

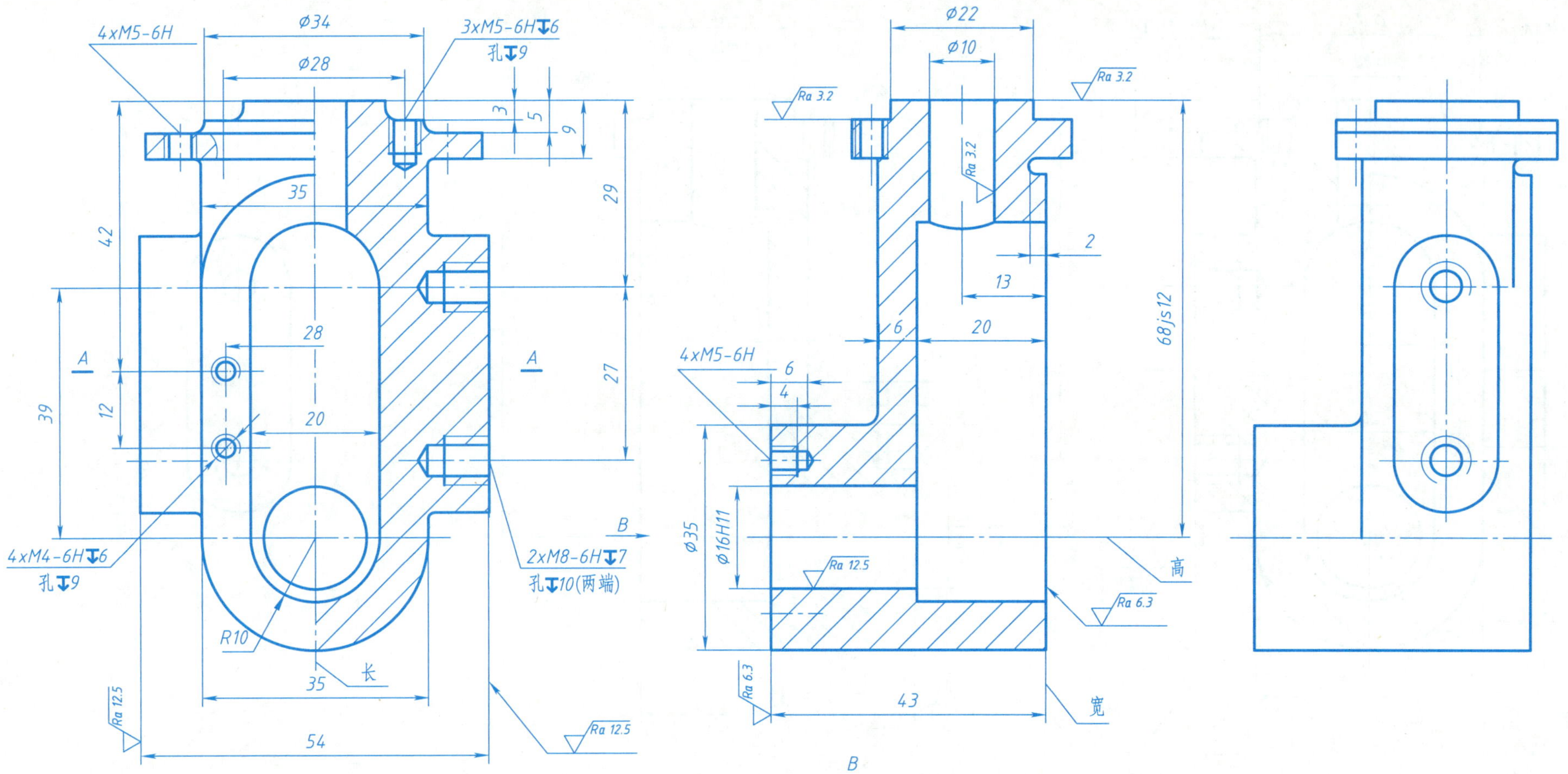

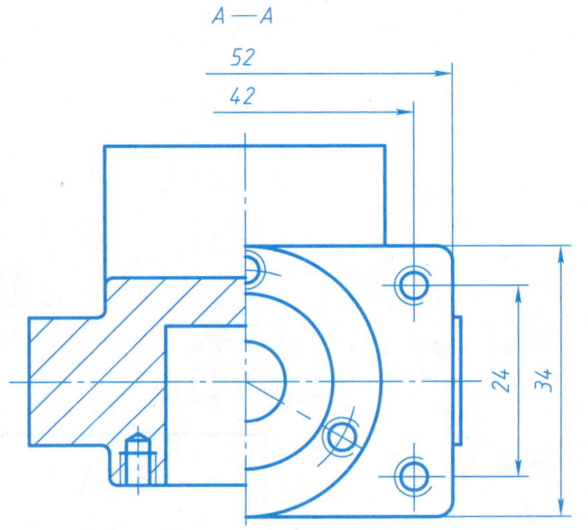

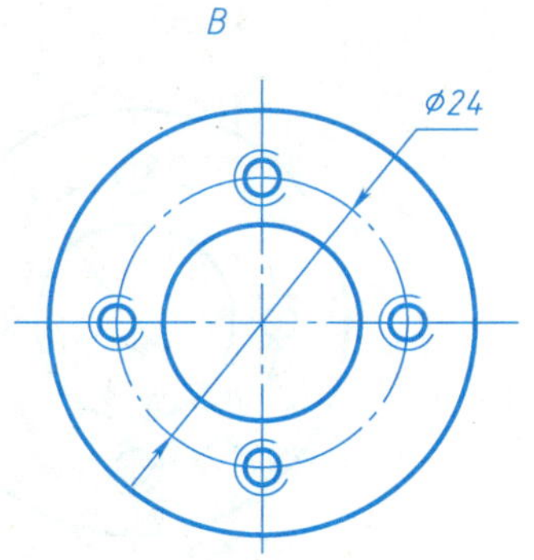

技术要求

1. 未注铸造圆角 R3。
2. 铸件不得有砂眼、气孔、裂纹等缺陷。
3. 孔口倒角 C1.5。

读图要求

（1）在指定位置作出左视图（外形）。
（2）在图中注出各个方向的主要尺寸基准。

√ (√)

底 座			比例	1 : 1		
			数量			
制图			重量		材料	HT200
描图						
审核						

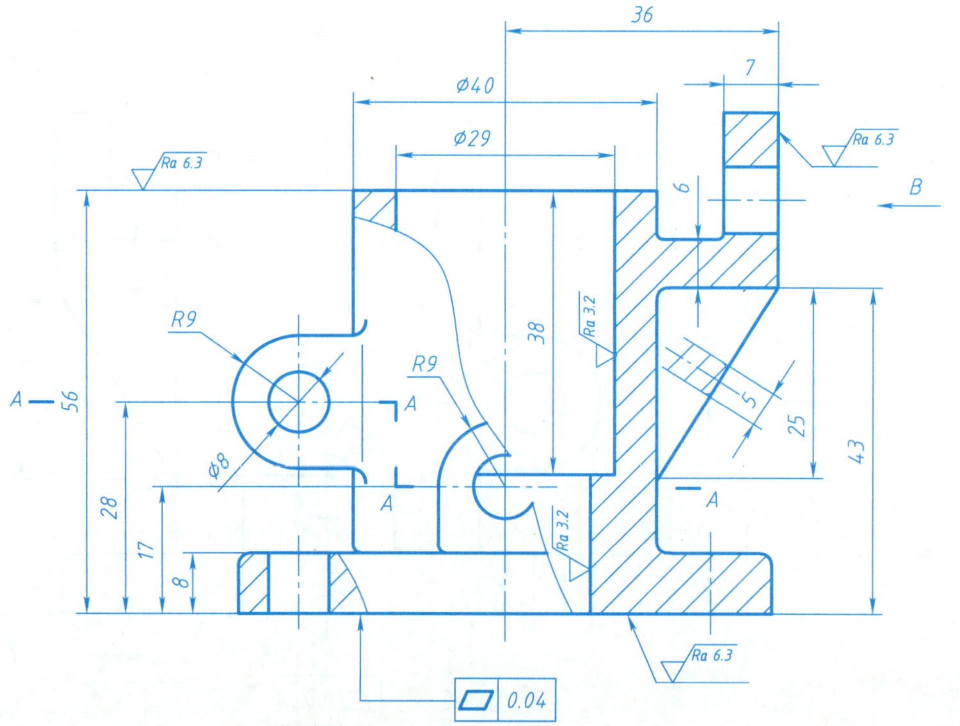

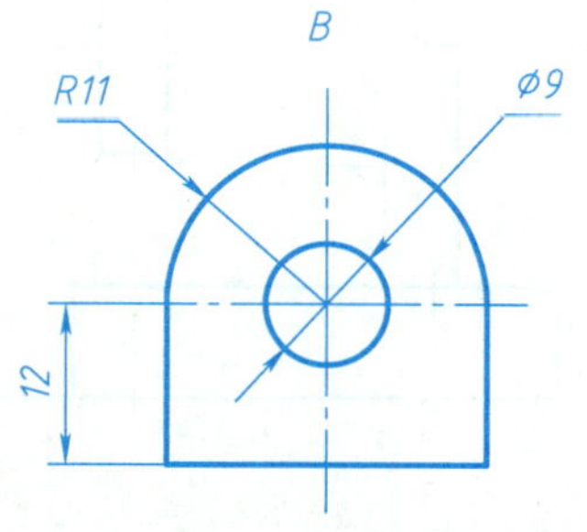

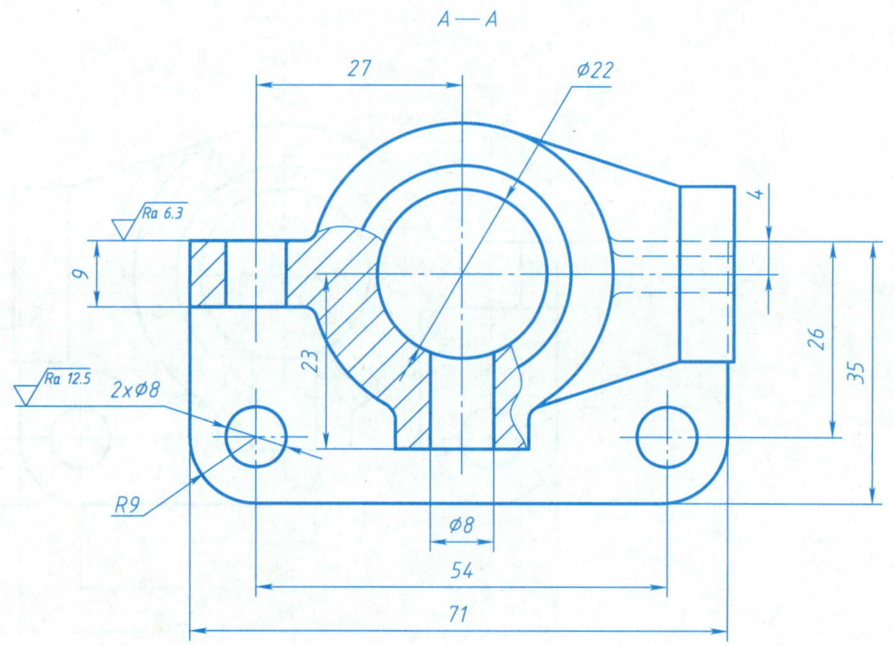

读图要求

（1）在指定位置作出右视图（外形）。

（2）在图中注出各个方向的主要尺寸基准。

技术要求

1. 未注铸造圆角 R1~R3。
2. 铸件不得有砂眼、气孔、裂纹等缺陷。

支　架			比例	1 : 1		
			数量			
制图			重量		材料	硬铝
描图						
审核						

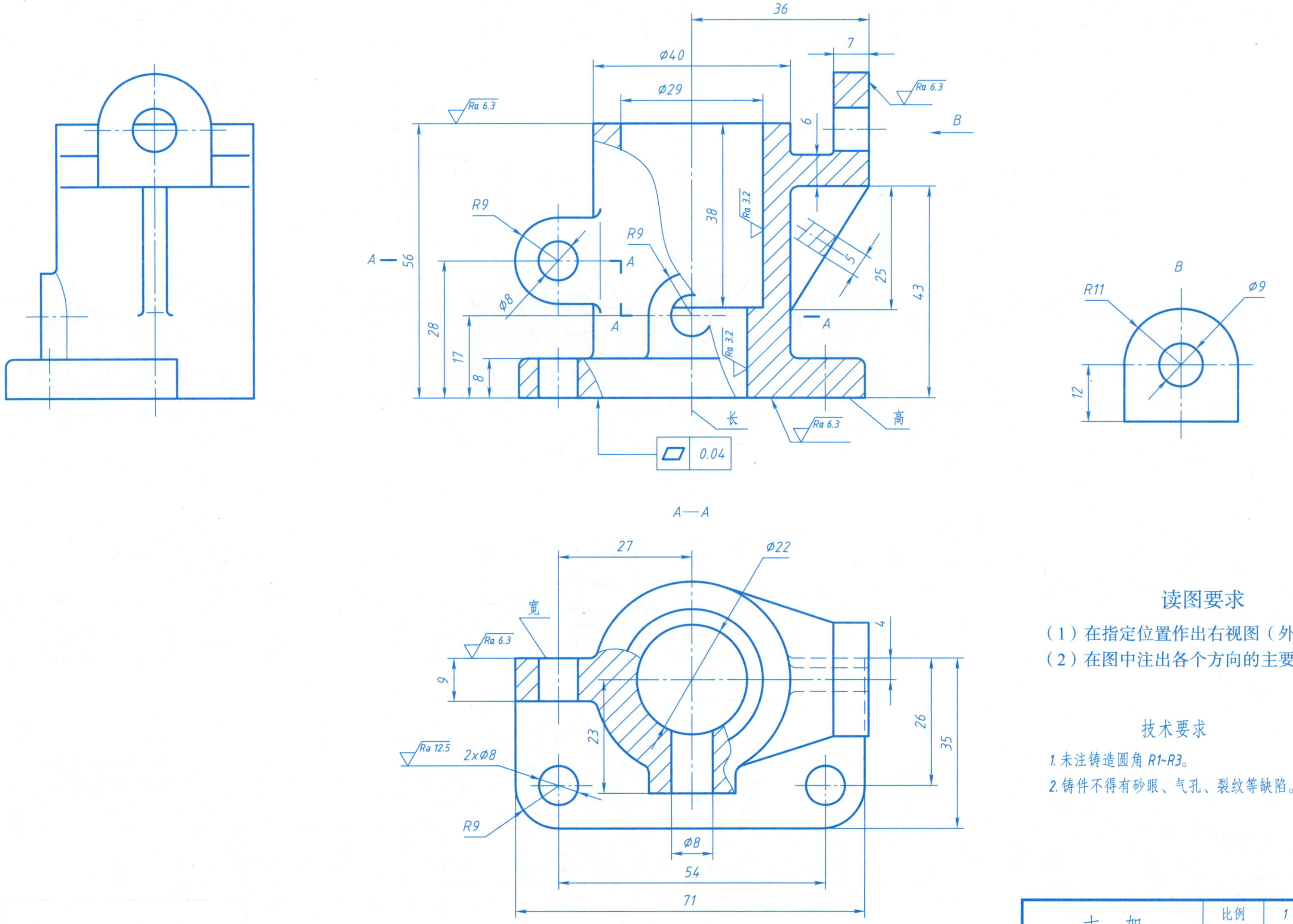

读图要求

（1）在指定位置作出右视图（外形）。

（2）在图中注出各个方向的主要尺寸基准。

技术要求

1. 未注铸造圆角 R1~R3。
2. 铸件不得有砂眼、气孔、裂纹等缺陷。

支架			比例	1 : 1		
			数量			
制图			重量		材料	硬铝
描图						
审核						

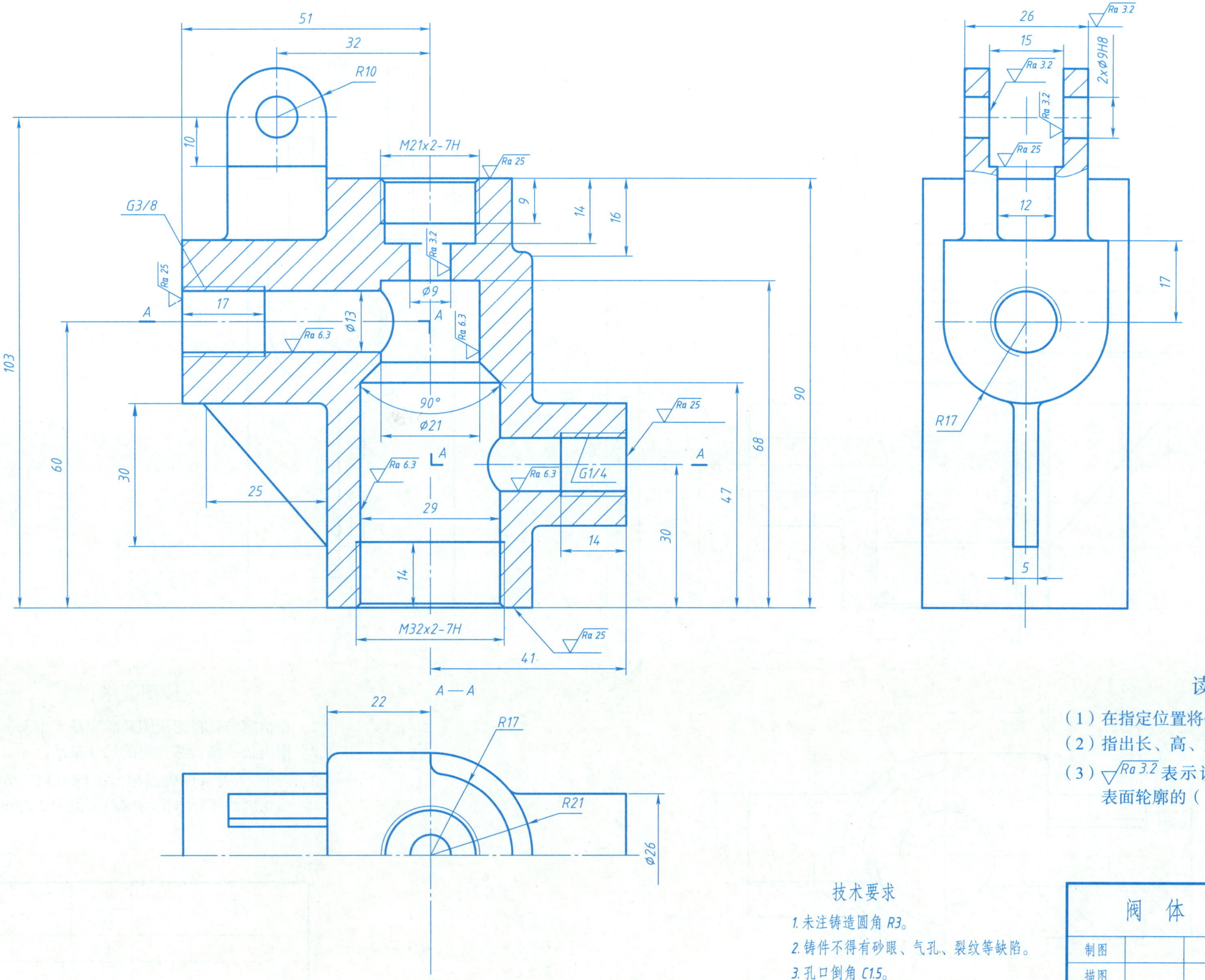

读图要求

（1）在指定位置将俯视图补画完整（半剖）。

（2）指出长、高、宽方向的尺寸基准。

（3）$\sqrt{Ra\ 3.2}$ 表示该表面用（　　　　）方法获得，表面轮廓的（　　　　　　）值为 3.2 μm。

$\sqrt{}$（$\sqrt{}$）

技术要求

1. 未注铸造圆角 R3。
2. 铸件不得有砂眼、气孔、裂纹等缺陷。
3. 孔口倒角 C1.5。

阀　体			比例	1 : 1	
			数量		
制图			重量		材料 HT200
描图					
审核					

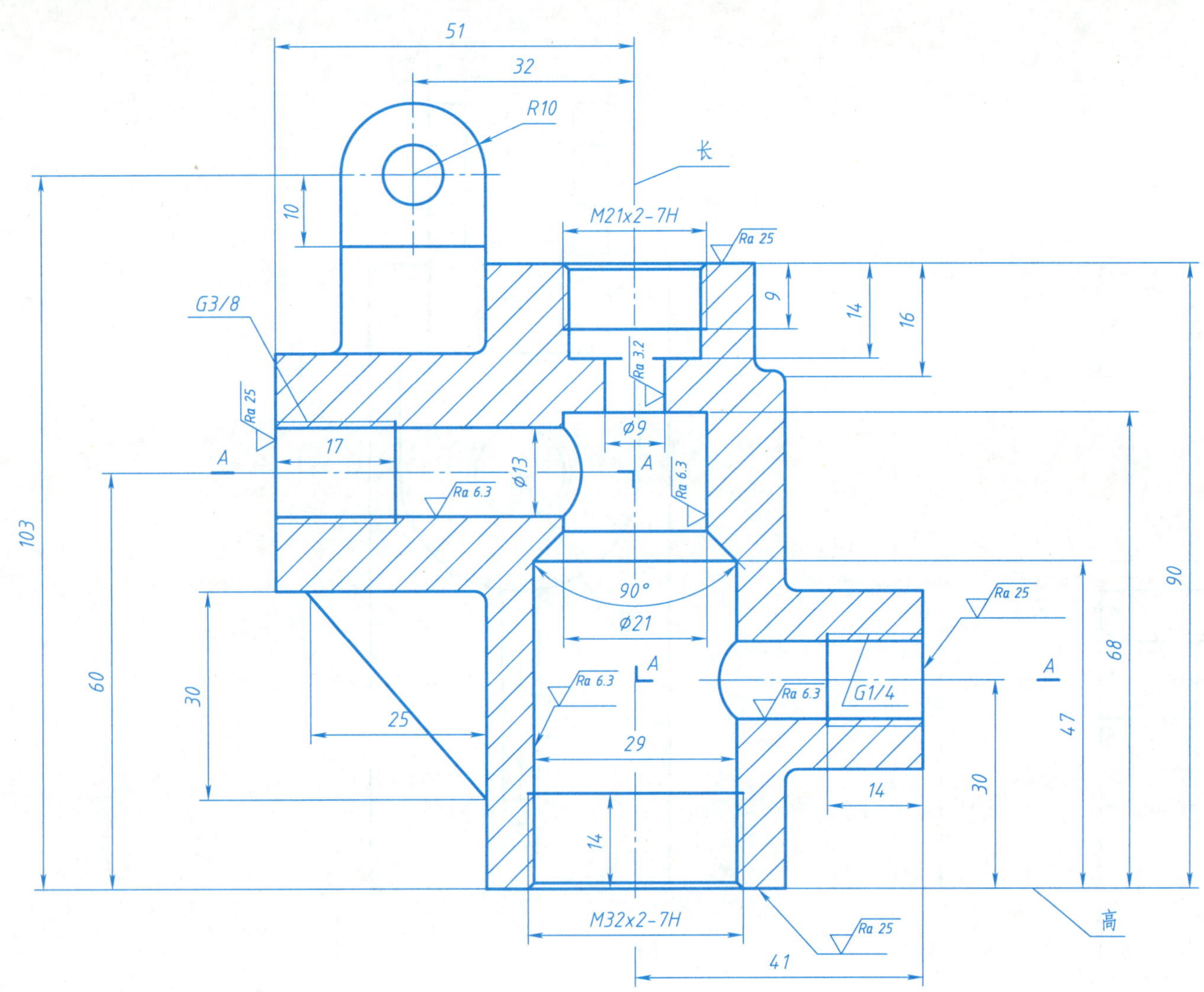

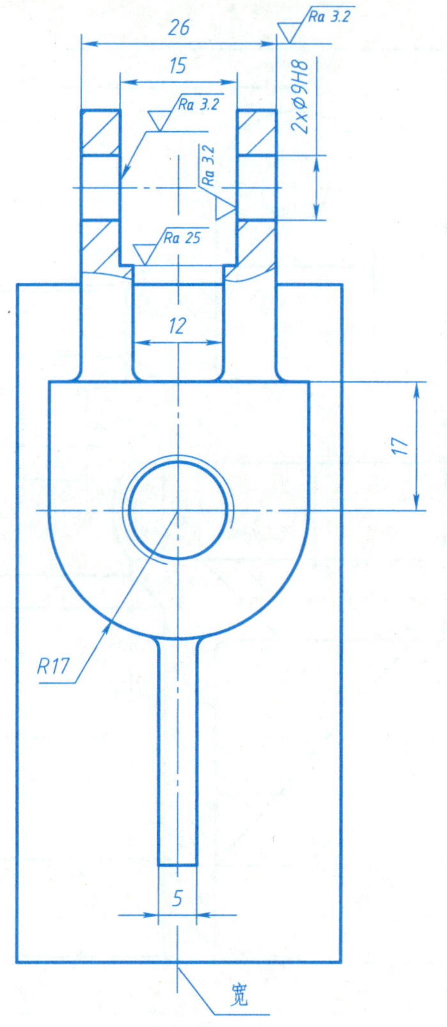

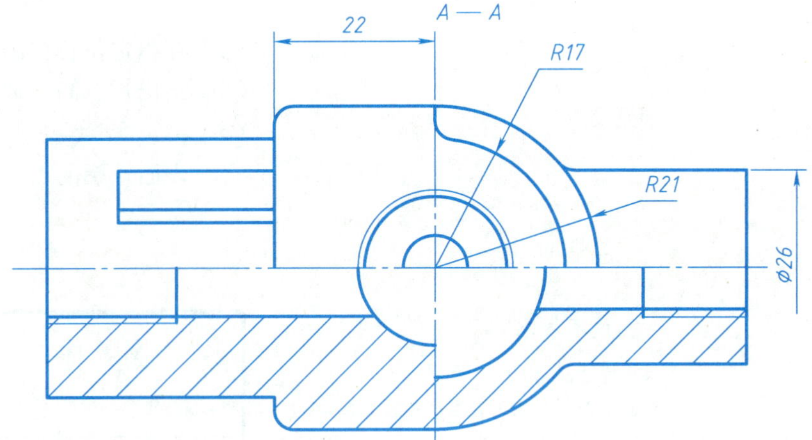

读图要求

（1）在指定位置将俯视图补画完整（半剖）。

（2）指出长、高、宽方向的尺寸基准。

（3）$\sqrt{Ra\ 3.2}$ 表示该表面用（去除材料）方法获得，表面轮廓的（算术平均偏差）值为 3.2μm。

$\sqrt{}$ （$\sqrt{}$）

技术要求

1. 未注铸造圆角 R3。
2. 铸件不得有砂眼、气孔、裂纹等缺陷。
3. 孔口倒角 C1.5。

阀　体			比例	1：1		
			数量			
制图			重量		材料	HT200
描图						
审核						

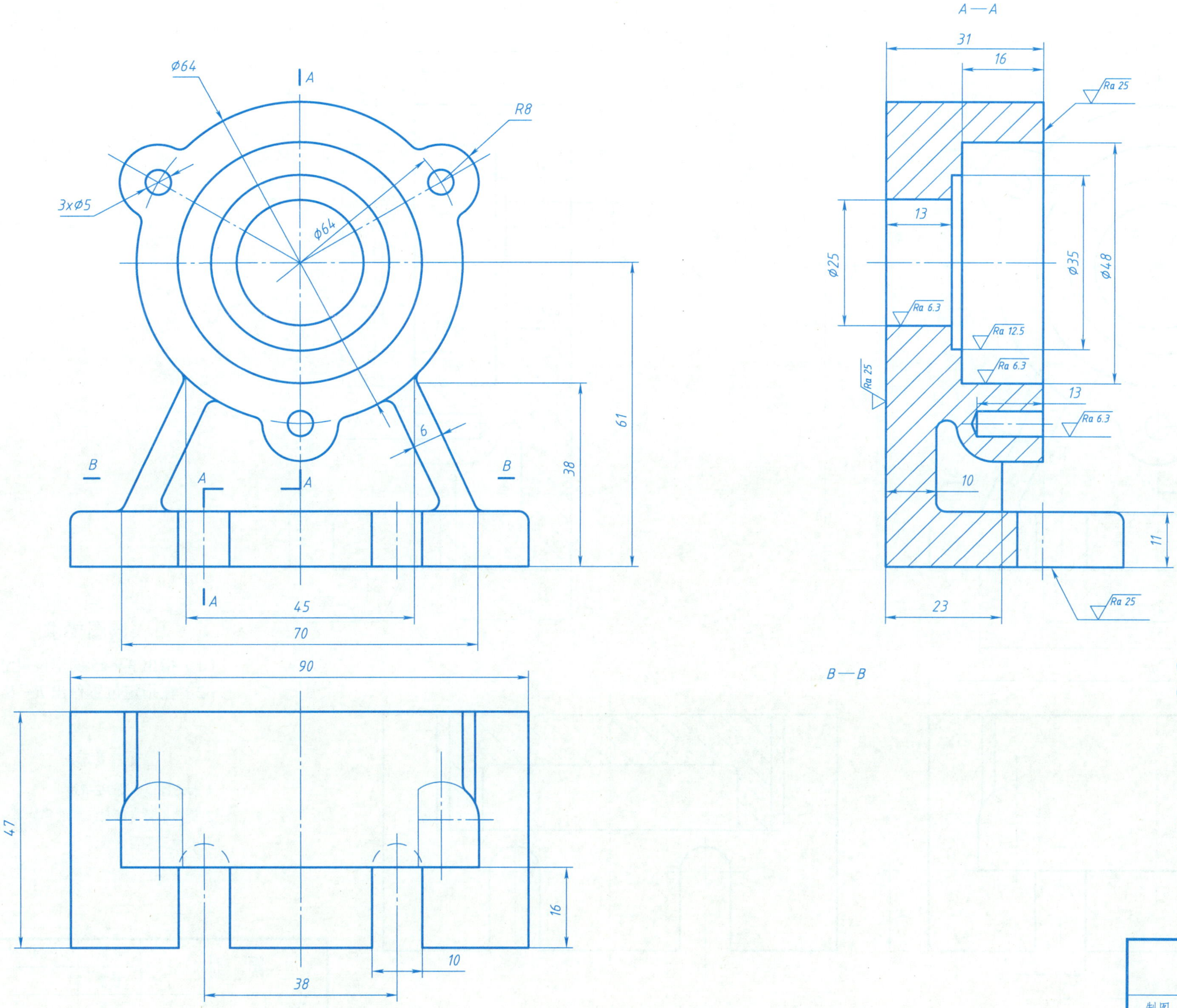

读图要求

（1）指出 3×ϕ5 的定位尺寸。

（2）在指定位置作出 B—B。

技术要求

1. 未注铸造圆角 R2~R3。
2. 铸件不得有砂眼、气孔等缺陷。
3. 未加工表面涂绿漆。

√ (√)

阀 体			比例	1:1		
			数量			
制图			重量		材料	HT150
描图						
审核						

三、读绘零件图（十三）答案（实体图见 P112）

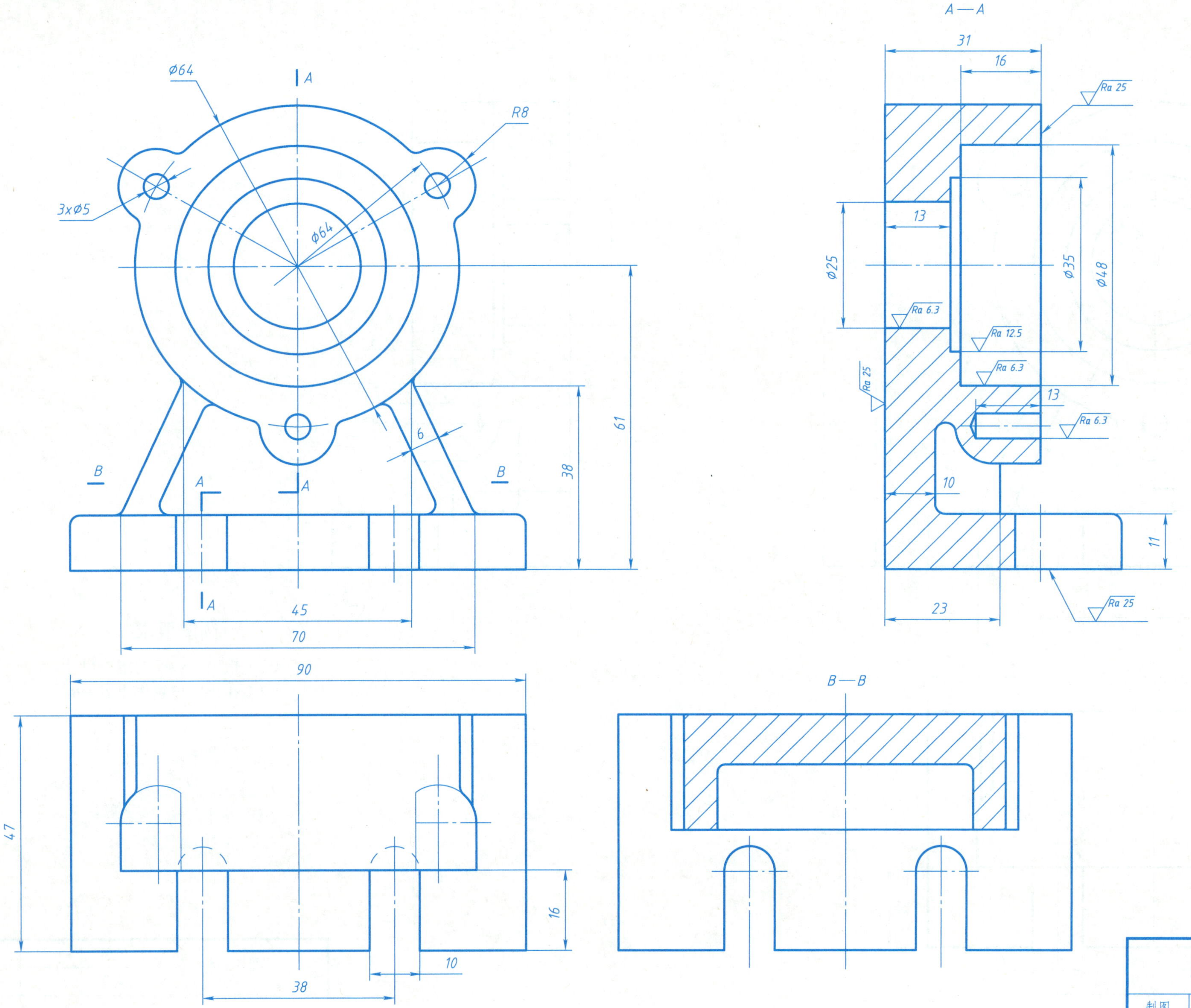

读图要求

（1）指出 3×φ5 的定位尺寸。答：φ64。

（2）在指定位置作出 B—B。

技术要求

1. 未注铸造圆角 R2~R3。
2. 铸件不得有砂眼、气孔等缺陷。
3. 未加工表面涂绿漆。

阀　体			比例	1 : 1	
			数量		
制图			重量		材料	HT150
描图					
审核					

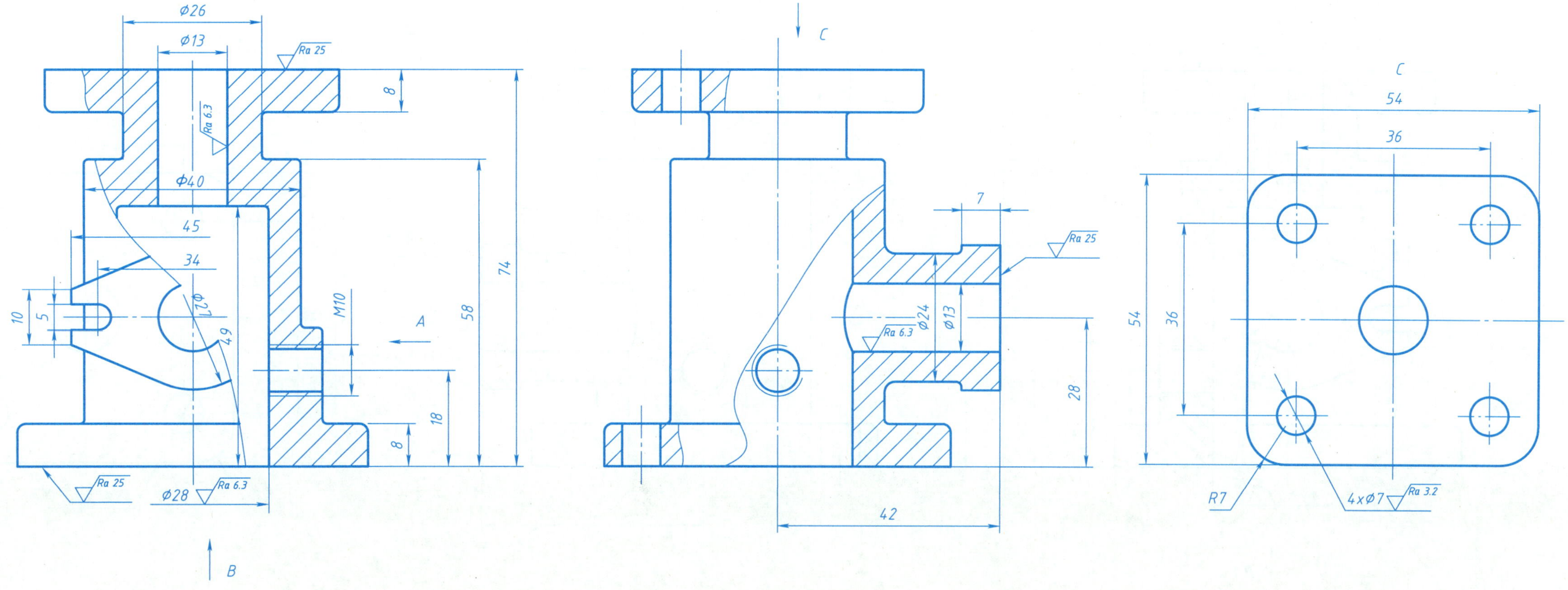

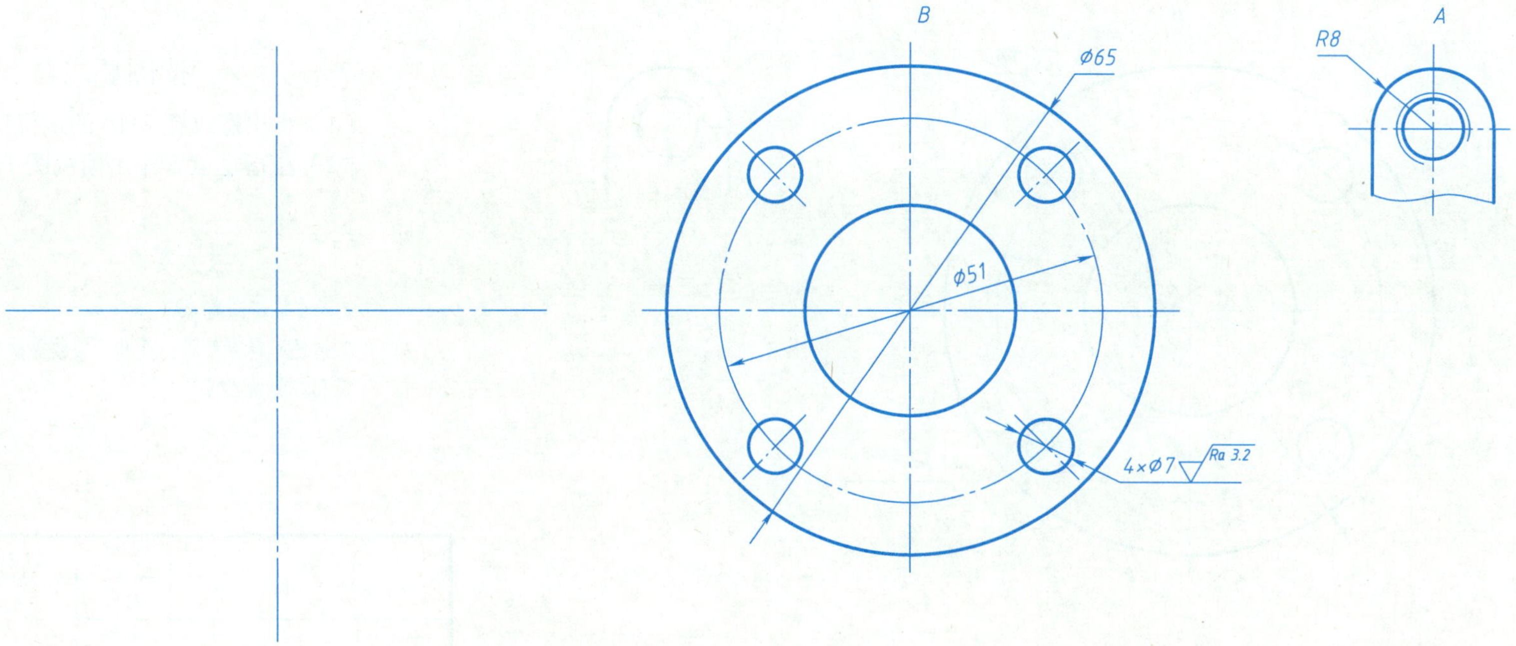

读图要求

（1）指出螺纹孔 M10 的定位尺寸。

（2）在指定位置作出俯视图（外形）。

技术要求

1. 未注铸造圆角 R3。
2. 铸件不得有砂眼、气孔、裂纹等缺陷。
3. 孔口倒角 C1.5。

(√)

阀体			比例	1:1		
			数量			
制图			重量		材料	HT200
描图						
审核						

三、读绘零件图（十四）答案（实体图见 P112）

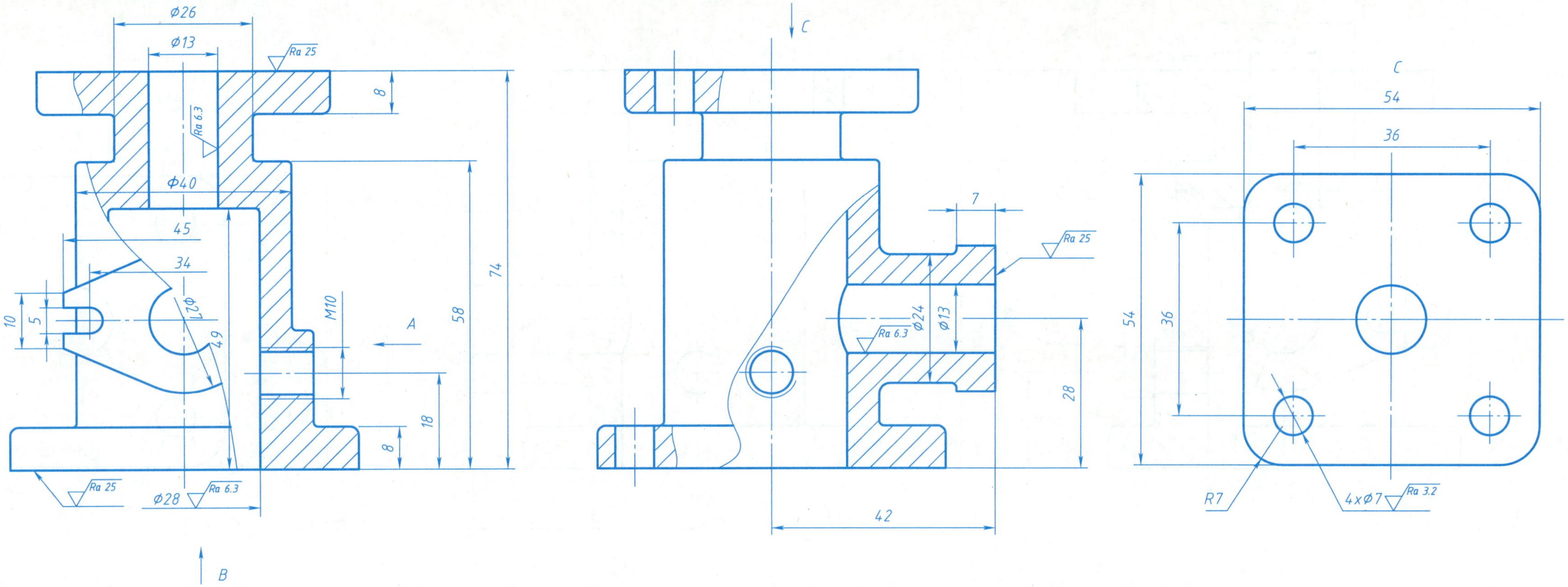

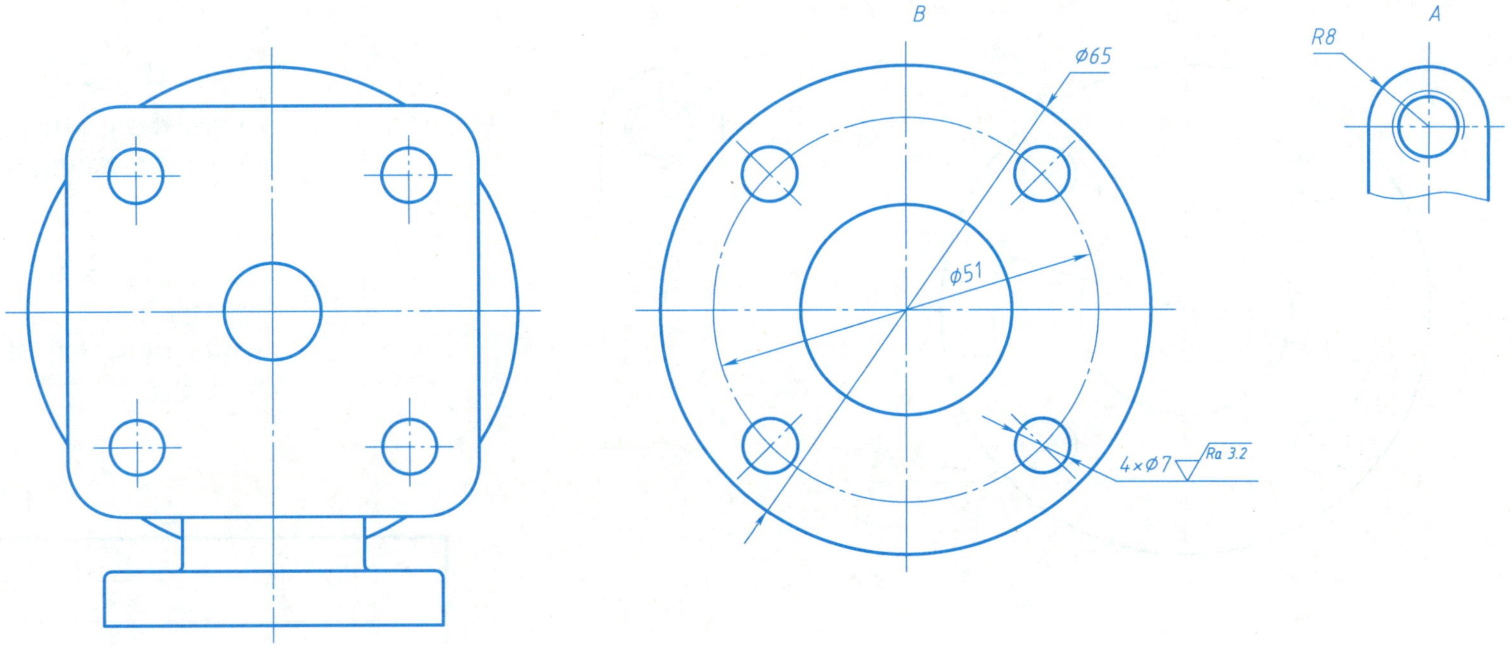

读图要求

（1）指出螺纹孔 M10 的定位尺寸。答：18。

（2）在指定位置作出俯视图（外形）。

技术要求

1. 未注铸造圆角 R3。
2. 铸件不得有砂眼、气孔、裂纹等缺陷。
3. 孔口倒角 C1.5。

阀体			比例	1:1	
			数量		
制图			重量		材料 HT200
描图					
审核					

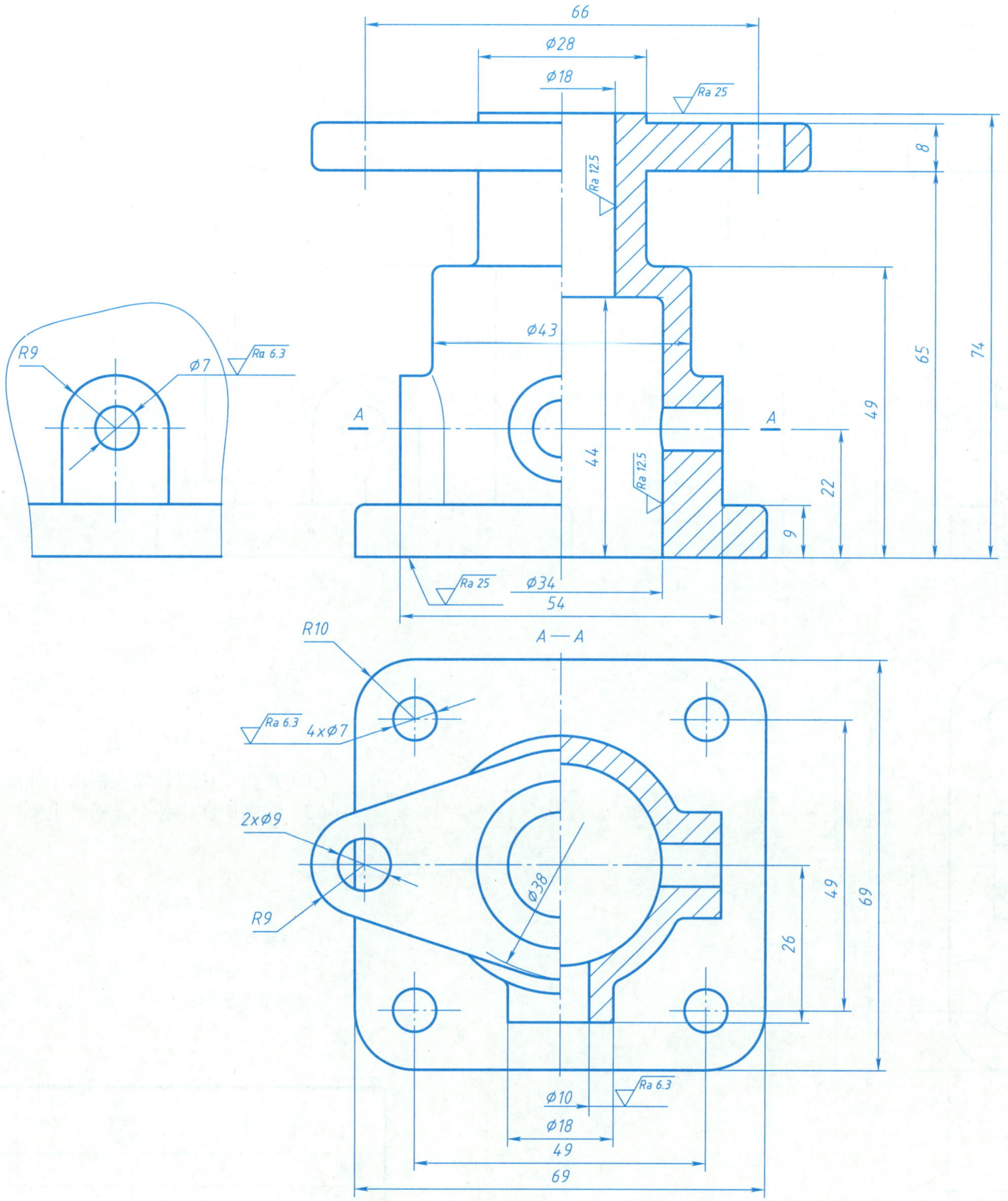

读图要求

（1）在指定位置作出左视图（外形）。

（2）在图中注出各个方向的主要尺寸基准。

技术要求

1. 未注铸造圆角 R2~R3。
2. 铸件不得有砂眼、气孔等缺陷。
3. 未加工表面涂绿漆。

阀 体		比例	1:1		
		数量			
制图		重量		材料	HT200
描图					
审核					

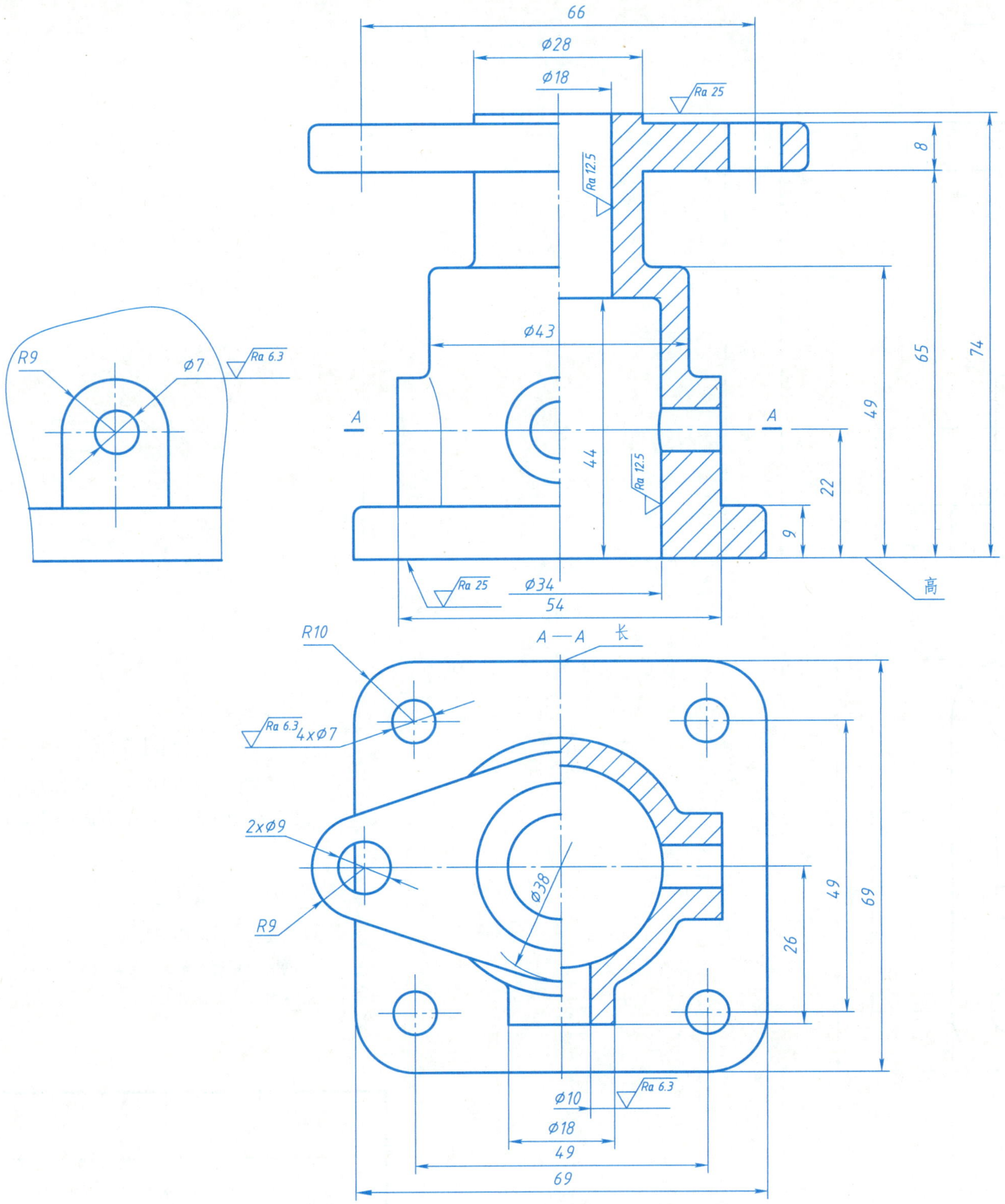

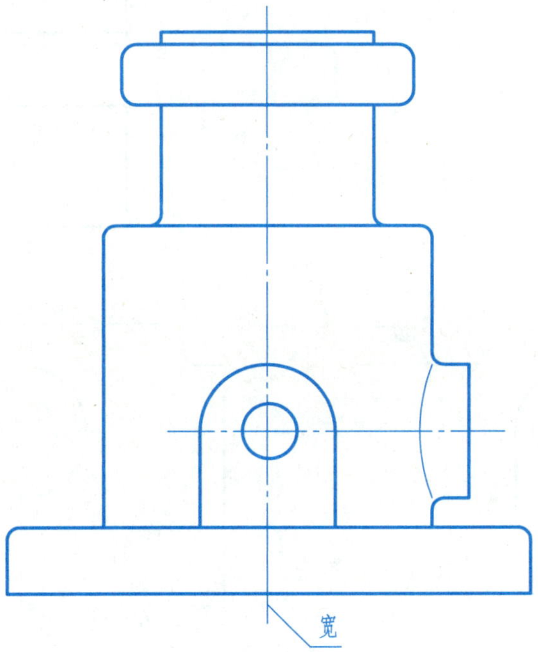

读图要求

（1）在指定位置作出左视图（外形）。

（2）在图中注出各个方向的主要尺寸基准。

技术要求

1. 未注铸造圆角 R2~R3。
2. 铸件不得有砂眼、气孔等缺陷。
3. 未加工表面涂绿漆。

$\sqrt{}$ ($\sqrt{}$)

阀 体		比例	1 : 1	
		数量		
制图		重量		材料 HT200
描图				
审核				

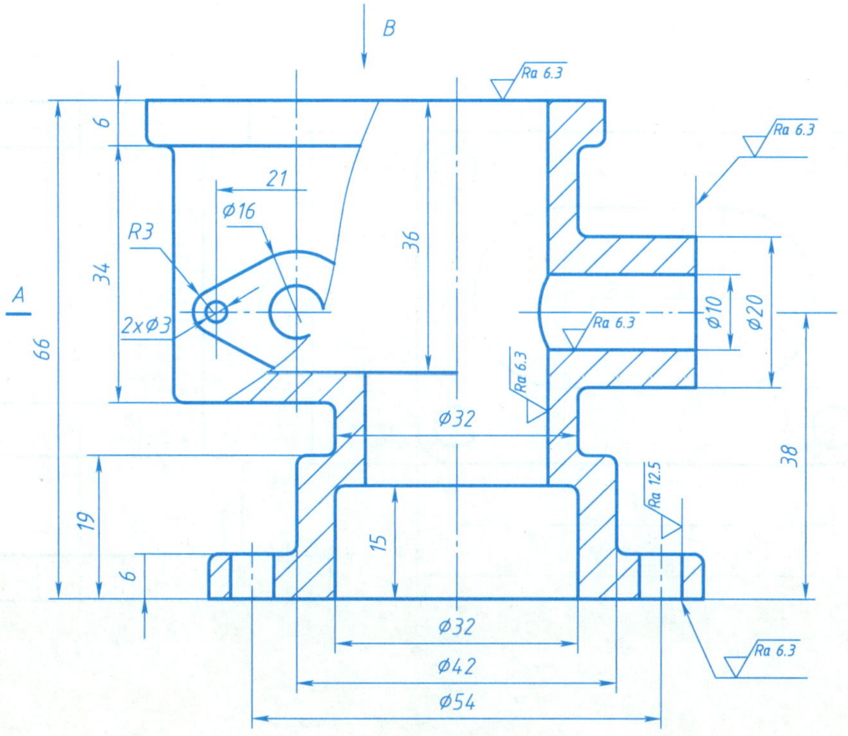

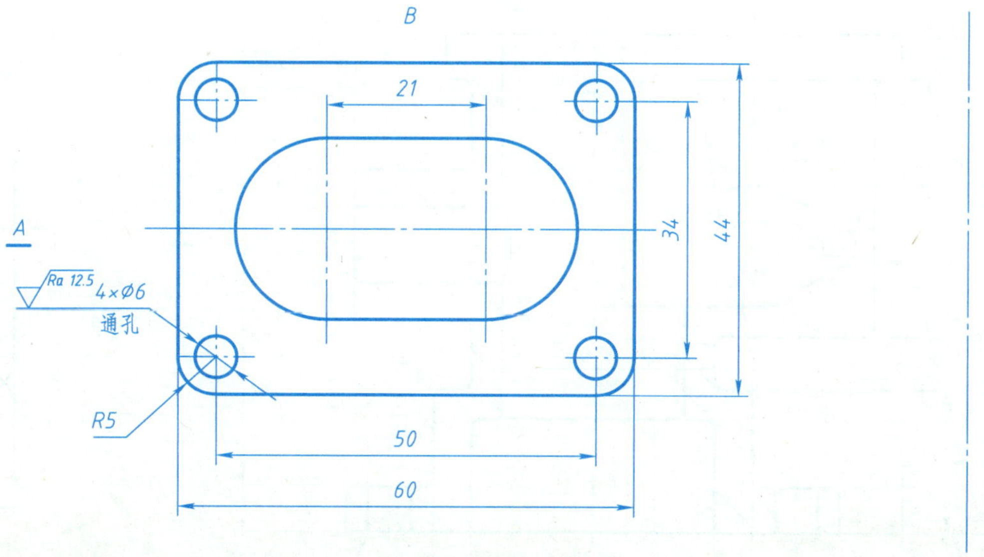

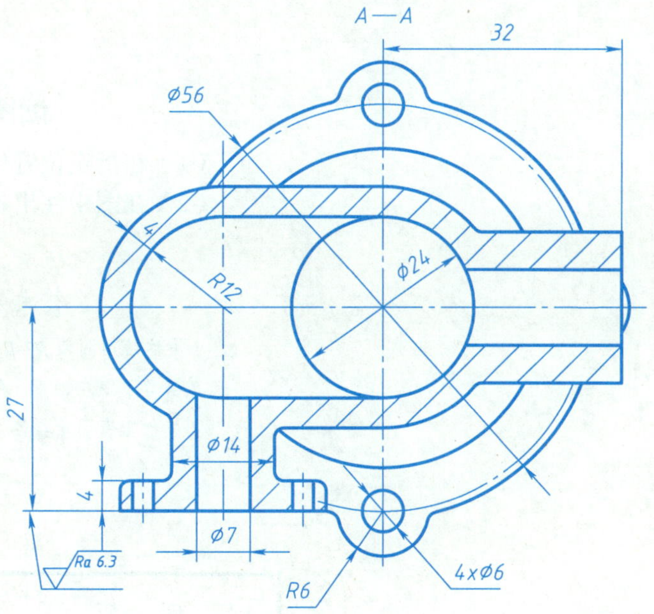

读图要求

（1）在指定位置作出左视图（外形）。

（2）在图中注出各个方向的主要尺寸基准。

技术要求

1. 未注铸造圆角 R2~R3。
2. 铸件不得有砂眼、气孔等缺陷。
3. 未加工表面涂绿漆。

√（√）

底　座			比例	1：1	
			数量		
制图			重量	材料	HT150
描图					
审核					

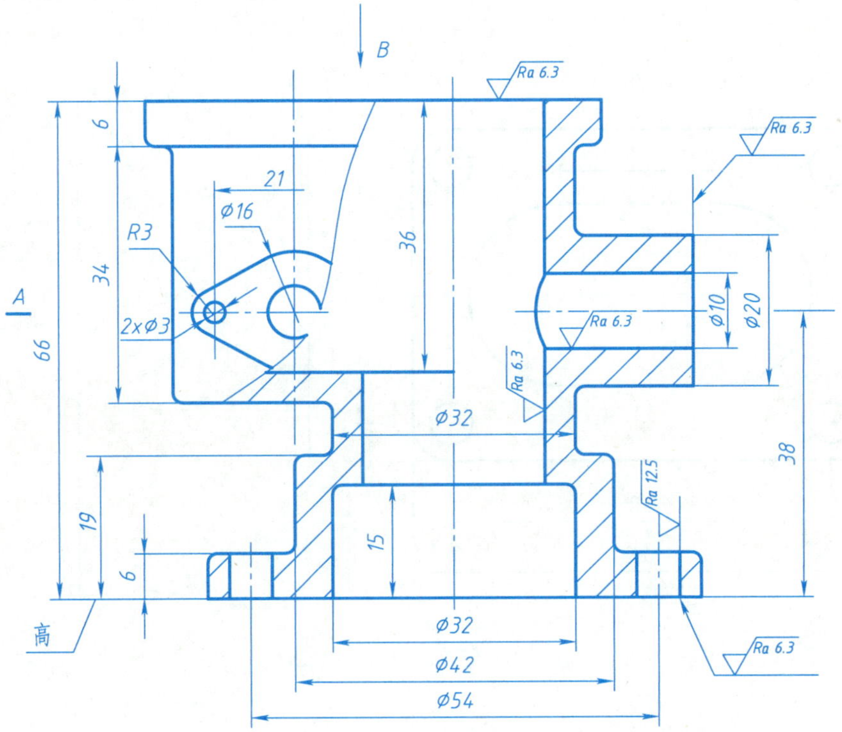

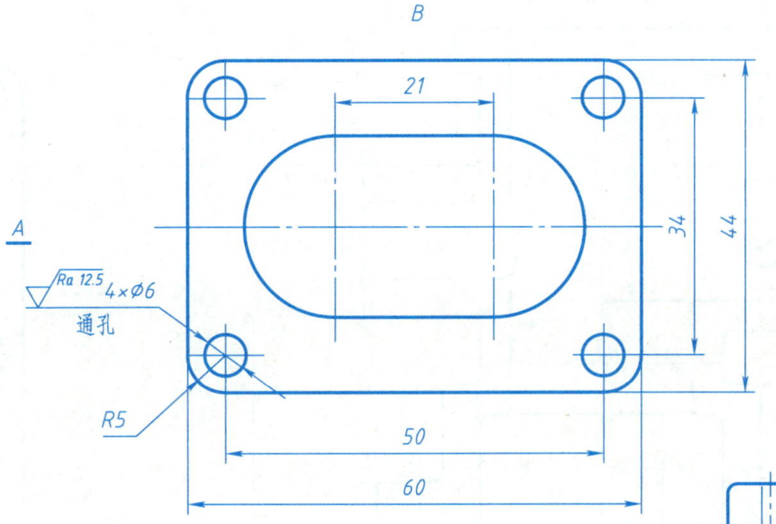

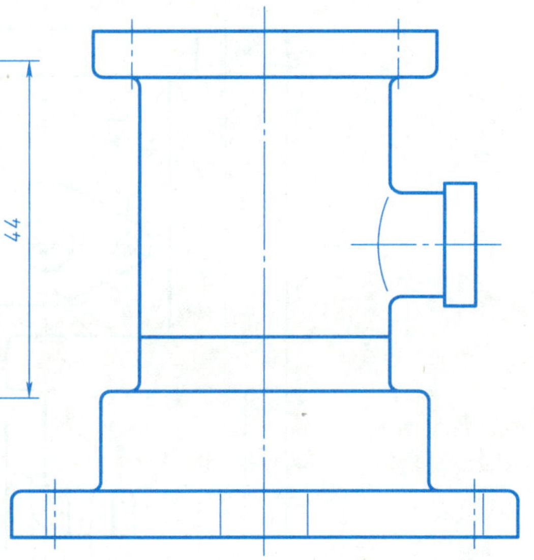

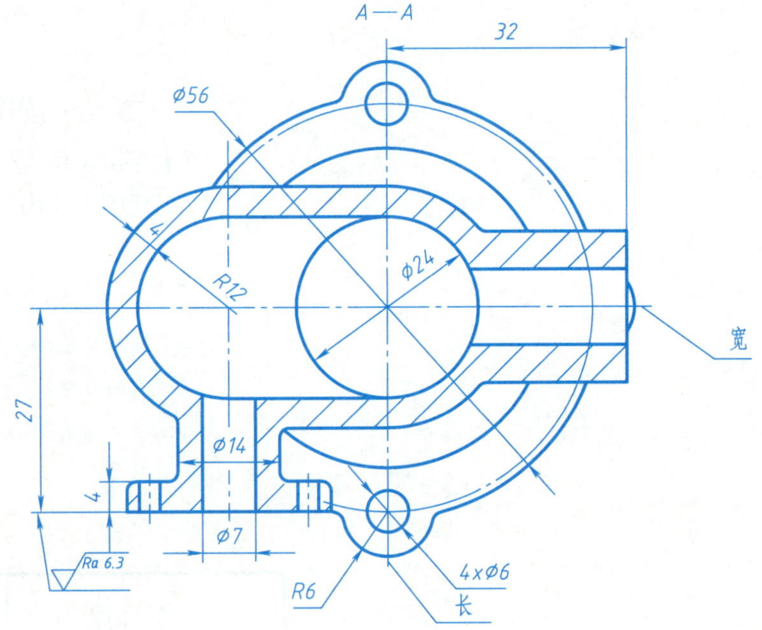

读图要求

（1）在指定位置作出左视图（外形）。

（2）在图中注出各个方向的主要尺寸基准。

技术要求

1. 未注铸造圆角 R2~R3。
2. 铸件不得有砂眼、气孔等缺陷。
3. 未加工表面涂绿漆。

底 座		比例	1 : 1		
		数量			
制图		重量		材料	HT150
描图					
审核					

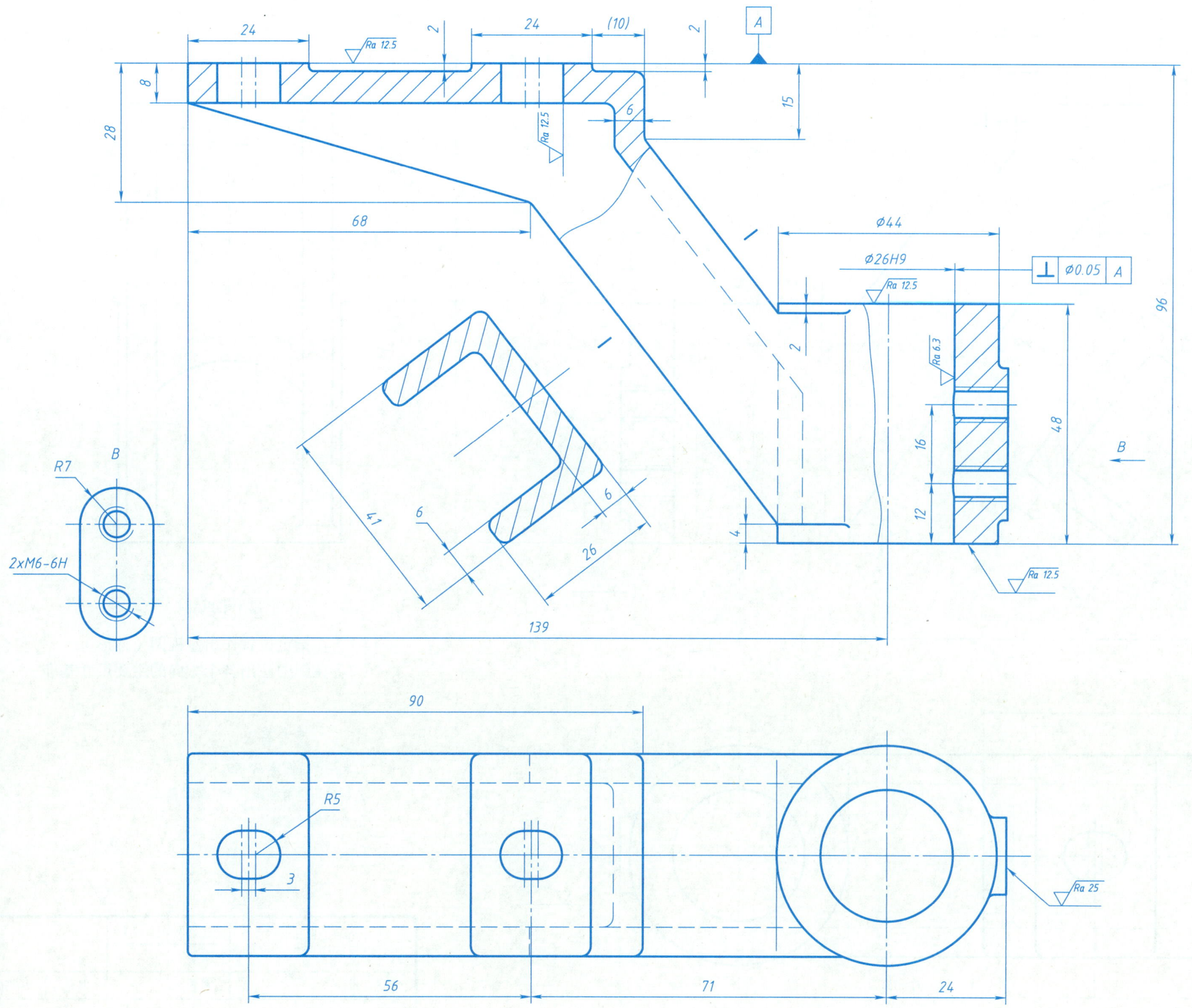

读图要求

（1）在指定位置作出左视图（外形）。

（2）在图中注出各个方向的主要尺寸基准。

技术要求

1. 未注铸造圆角 R2~R3。
2. 铸件不得有砂眼、气孔等缺陷。
3. 未注倒角 C1。

托　脚			比例	1 : 1		
			数量			
制图			重量		材料	HT150
描图						
审核						

三、读绘零件图（十七）* 答案（实体图见 P113）

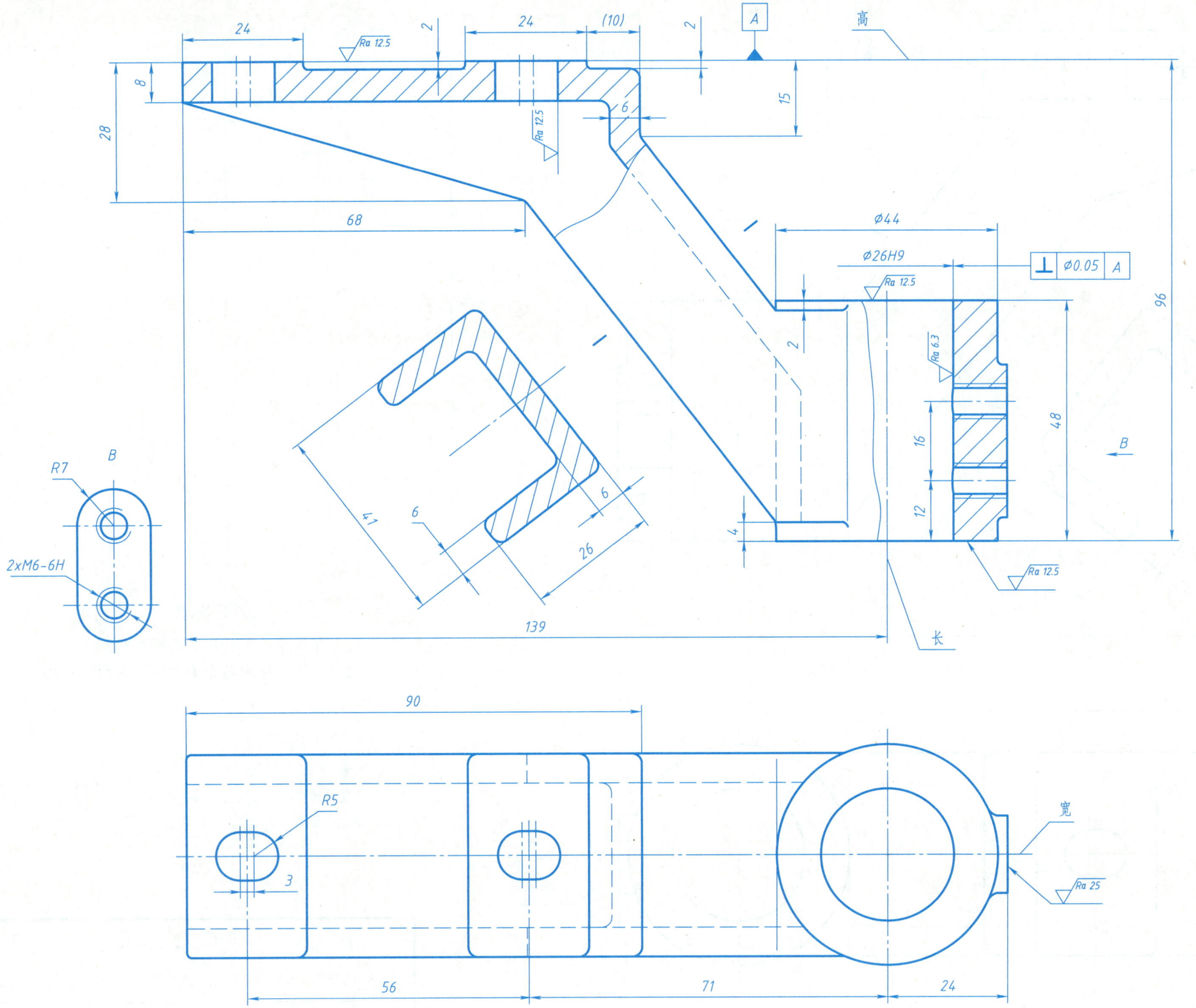

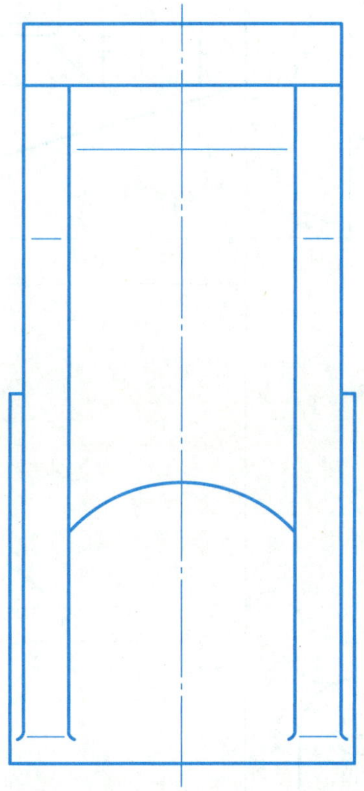

读图要求

（1）在指定位置作出左视图（外形）。

（2）在图中注出各个方向的主要尺寸基准。

技术要求

1. 未注铸造圆角 R2~R3。
2. 铸件不得有砂眼、气孔等缺陷。
3. 未注倒角 C1。

Ra 25 (√)

托 脚			比例	1 : 1	
			数量		
制图			重量	材料	HT150
描图					
审核					

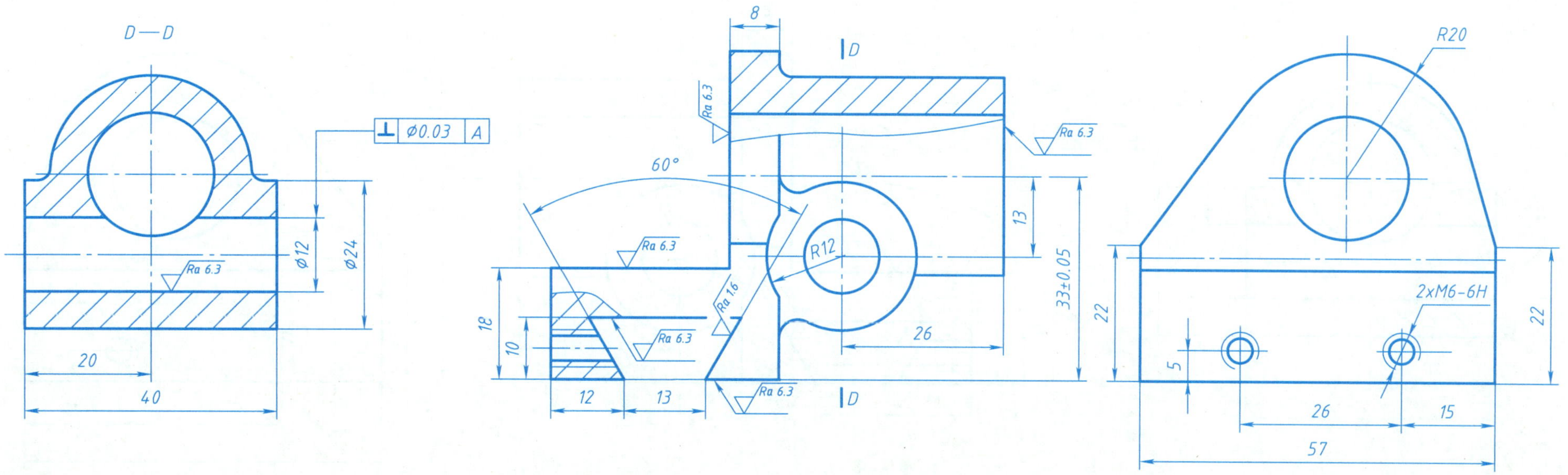

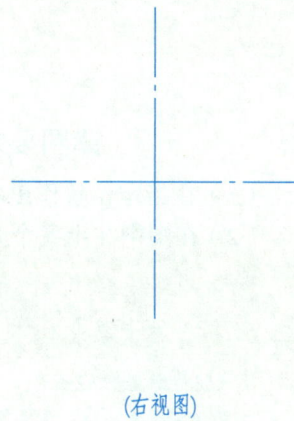

(右视图)

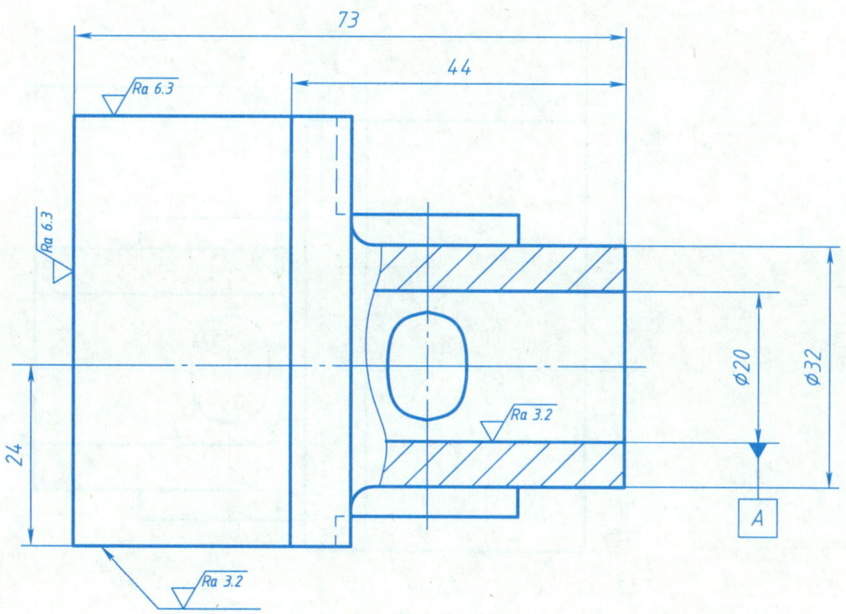

读图要求

（1）在指定位置作出右视图（外形）。

（2）在图中注出各个方向的主要尺寸基准。

技术要求

1. 未注铸造圆角 R2~R3。
2. 铸件不得有砂眼、气孔等缺陷。
3. 未加工表面涂绿漆。

✓（√）

拖 板			比例	1 : 1		
			数量			
制图			重量		材料	HT150
描图						
审核						

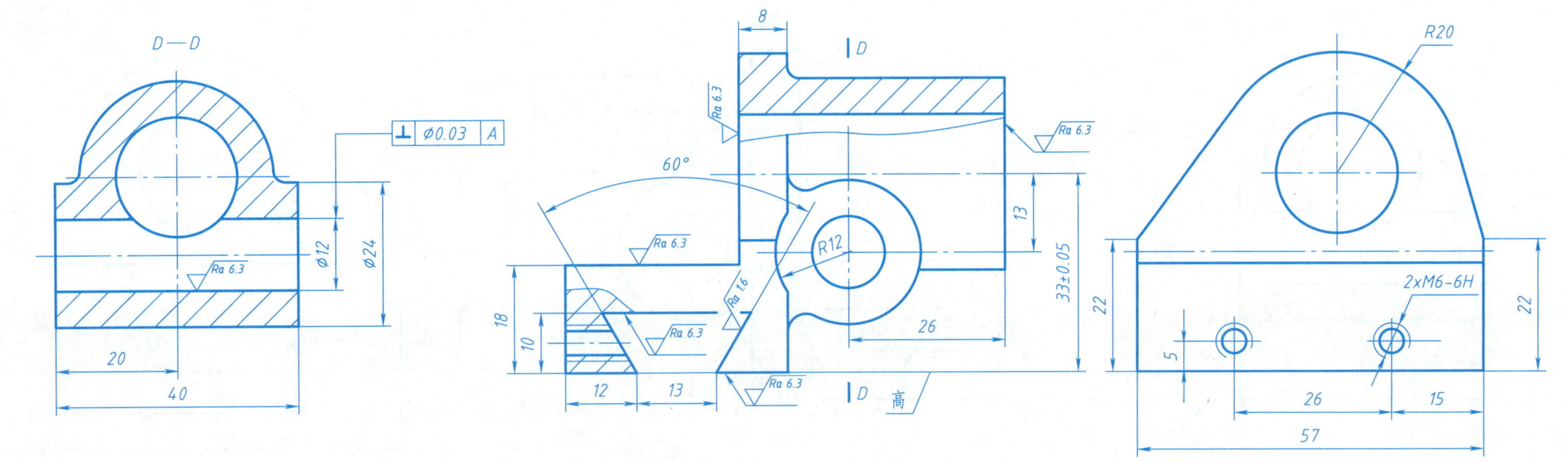

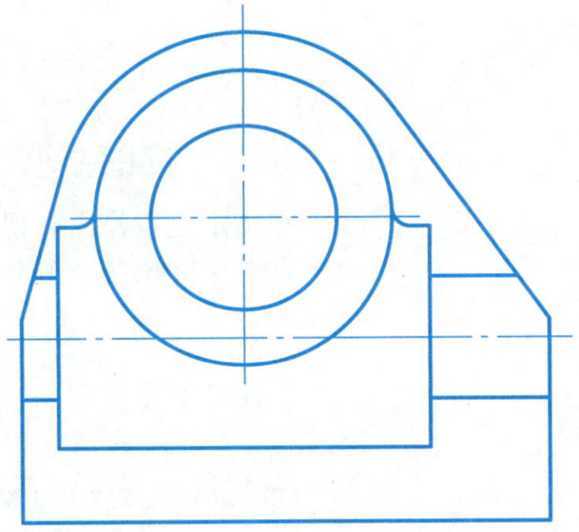

(右视图)

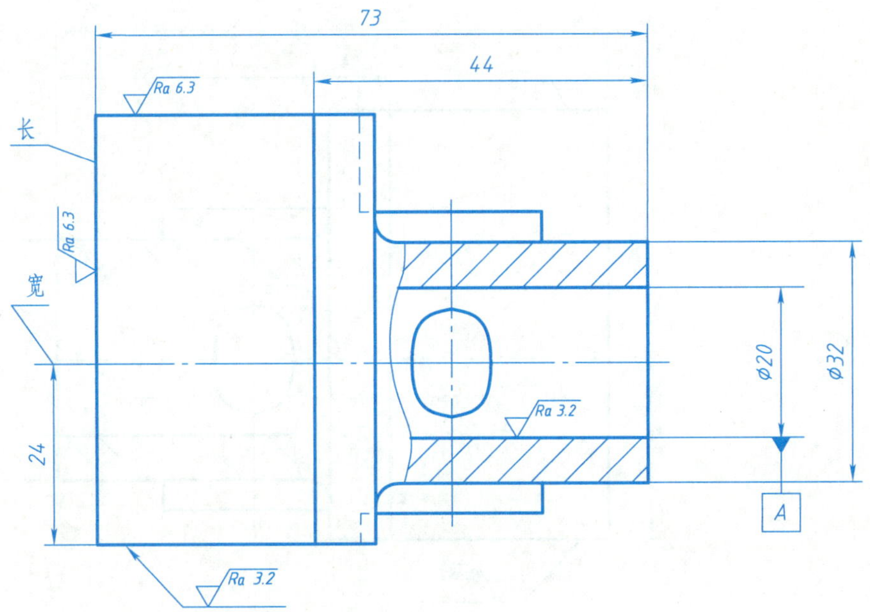

读图要求

（1）在指定位置作出右视图（外形）。

（2）在图中注出各个方向的主要尺寸基准。

技术要求

1. 未注铸造圆角 R2~R3。
2. 铸件不得有砂眼、气孔等缺陷。
3. 未加工表面涂绿漆。

拖板		比例	1:1	
		数量		
制图		重量	材料	HT150
描图				
审核				

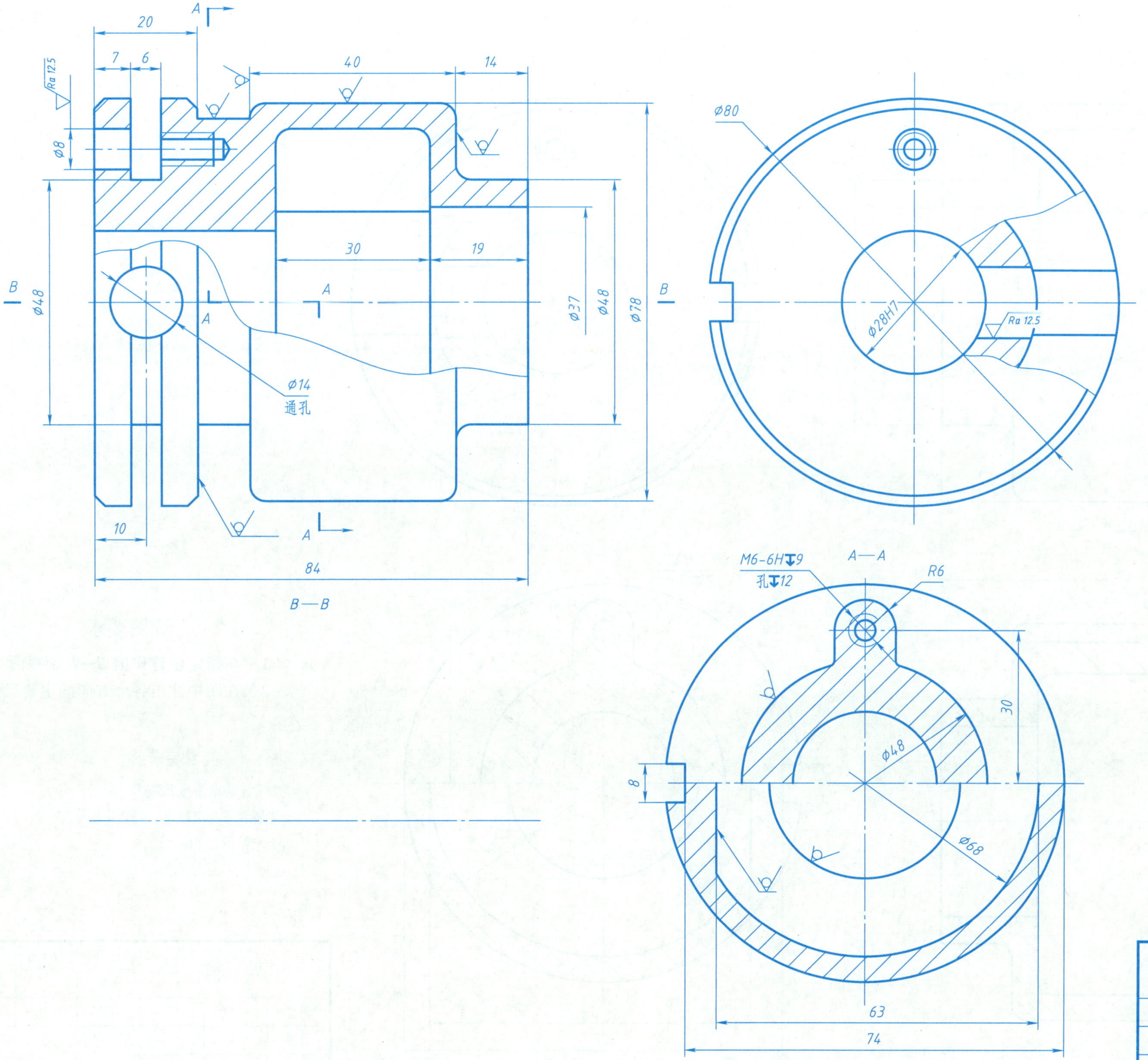

读图要求

（1）在指定位置作出 *B—B* 剖视图。

（2）在图中注出各个方向的主要尺寸基准。

技术要求

1. 未注铸造圆角 R2~R3。
2. 铸件不得有砂眼、气孔等缺陷。
3. 未注倒角 C1。

$\sqrt{Ra\ 6.3}$ （$\sqrt{}$）

套筒		比例	1∶1		
		数量			
制图		重量		材料	HT150
描图					
审核					

三、读绘零件图（十九）答案（实体图见 P113）

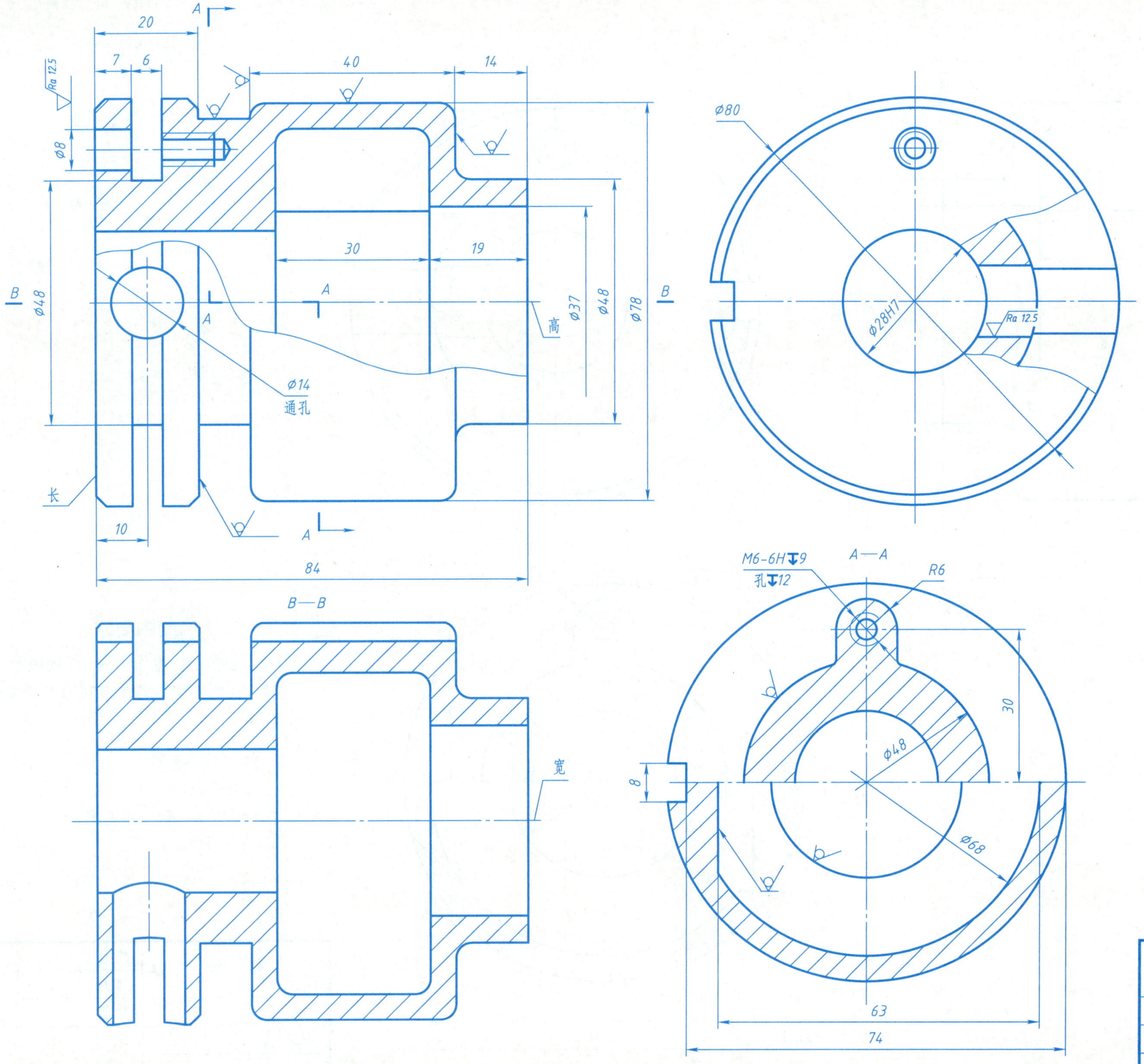

读图要求

（1）在指定位置作出 *B*—*B* 剖视图。

（2）在图中注出各个方向的主要尺寸基准。

技术要求

1. 未注铸造圆角 R2~R3。
2. 铸件不得有砂眼、气孔等缺陷。
3. 未注倒角 C1。

Ra 6.3 (√)

套 筒		比例	1 : 1	
		数量		
制图		重量		材料 HT150
描图				
审核				

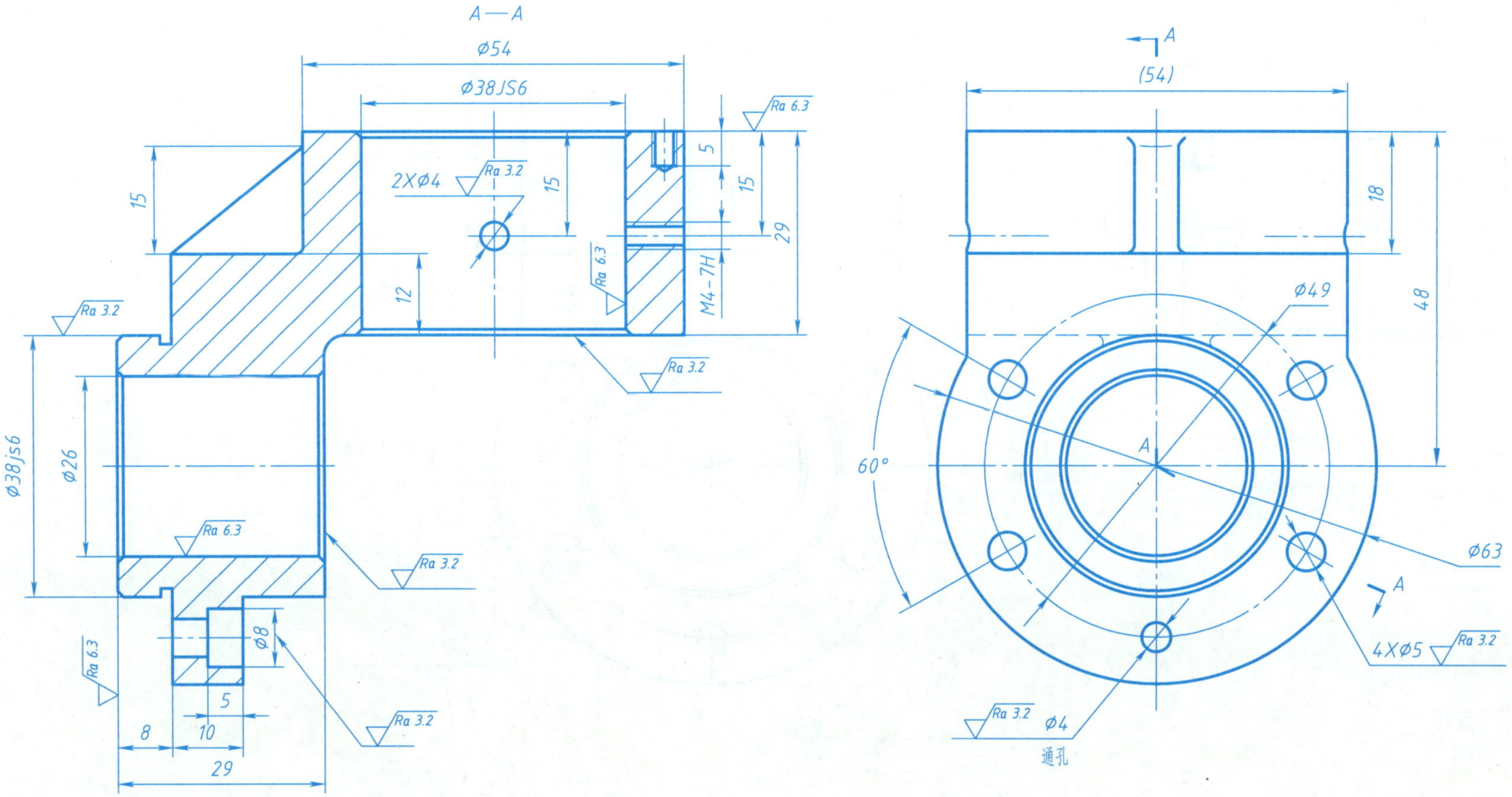

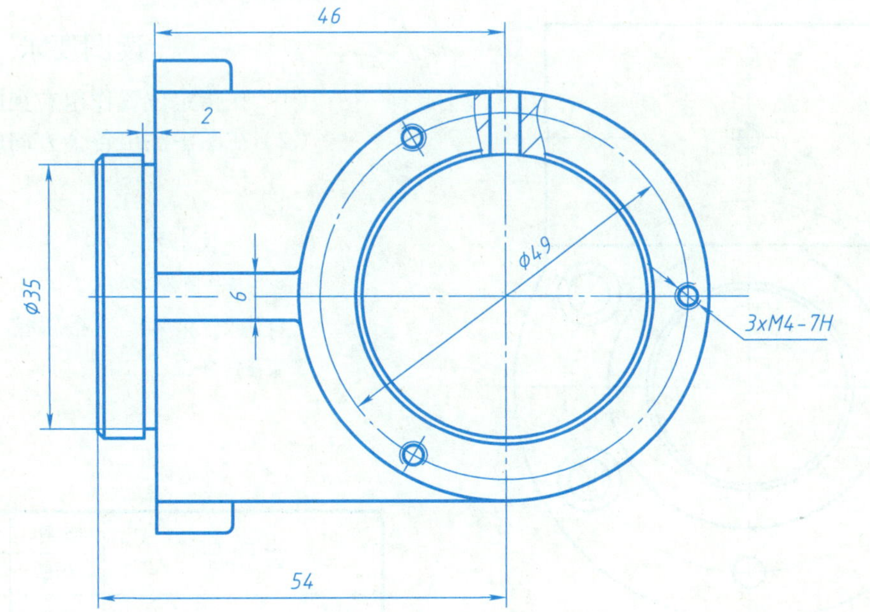

(右视图)

读图要求

（1）在指定位置作出右视图（外形）。

（2）在图中注出各个方向的主要尺寸基准。

技术要求

1. 未注铸造圆角 R2~R3。
2. 铸件不得有砂眼、气孔等缺陷。
3. 未注倒角 C1。

齿轮座			比例	1:1		
			数量			
制图			重量		材料	HT150
描图						
审核						

三、读绘零件图（二十）答案（实体图见 P113）

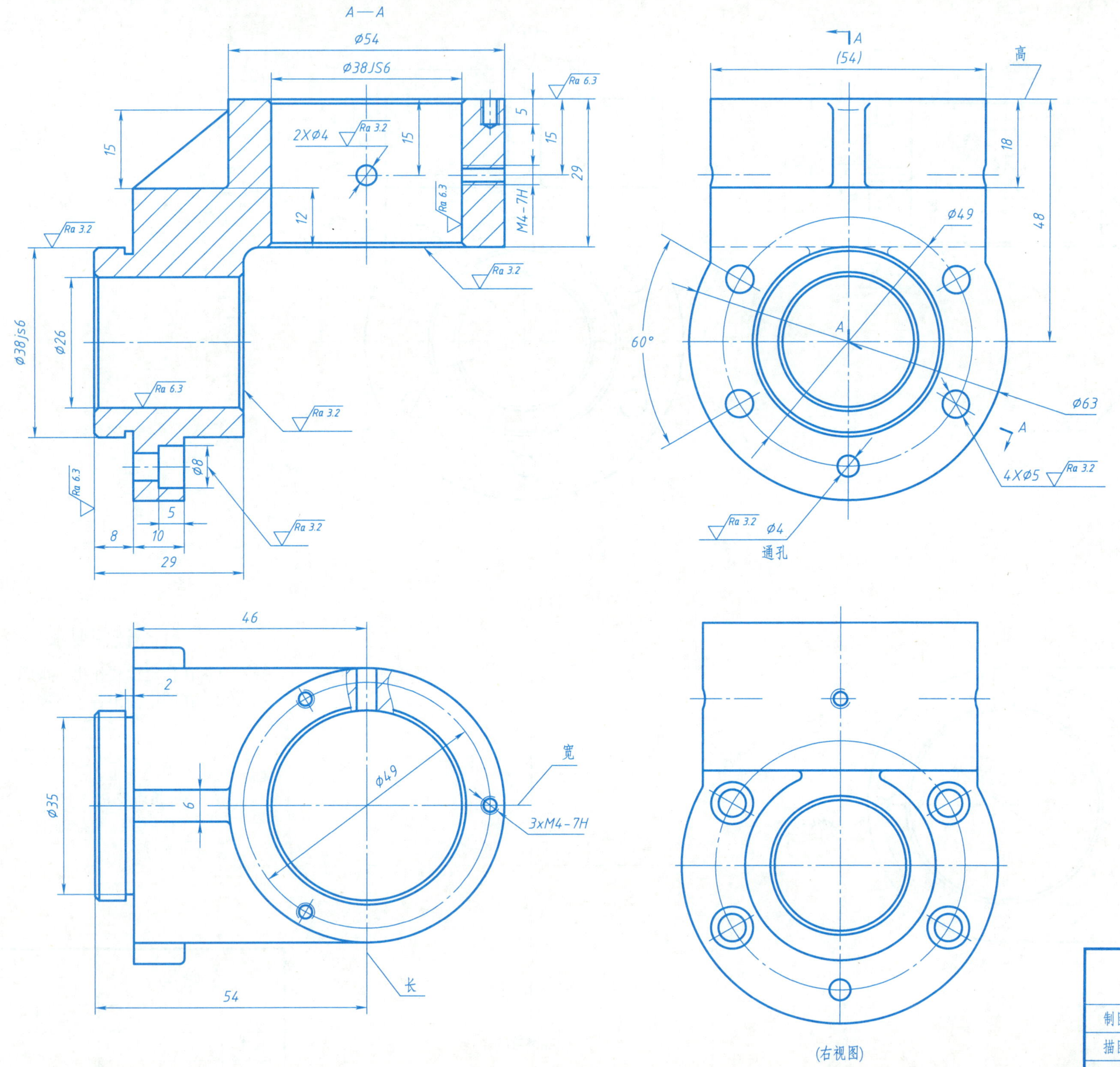

读图要求

（1）在指定位置作出右视图（外形）。

（2）在图中注出各个方向的主要尺寸基准。

技术要求

1. 未注铸造圆角 R2~R3。
2. 铸件不得有砂眼、气孔等缺陷。
3. 未注倒角 C1。

$\sqrt{}$ ($\sqrt{}$)

齿轮座		比例	1∶1		
		数量			
制图		重量		材料	HT150
描图					
审核					

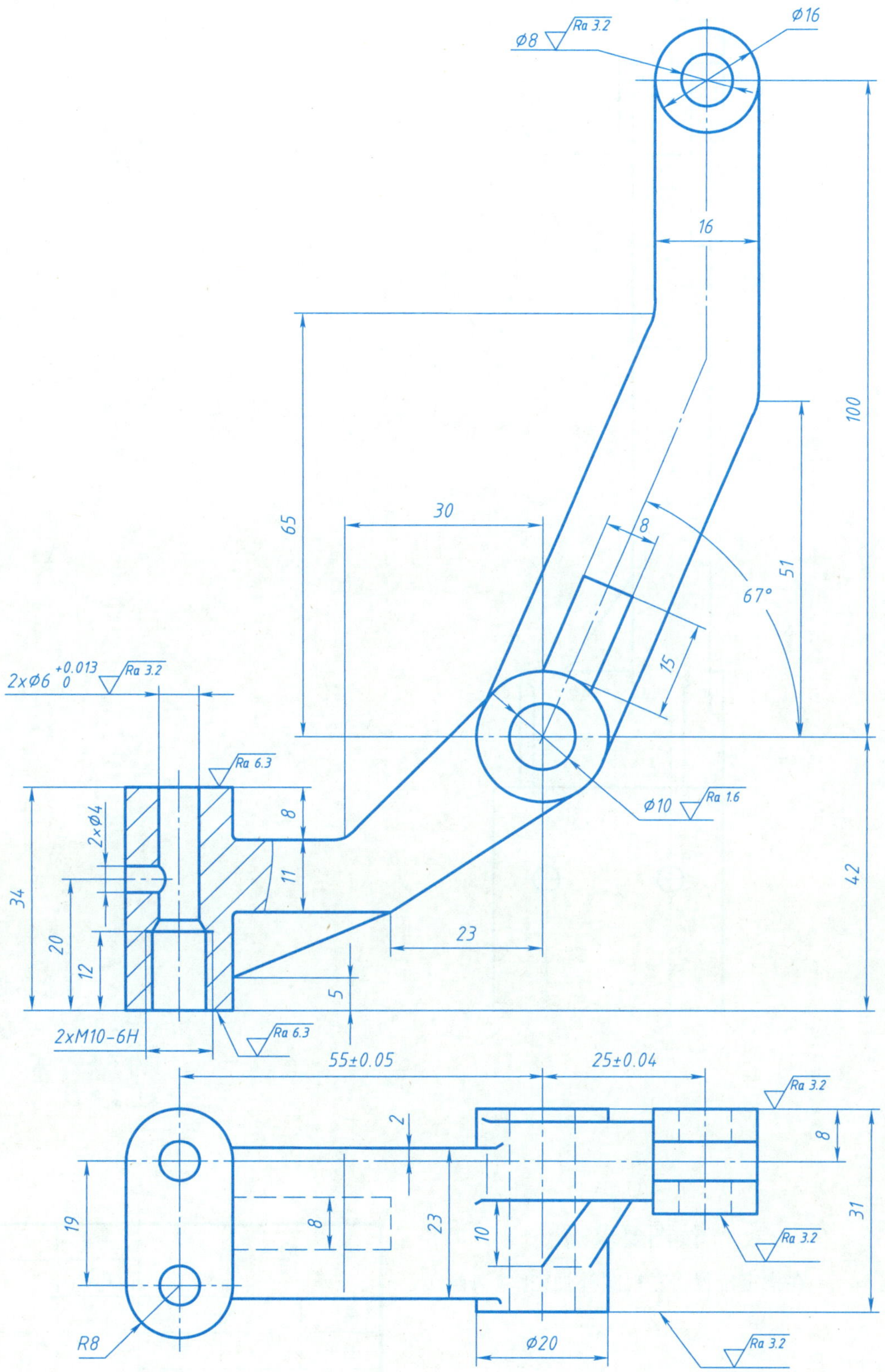

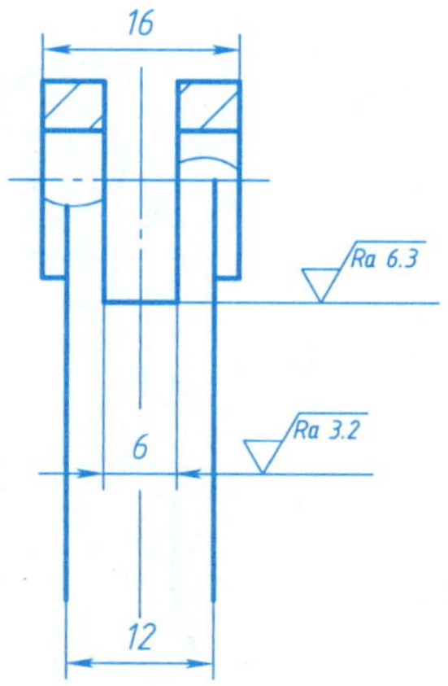

技术要求

1. 未注铸造圆角 R2~R3。
2. 铸件不得有砂眼、气孔等缺陷。
3. 未注倒角 C1。

(√)

读图要求

在指定位置将左视图补画完整（外形）。

摇杆		比例	1:1	
		数量		
制图		重量		材料 HT150
描图				
审核				

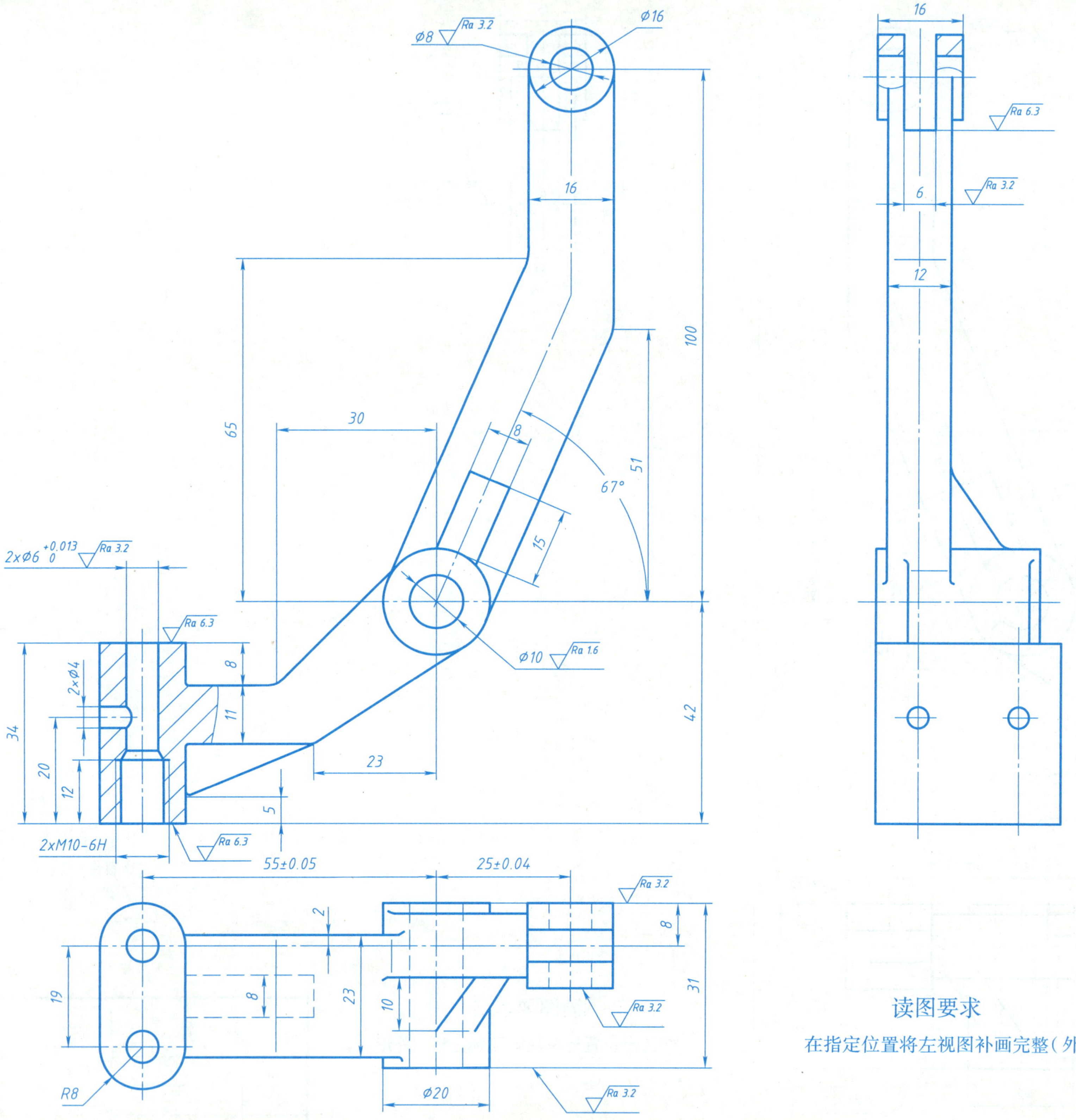

技术要求

1. 未注铸造圆角 R2~R3。
2. 铸件不得有砂眼、气孔等缺陷。
3. 未注倒角 C1。

读图要求

在指定位置将左视图补画完整（外形）。

摇 杆		比例	1：1		
		数量			
制图			重量	材料	HT150
描图					
审核					

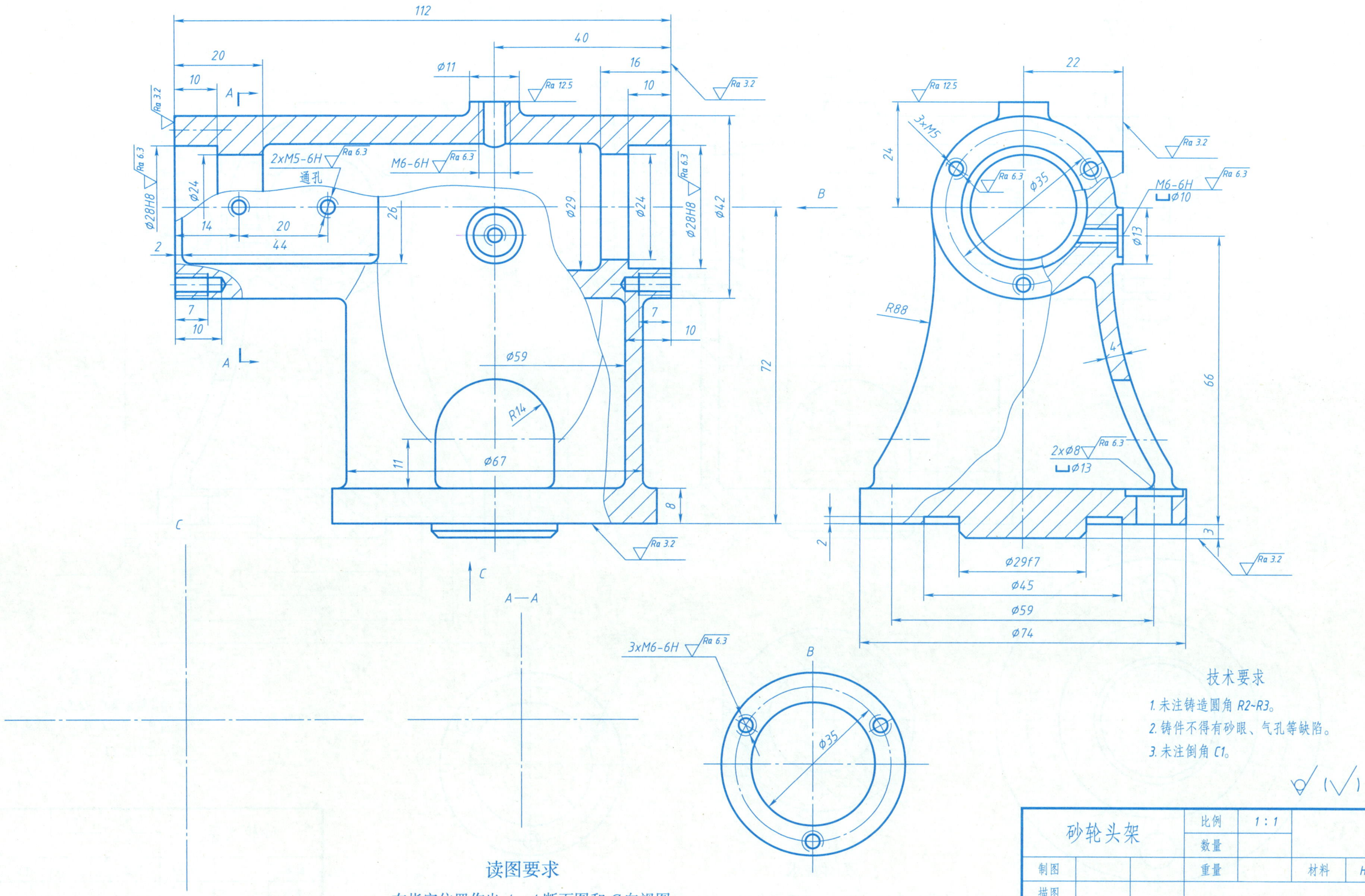

技术要求

1. 未注铸造圆角 R2~R3。
2. 铸件不得有砂眼、气孔等缺陷。
3. 未注倒角 C1。

砂轮头架		比例	1 : 1	
		数量		
制图		重量		材料 HT150
描图				
审核				

读图要求

在指定位置作出 A—A 断面图和 C 向视图。

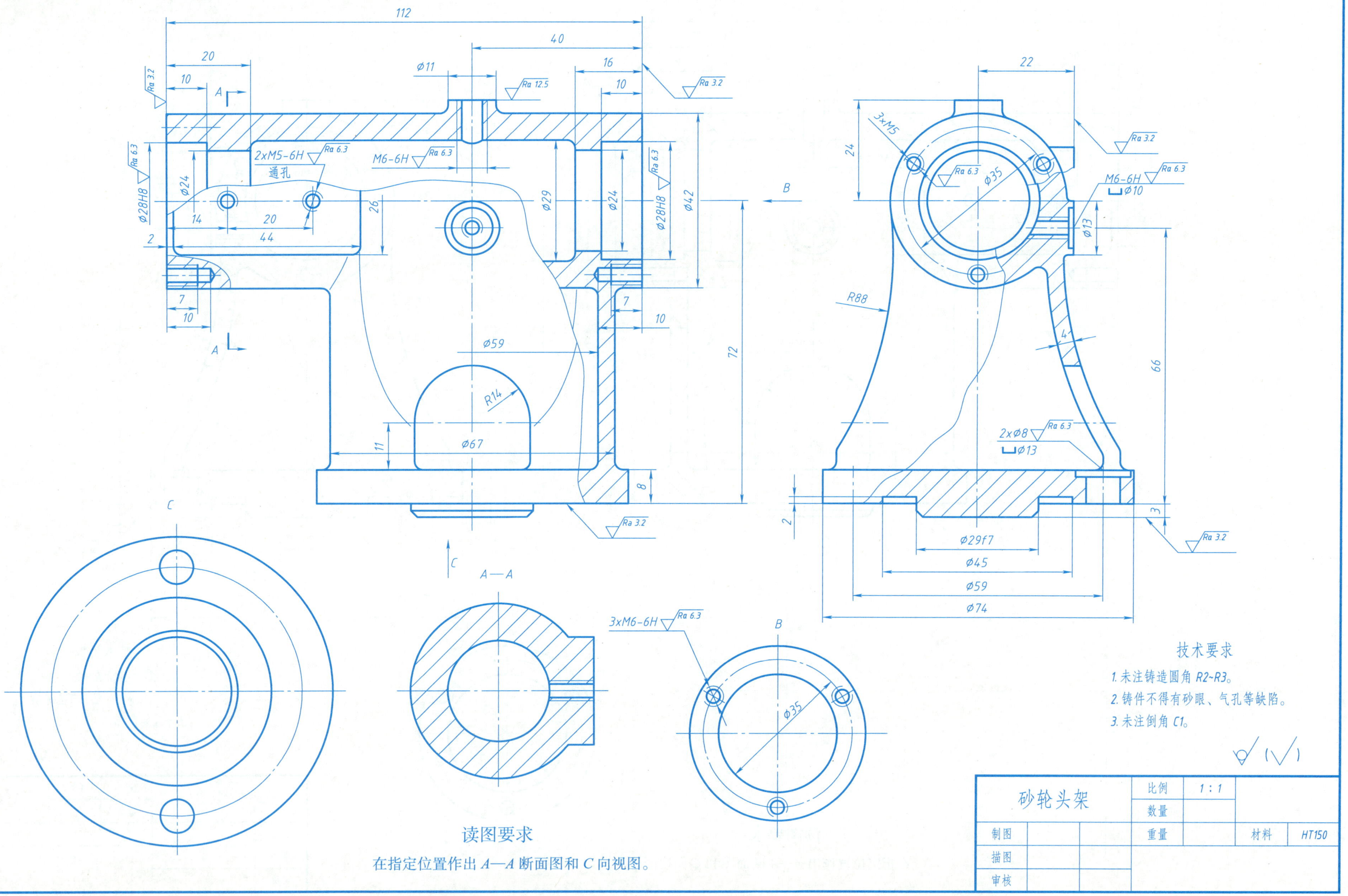

读图要求

在指定位置作出 *A—A* 断面图和 *C* 向视图。

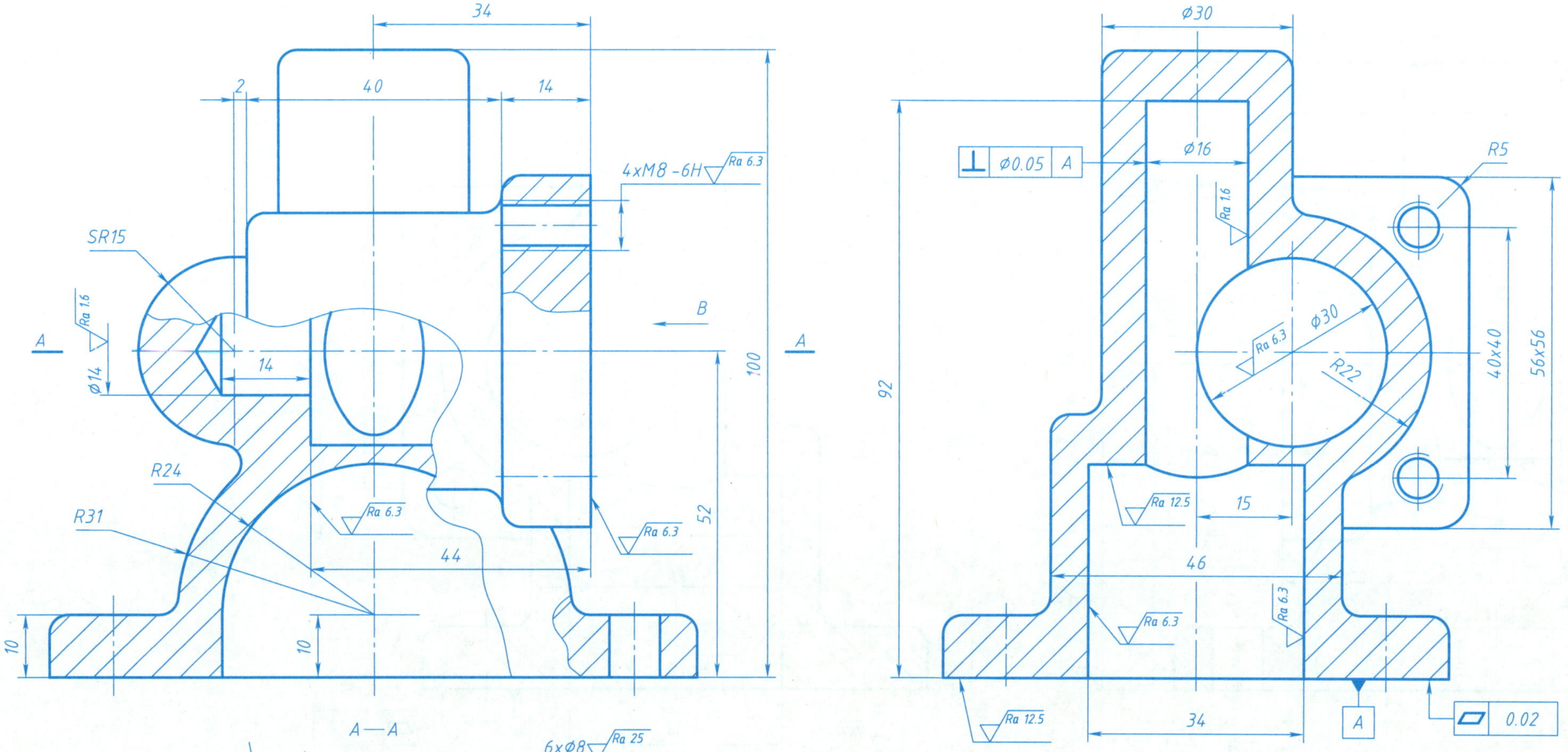

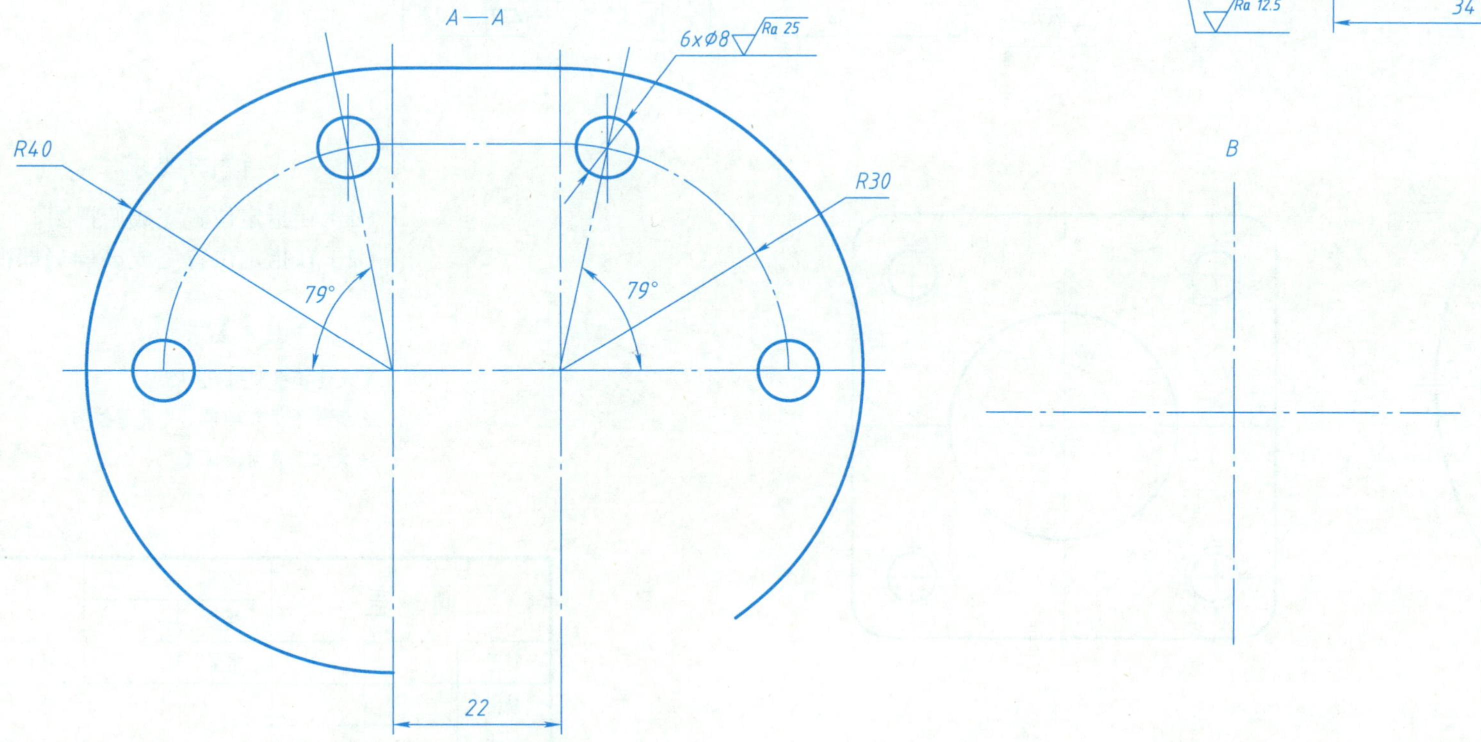

读图要求

（1）在指定位置完成俯视图。

（2）在指定位置完成 *B* 向局部视图。

技术要求

1. 未注铸造圆角 R2~R3。
2. 铸件不得有砂眼、气孔等缺陷。
3. 未加工表面涂绿漆。

$\sqrt{}$（$\sqrt{}$）

阀盖		比例	1:1		
		数量			
制图		重量		材料	HT150
描图					
审核					

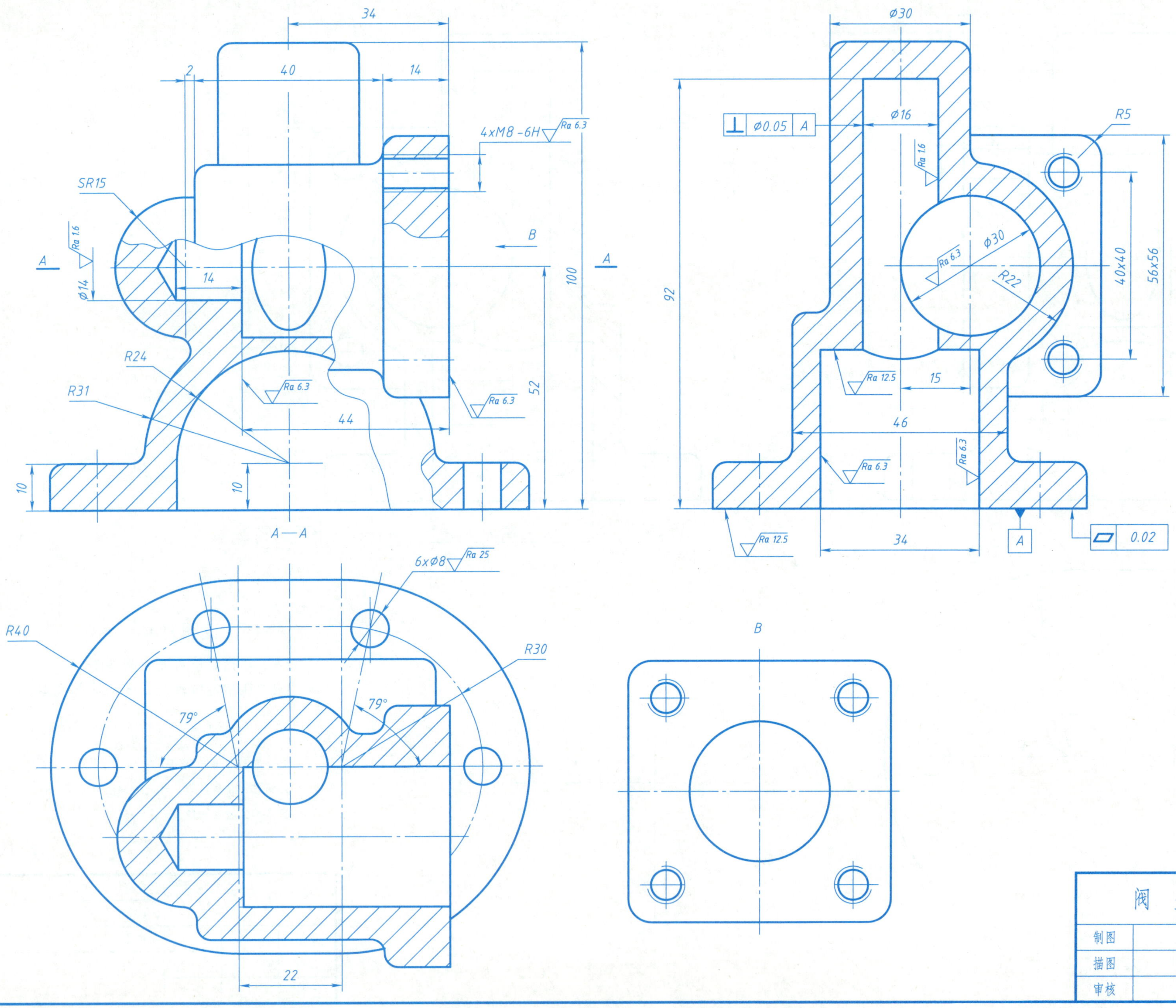

读图要求

（1）在指定位置完成俯视图。

（2）在指定位置完成 *B* 向局部视图。

技术要求

1. 未注铸造圆角 R2~R3。
2. 铸件不得有砂眼、气孔等缺陷。
3. 未加工表面涂绿漆。

（√）

阀　盖			比例	1 : 1		
			数量			
制图			重量		材料	HT150
描图						
审核						

三、读绘零件图（二十四）

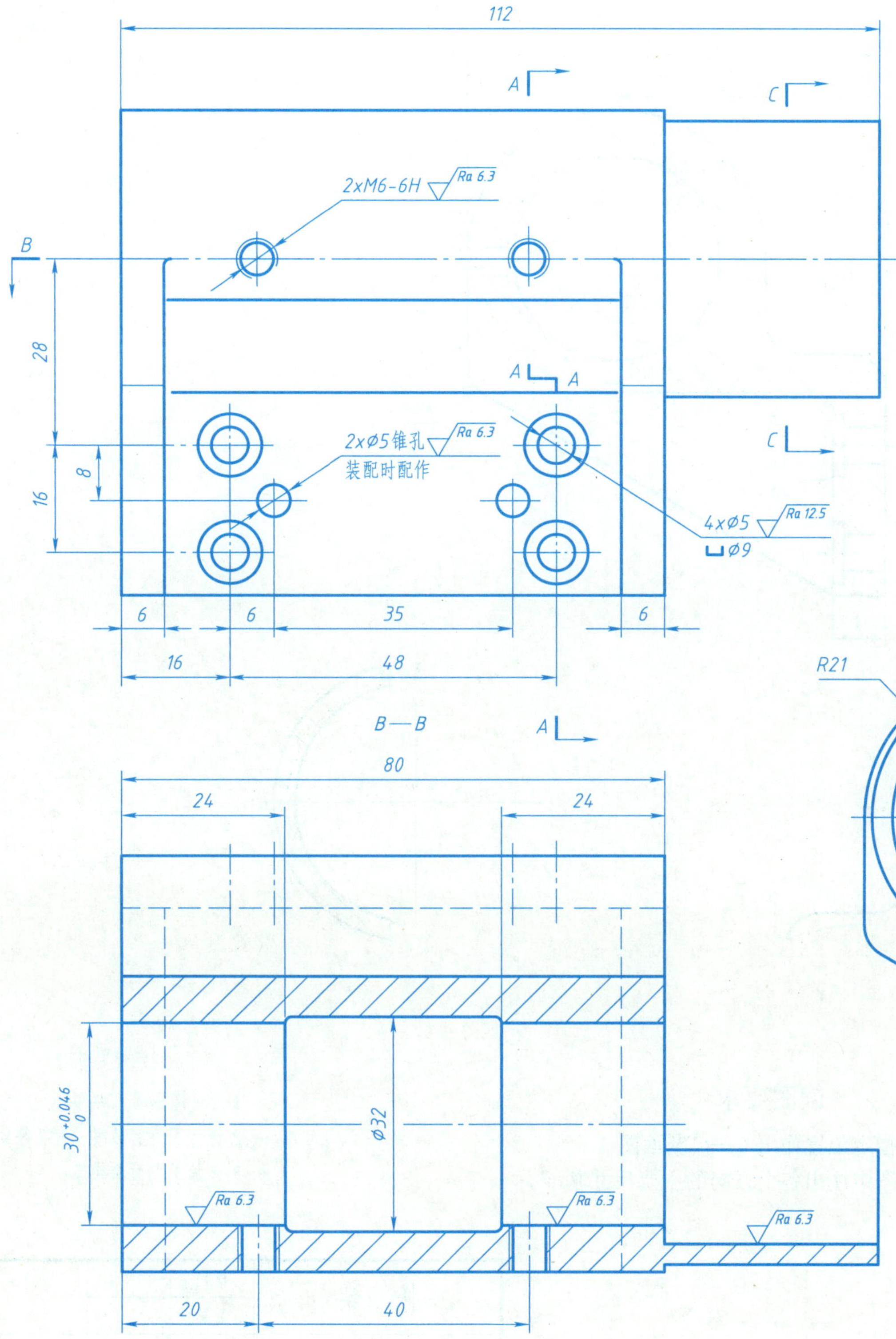

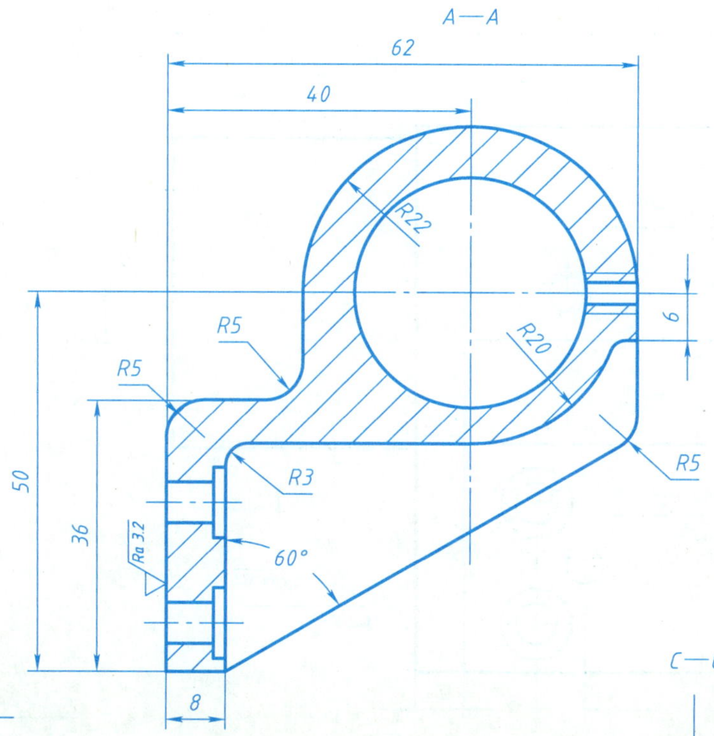

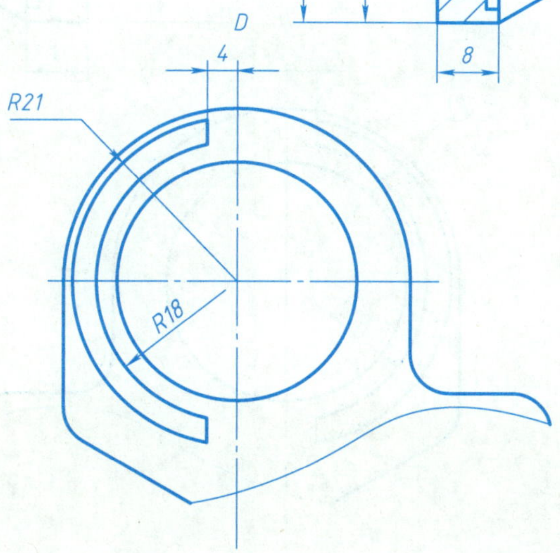

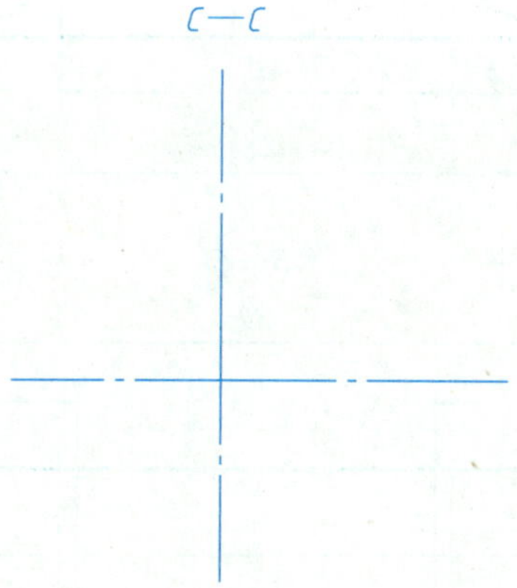

读图要求

（1）在指定位置作出 C—C 断面图。

（2）在图中注出各个方向的主要尺寸基准。

技术要求

1. 未注铸造圆角 R2~R3。
2. 铸件不得有砂眼、气孔等缺陷。
3. 未加工表面涂绿漆。

托架		比例	1∶1	
		数量		
制图		重量		材料 HT150
描图				
审核				

三、读绘零件图（二十四）答案（实体图见 P114）

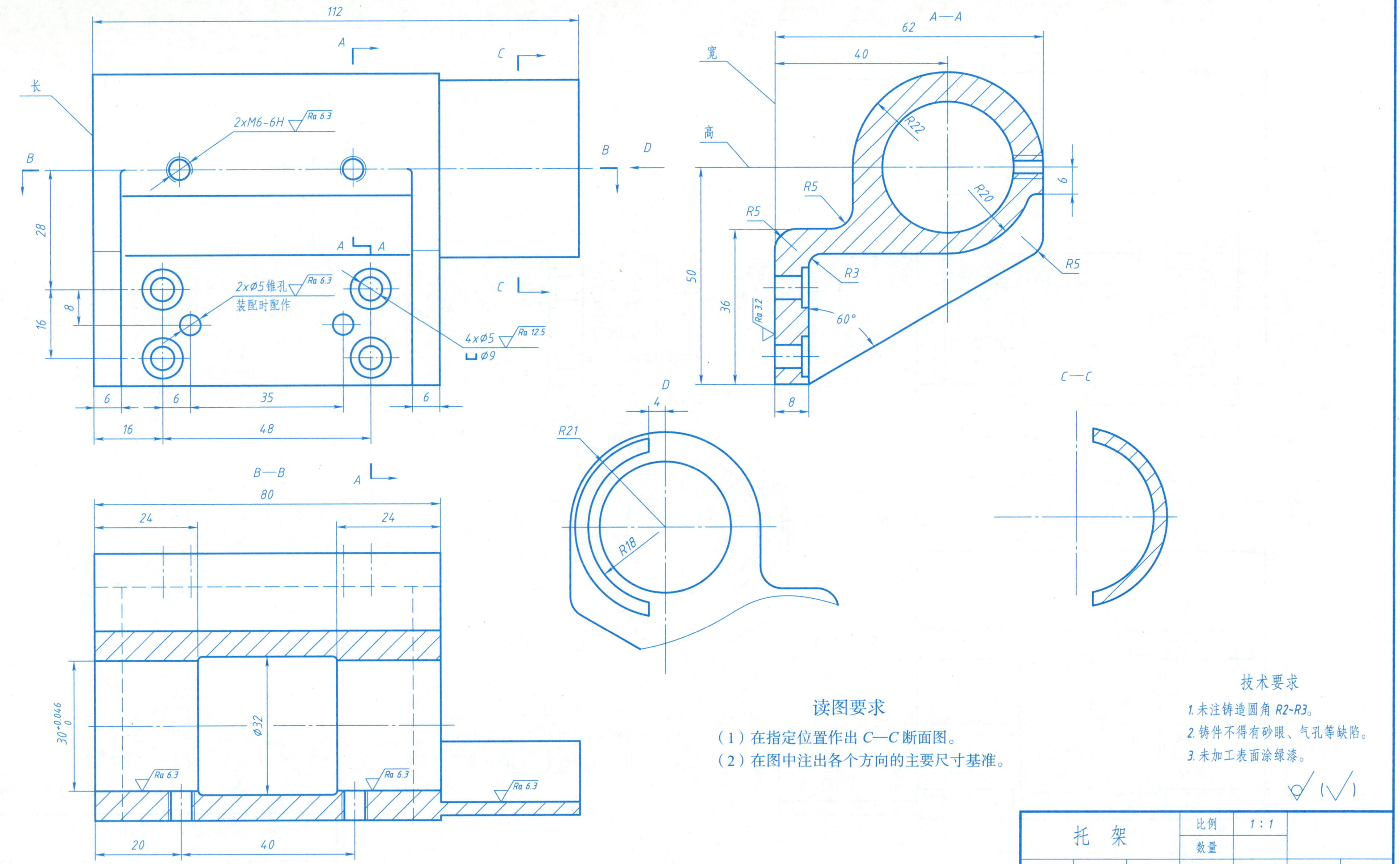

读图要求

（1）在指定位置作出 C—C 断面图。

（2）在图中注出各个方向的主要尺寸基准。

技术要求

1. 未注铸造圆角 R2~R3。
2. 铸件不得有砂眼、气孔等缺陷。
3. 未加工表面涂绿漆。

（√）

托架		比例	1:1		
		数量			
制图		重量		材料	HT150
描图					
审核					

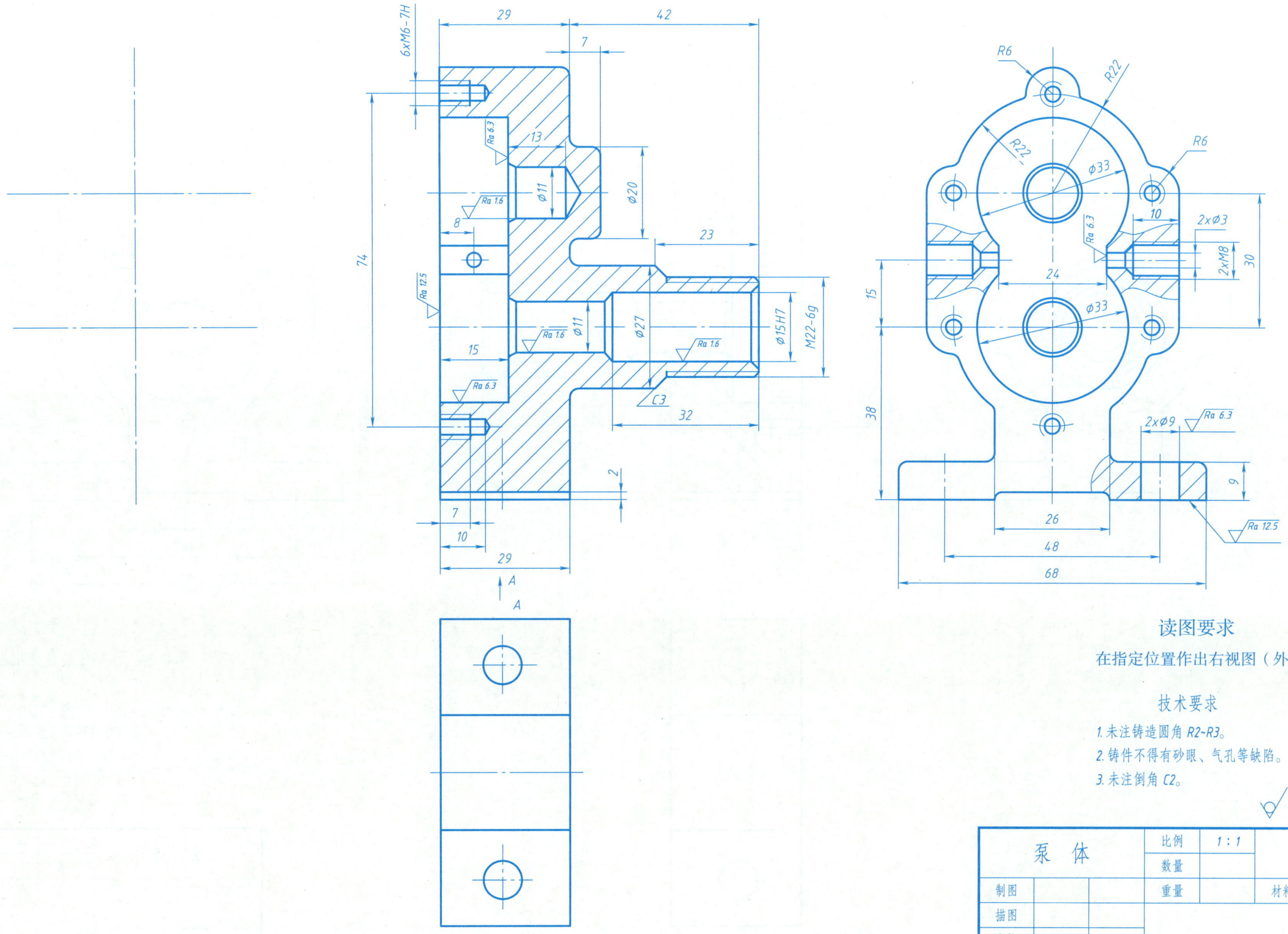

读图要求

在指定位置作出右视图（外形）。

技术要求

1. 未注铸造圆角 R2~R3。
2. 铸件不得有砂眼、气孔等缺陷。
3. 未注倒角 C2。

√ (√)

泵 体			比例	1:1		
			数量			
制图			重量		材料	HT150
描图						
审核						

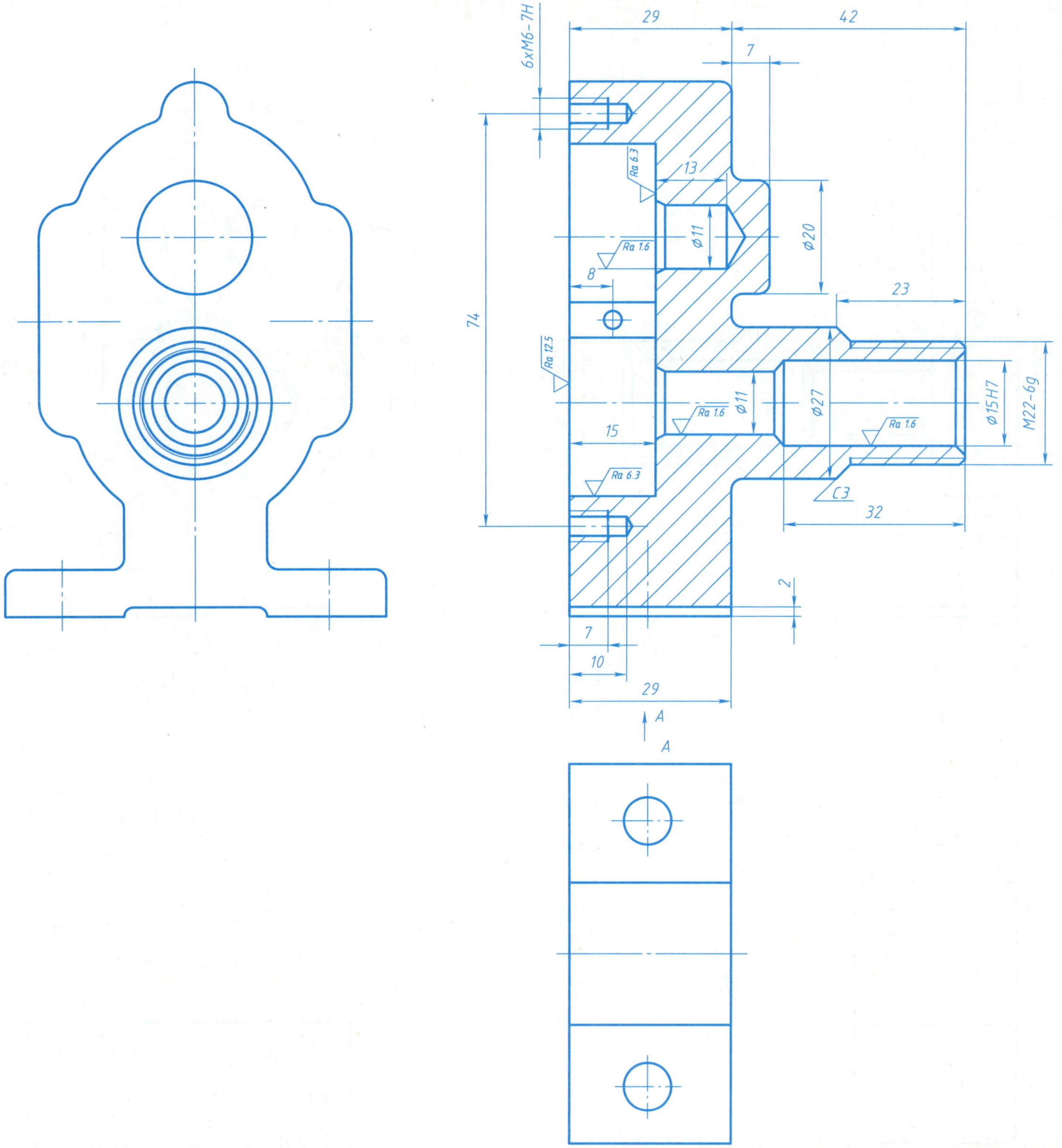

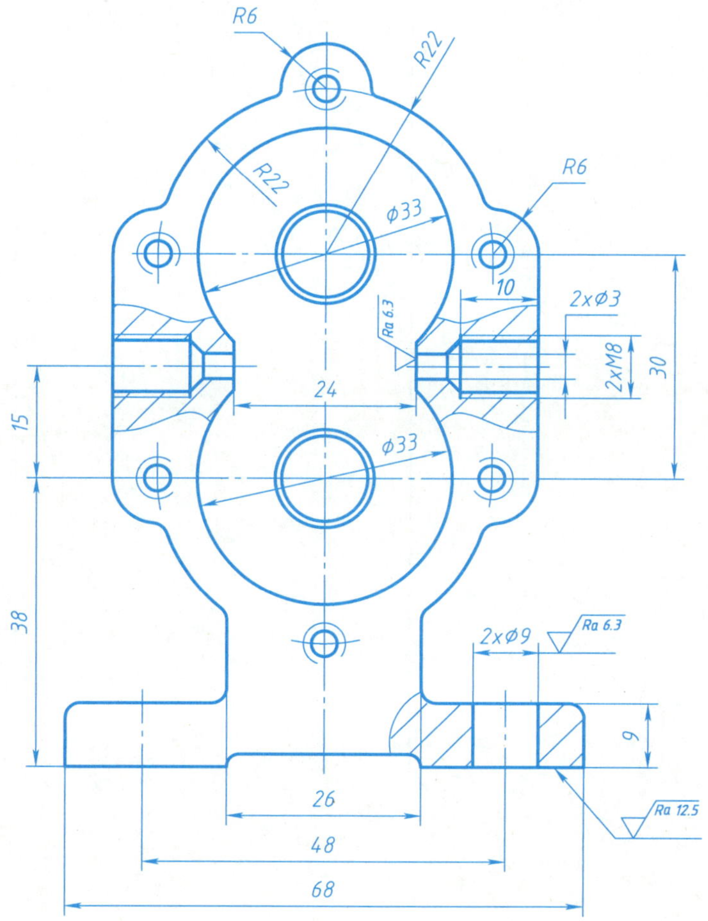

读图要求

在指定位置作出右视图（外形）。

技术要求

1. 未注铸造圆角 R2~R3。
2. 铸件不得有砂眼、气孔等缺陷。
3. 未注倒角 C2。

√ (√)

泵 体			比例	1 : 1		
			数量			
制图			重量		材料	HT150
描图						
审核						

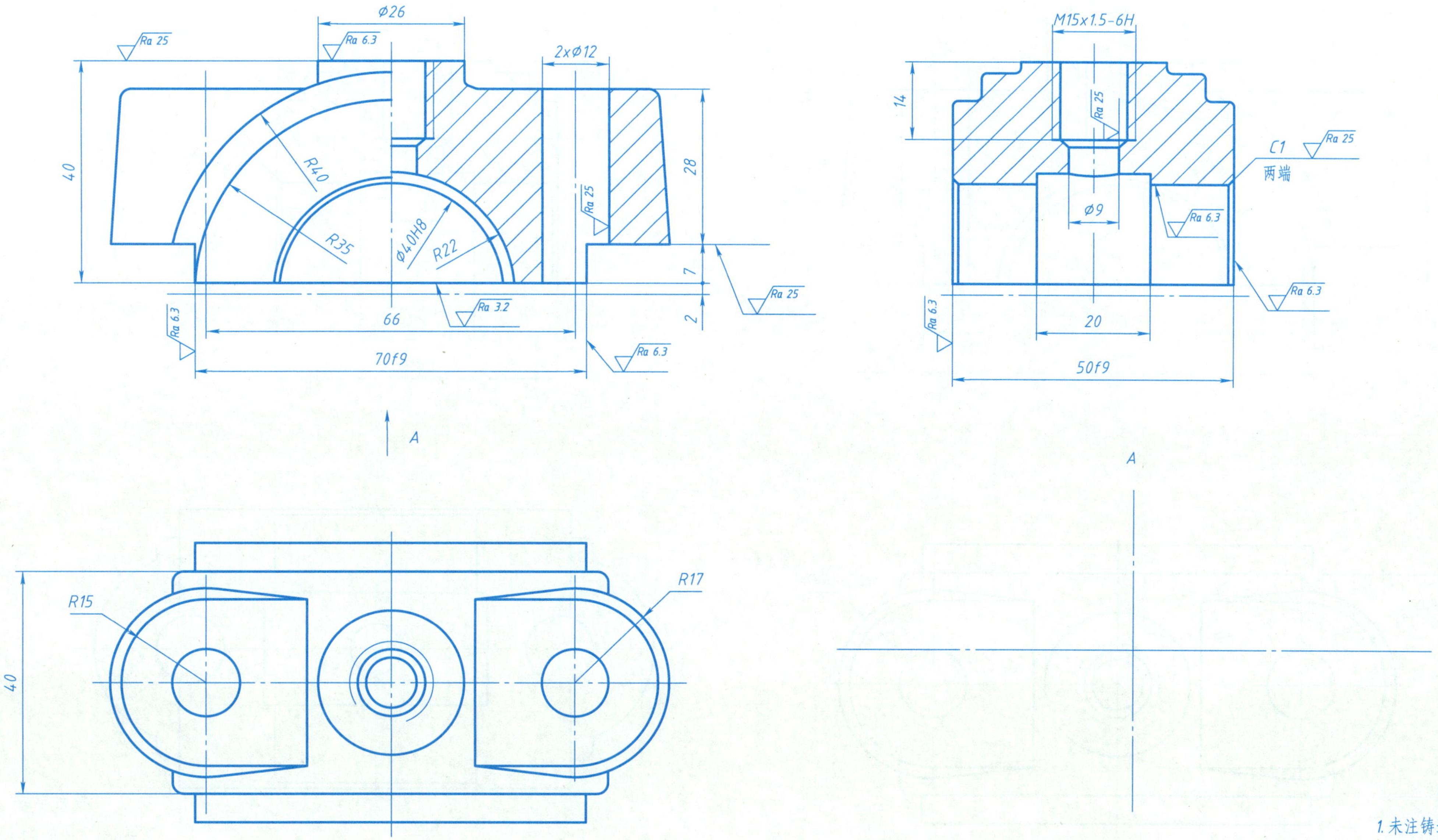

技术要求

1. 未注铸造圆角 R2~R3。
2. 铸件不得有砂眼、气孔等缺陷。

$\sqrt{}$ ($\sqrt{}$)

读图要求

看懂轴承盖零件图，想出形状画 A 视图。

轴承盖		比例	1 : 1	
		数量		
制图		重量		材料 HT150
描图				
审核				

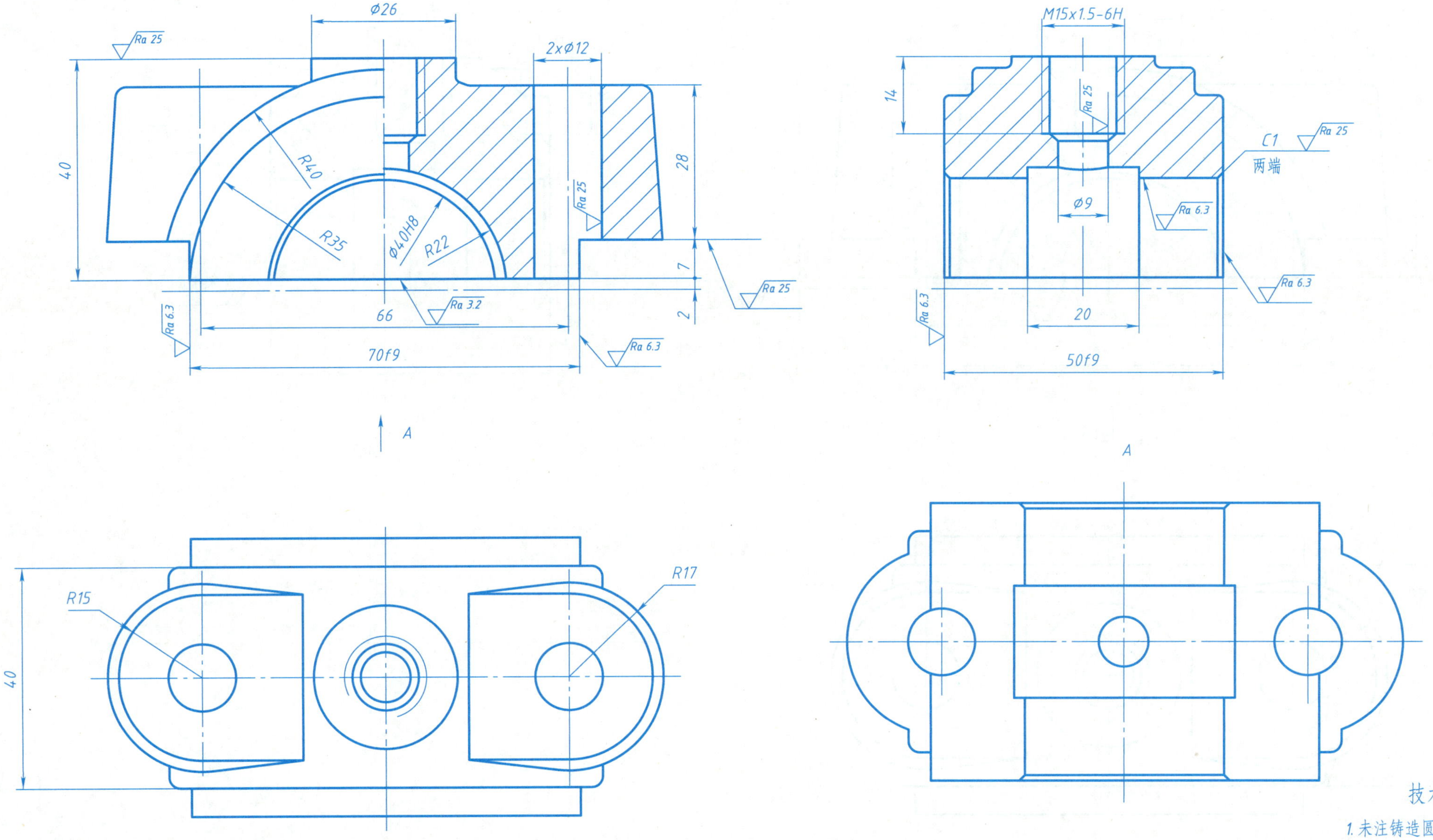

技术要求

1. 未注铸造圆角 R2~R3。
2. 铸件不得有砂眼、气孔等缺陷。

$\sqrt{}$ ($\sqrt{}$)

读图要求

看懂轴承盖零件图，想出形状画 *A* 视图。

轴承盖		比例	1 : 1	
		数量		
制图		重量		材料 HT150
描图				
审核				

看懂推杆阀装配图，完成下列问题：

（1）图中尺寸 G1/4、110 分别属于哪类尺寸？

（2）解释图中 M24 × 1.5–6H/6g 的含义。

（3）垫片 6 起什么作用？

（4）配合尺寸 ϕ7H8/f8 中，f8 是（　　　）号零件的公差带代号。

（5）拆画阀体 4、螺母 7 的零件图（尺寸从图中直接量取，不标尺寸）。

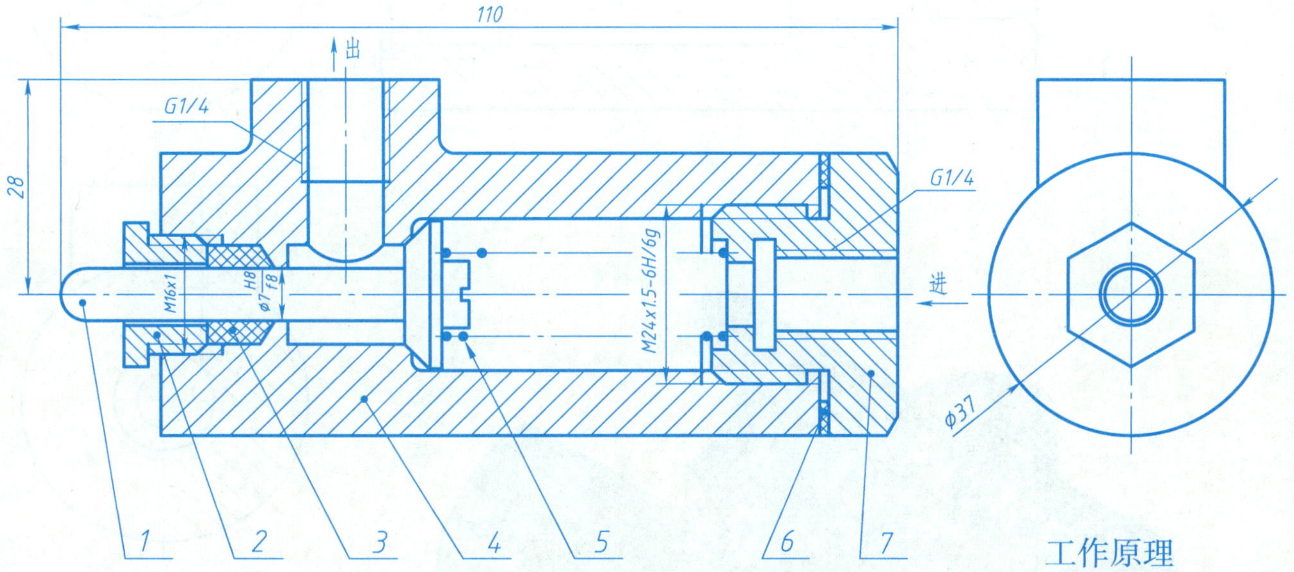

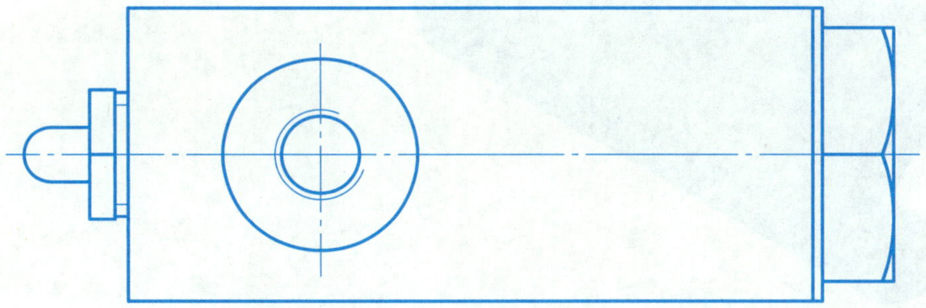

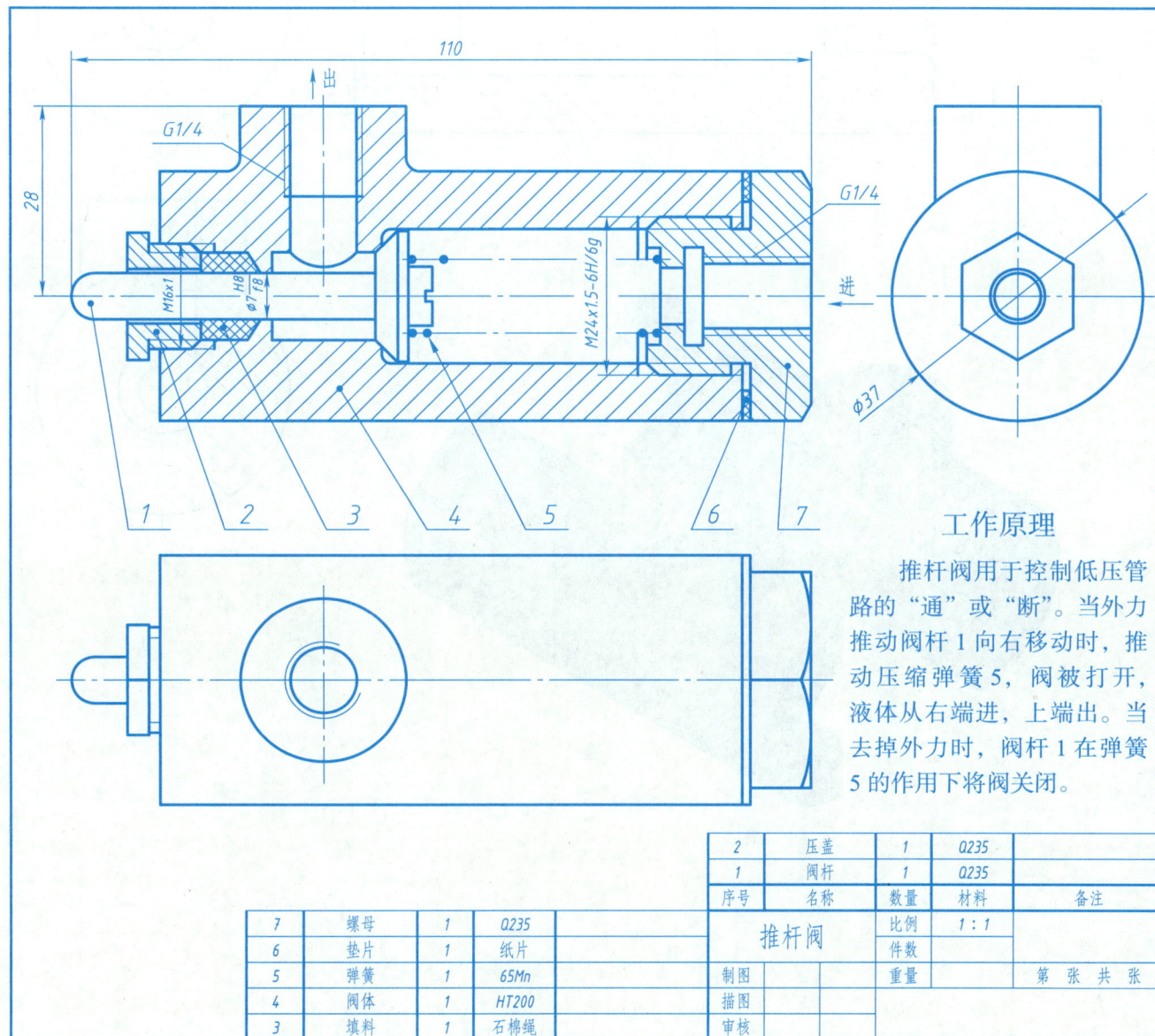

工作原理

推杆阀用于控制低压管路的“通”或“断”。当外力推动阀杆 1 向右移动时，推动压缩弹簧 5，阀被打开，液体从右端进，上端出。当去掉外力时，阀杆 1 在弹簧 5 的作用下将阀关闭。

序号	名称	数量	材料	备注
7	螺母	1	Q235	
6	垫片	1	纸片	
5	弹簧	1	65Mn	
4	阀体	1	HT200	
3	填料	1	石棉绳	
2	压盖	1	Q235	
1	阀杆	1	Q235	

推杆阀		比例	1 : 1	
		件数		
制图		重量		第 张 共 张
描图				
审核				

看懂推杆阀装配图，完成下列问题：

答：

（1）图中尺寸 G1/4、110 分别属于性能规格（或安装）尺寸、总体尺寸。

（2）图中 M24×1.5-6H/6g 中的 M24 为螺纹公称直径；1.5 为螺距；6H 为内螺纹中顶径公差带代号；6g 为外螺纹中顶径公差带代号；细牙普通螺纹；右旋。

（3）垫片 6 起密封作用。

（4）配合尺寸 ϕ7H8/f8 中，f8 是（1）号零件的公差带代号。

（5）阀体 4、螺母 7 的零件图如下：

阀体4

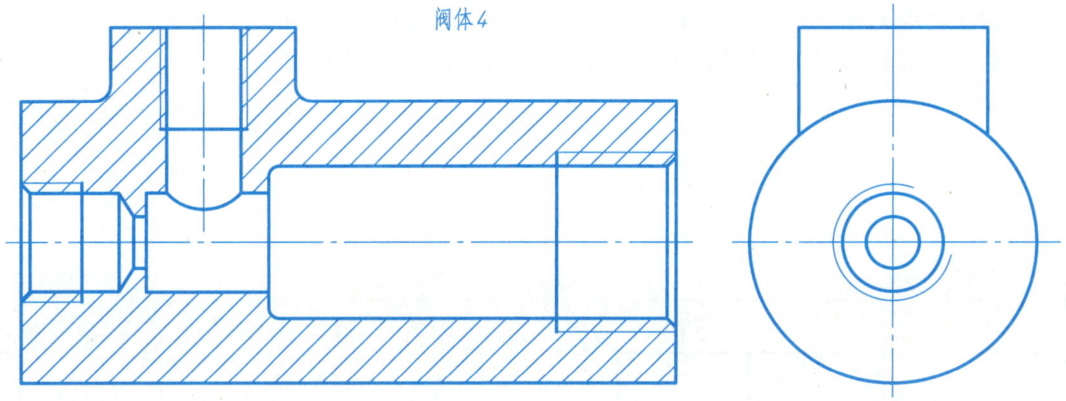

或

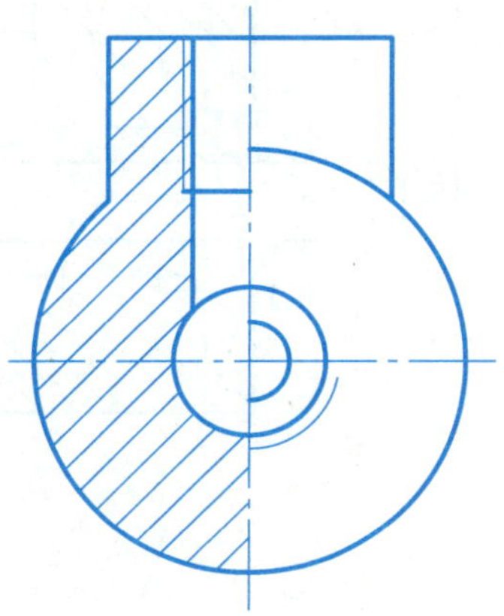

螺母7

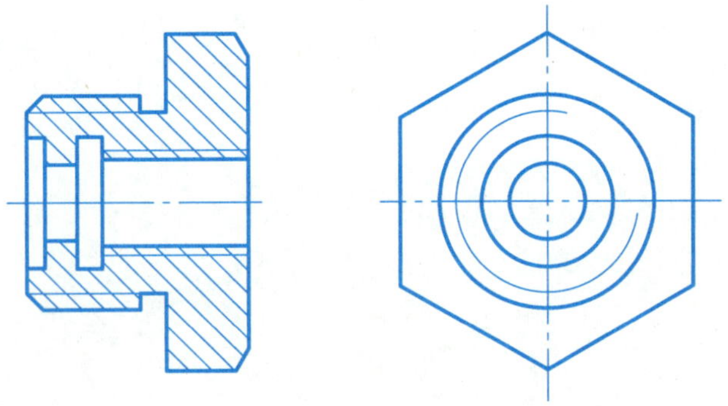

阀体4

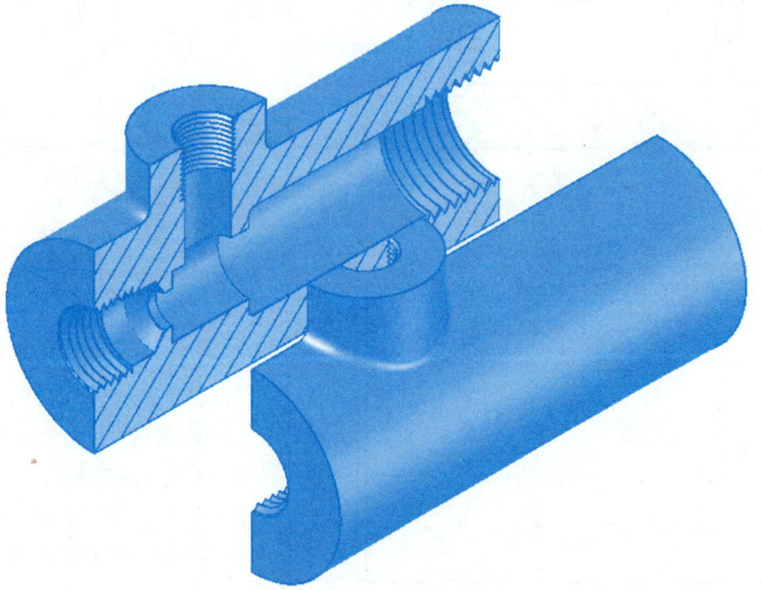

螺母7

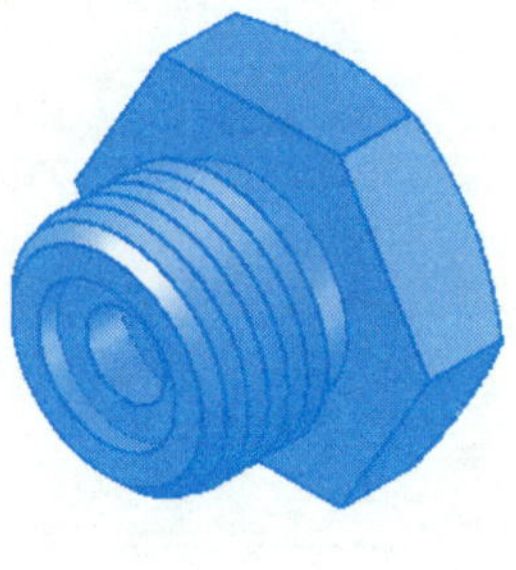

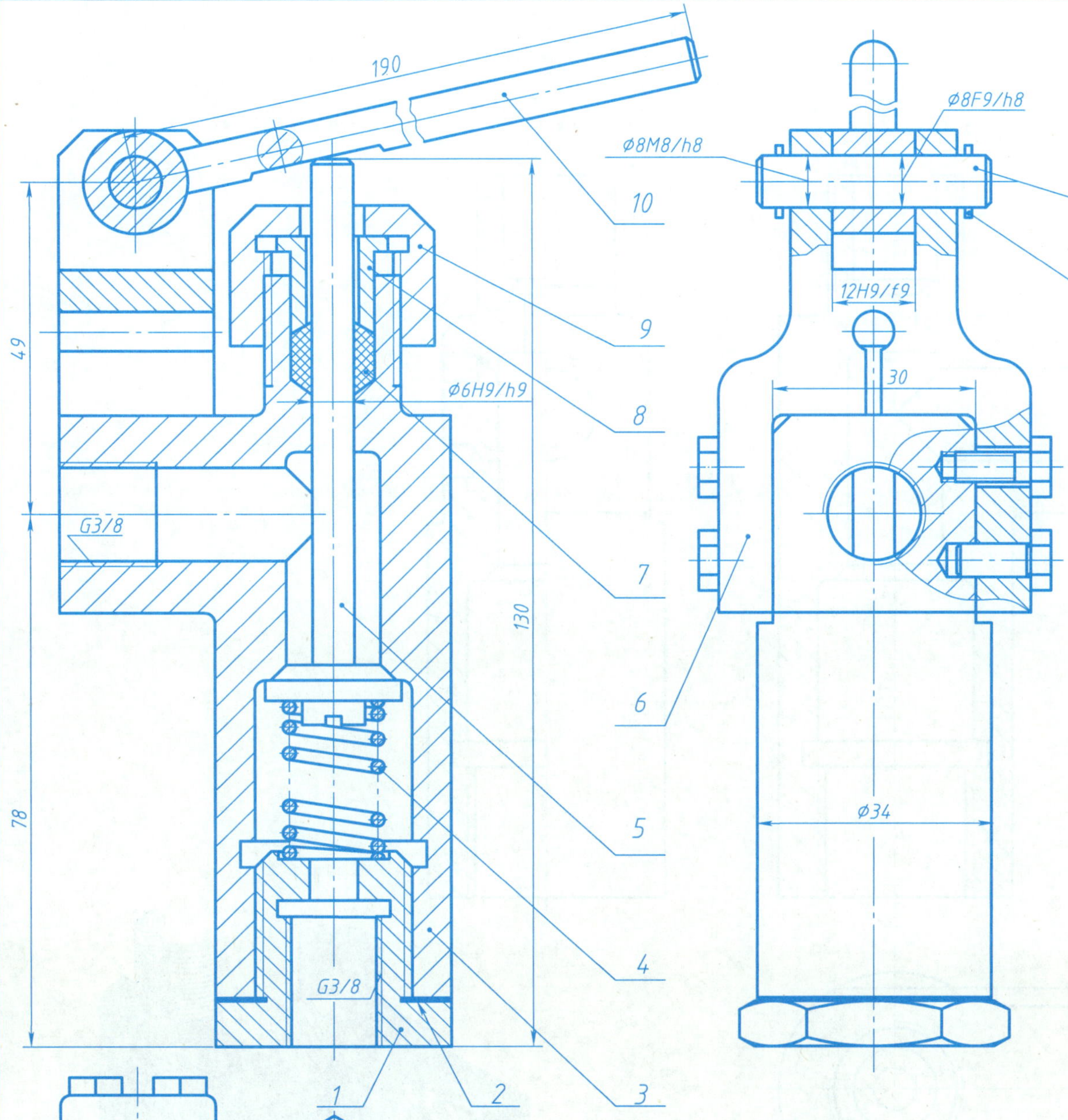

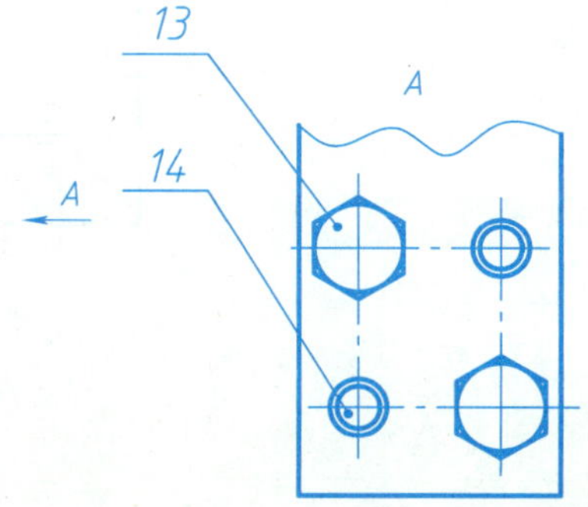

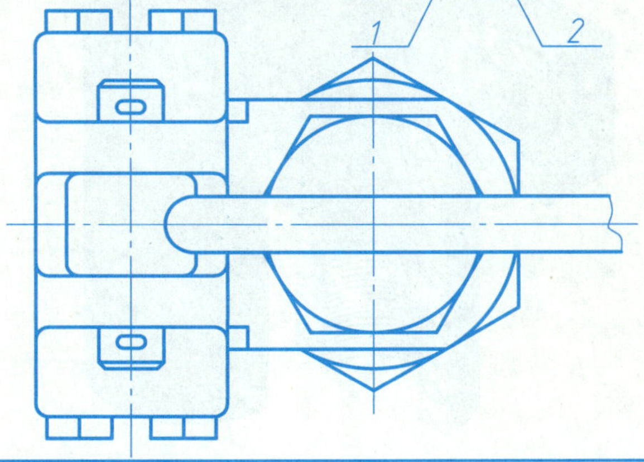

工作原理

手压阀是在液压回路中控制油液流动的装置。若压下杠杆 10，则阀杆 5 压迫弹簧 4 而下移。这时油液从下端口进入，从阀座左端孔流出，是回路“通”的状态。若松开杠杆 10，则弹簧 4 迫使阀杆 5 复位，阀杆下端的阀瓣部分以锥面接触封死通路，是回路“不通”状态，从而达到控制的目的。

序号	名称	数量	材料	备注
14	圆柱销 4x16	4	Q235A	GB/T 119.1
13	螺钉 M5x16	4	Q235A	GB/T 5780
12	开口销 3x16	2	Q235A	GB/ T91
11	轴	1	45	
10	杠杆	1	Q235A	
9	压紧螺母	1	45	
8	填料压盖	1	45	
7	填料	1	Q235A	
6	托架	1	35	
5	阀杆	1	45	
4	弹簧	1	钢丝	
3	阀座	1	HT150	
2	衬垫	1	皮革	
1	六角头螺塞	1	45	

手压阀		比例	1 : 1	
		件数		
制图		重量		第 张 共 张
描图				
审核				

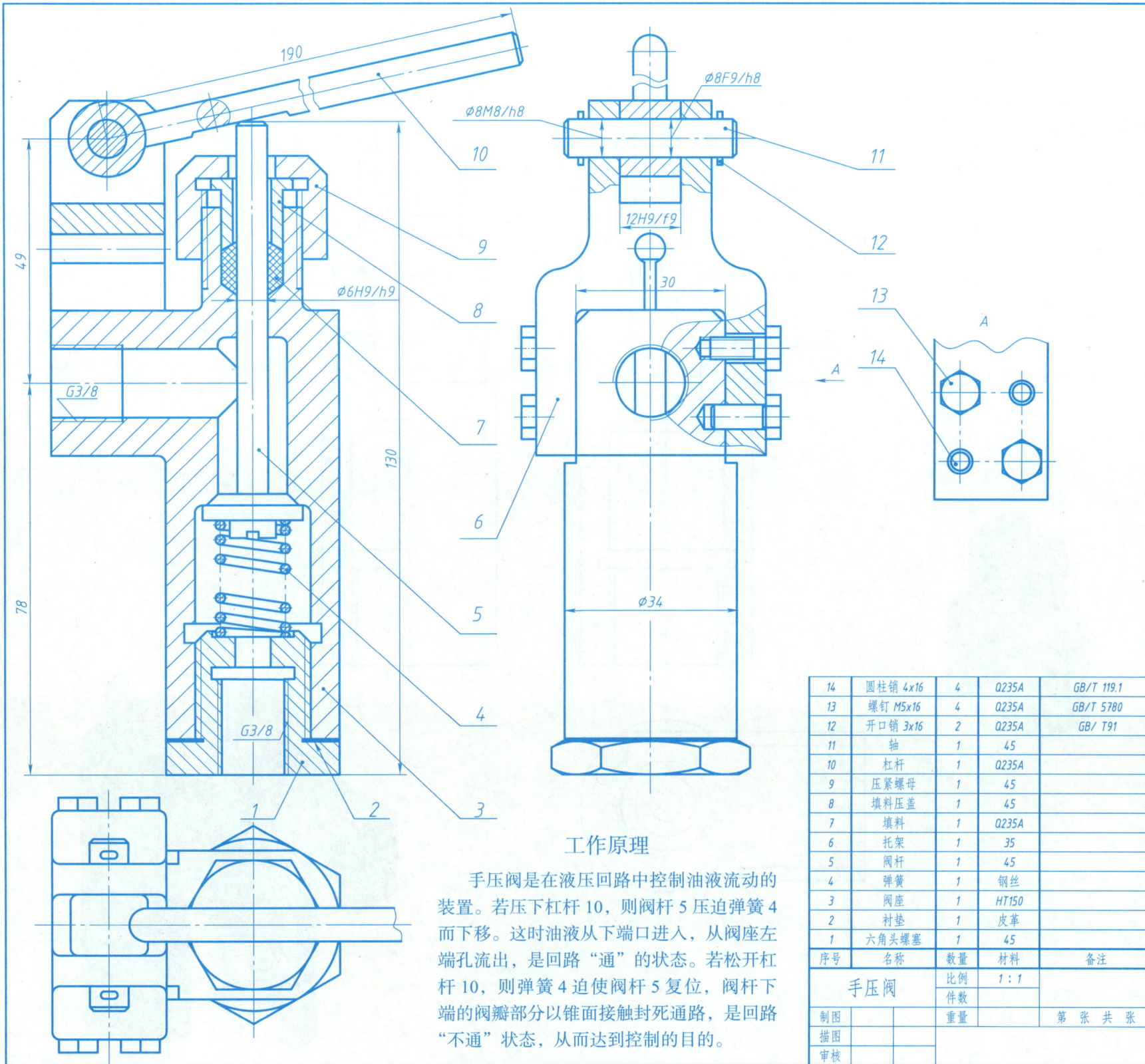

看懂手压阀装配图，完成下列问题：

（1）12H9/f9 是（　　）号件与（　　）号件之间的配合，12 表示（　　），H9 表示（　　），f9 表示（　　），该配合为（　　）制，配合种类为（　　）。

（2）7 号零件起什么作用？

（3）拆画托架 6、阀座 3 的零件图（画图尺寸从图上直接量取，不标尺寸）。

四、读装配图（二）答案

看懂手压阀装配图，完成下列问题：

答：

（1）12H9/f9 是（6）号件与（10）号件之间的配合，12 表示（公称尺寸），H9 表示（6 号件公差带代号），f9 表示（10 号件公差带代号），该配合为（基孔）制，配合种类为（间隙配合）。

（2）7 号零件起密封作用。

（3）托架 6、阀座 3 的零件图如下：

阀座 3

托架 6

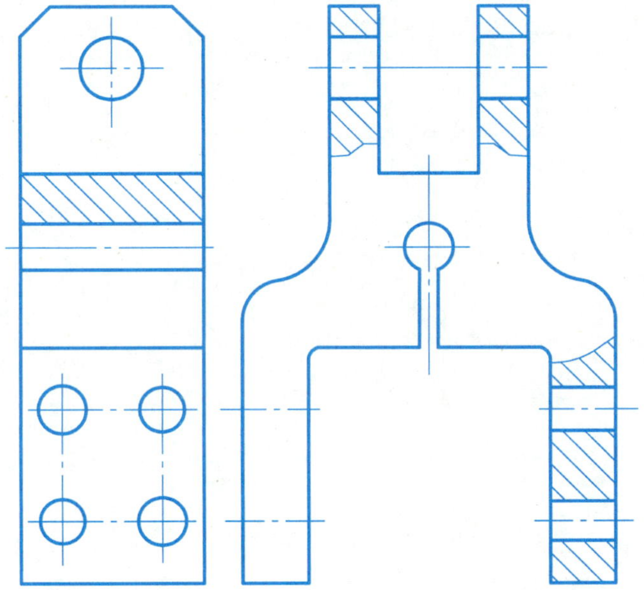

托架 6

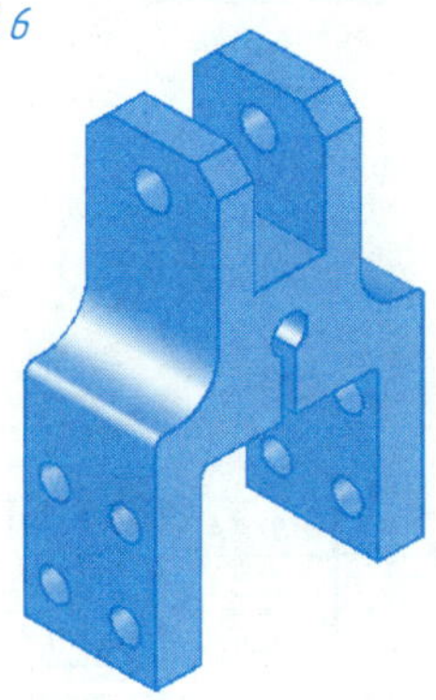

阀座 3

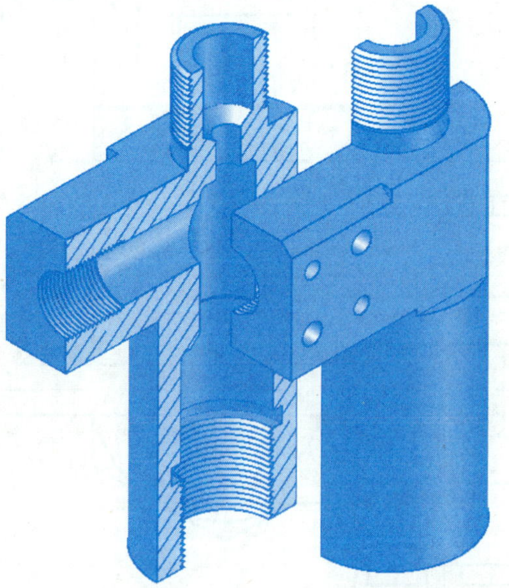

四、读装配图（三）

看懂千斤顶装配图，完成下列问题：

（1）转动零件 3 时，零件 4 是否一起转动？

（2）零件 1 与零件 4 的配合尺寸是（　　），表示基（　　）制（　　）配合。

（3）拆画零件 1、4 的零件图（画图尺寸从图上直接量取，不标尺寸）。

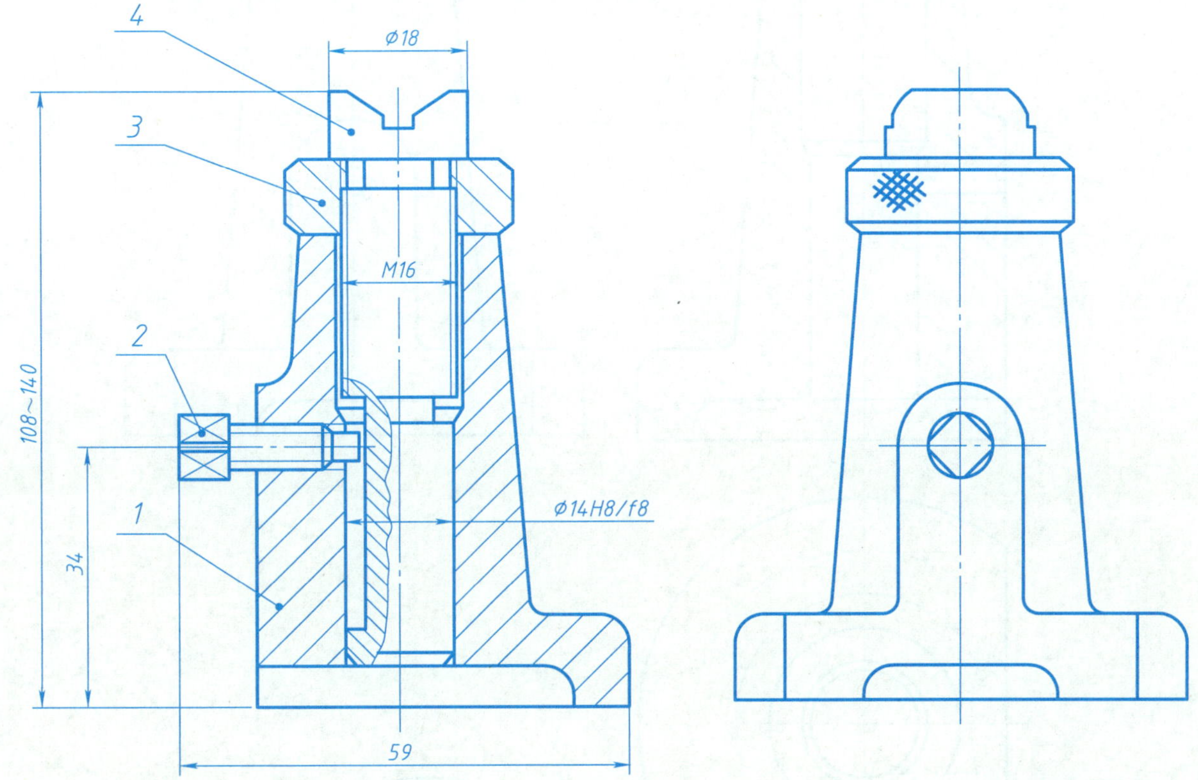

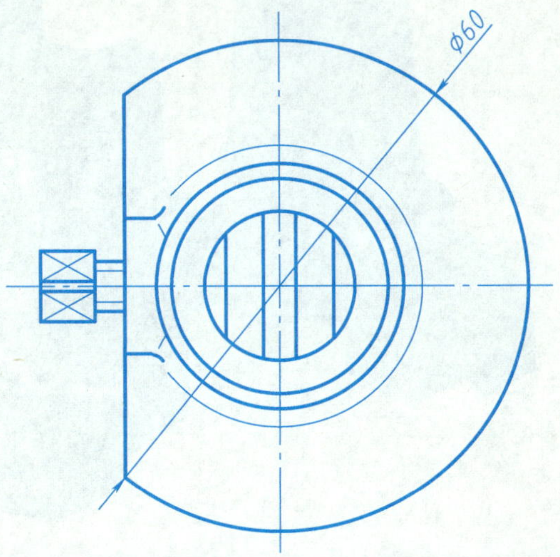

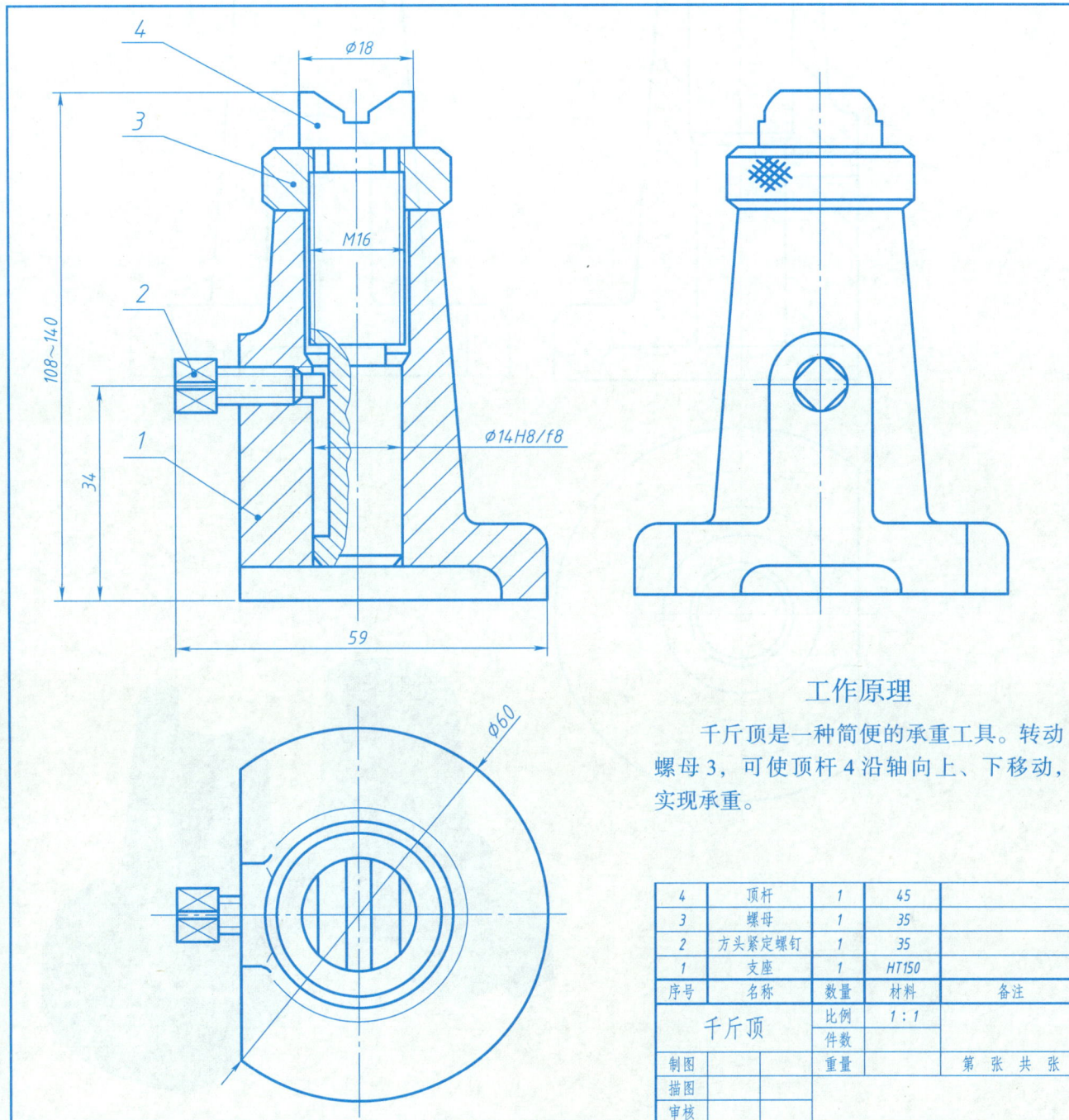

工作原理

千斤顶是一种简便的承重工具。转动螺母 3，可使顶杆 4 沿轴向上、下移动，实现承重。

4	顶杆	1	45	
3	螺母	1	35	
2	方头紧定螺钉	1	35	
1	支座	1	HT150	
序号	名称	数量	材料	备注
千斤顶		比例	1：1	
		件数		
制图		重量		第　张　共　张
描图				
审核				

四、读装配图（三）答案

看懂千斤顶装配图，完成下列问题：

答：

（1）转动零件 3 时，零件 4 只能上下移动，不能转动。

（2）零件 1 与零件 4 的配合尺寸是（ϕ14H8/f8），表示基（孔）制（间隙）配合。

（3）支座 1、顶杆 4 的零件图如下：

顶杆4

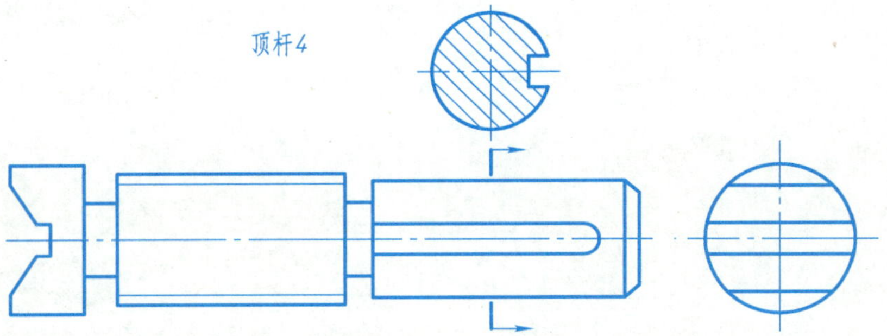

顶杆4

支座1

支座1

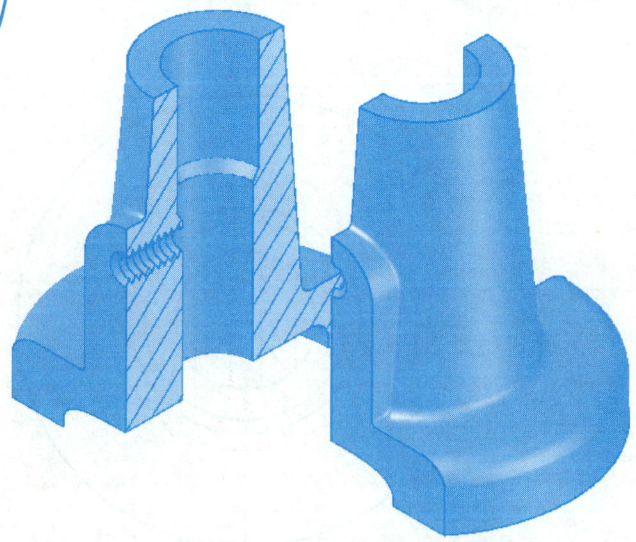

看懂安全阀装配图，完成下列问题：

（1）图中尺寸 Rp3/4、53 分别是什么尺寸？

（2）解释图中 M30×2 的含义。

（3）从顶部旋转盖螺母 4，有什么作用？

（4）ϕ18H11/d9 中，d9 是（　　）号零件的公差带代号。

（5）拆画连接管 1、盖螺母 4 的零件图（尺寸从图上直接量取，不标尺寸）。

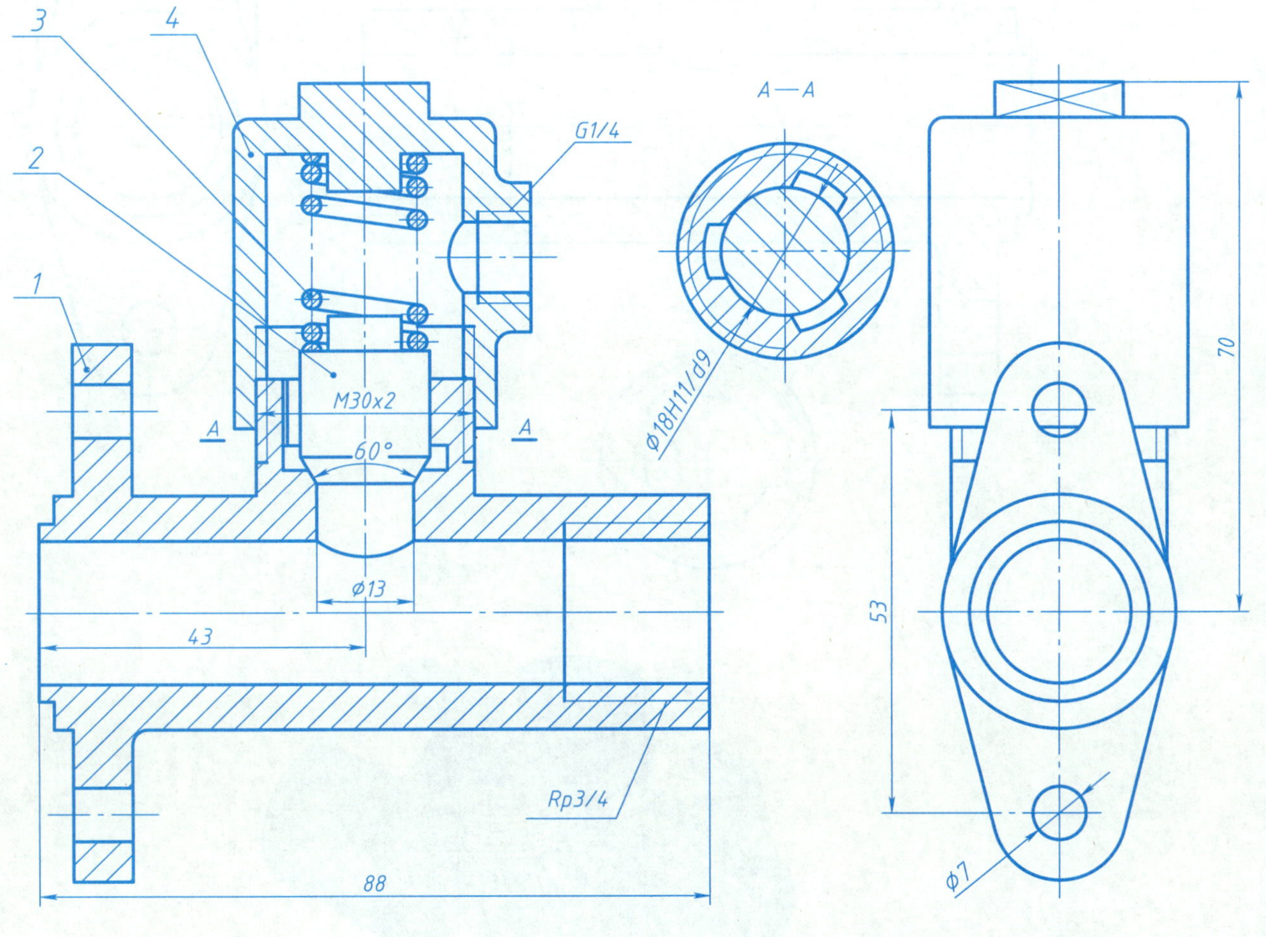

工作原理

此部件为压力控制阀，从左边进来的液体的压力若超过额定压力时，可顶开阀芯 2，使液体从盖螺母 4 上的出口流出。压力降低后，在弹簧的作用下阀芯下移关闭阀门。

序号	名称	数量	材料	备注
4	盖螺母	1	HT200	
3	弹簧	1	65Mn	
2	阀芯	1	35	
1	连接管	1	HT100	

安全阀		比例	1∶1	
		件数		
制图		重量		第　张　共　张
描图				
审核				

四、读装配图（四）答案

看懂安全阀装配图，完成下列问题：

答：

（1）图中尺寸 Rp3/4 为性能规格尺寸，53 为安装尺寸。

（2）M30×2 的含义：M 为普通螺纹，30 为公称直径，2 为螺距，细牙右旋。

（3）从顶部旋转盖螺母 4 可调节弹簧压力。

（4）ϕ18H11/d9 中，d9 是（2）号零件的公差带代号。

（5）连接管 1、盖螺母 4 的零件图如下：

连接管1

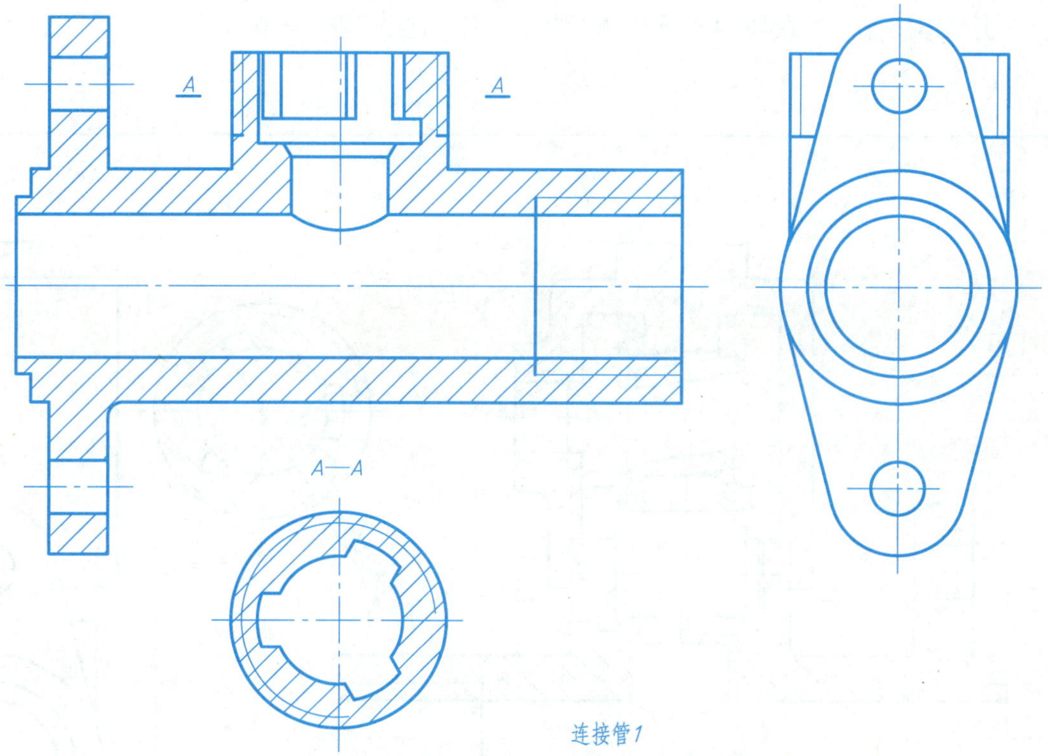

盖螺母4

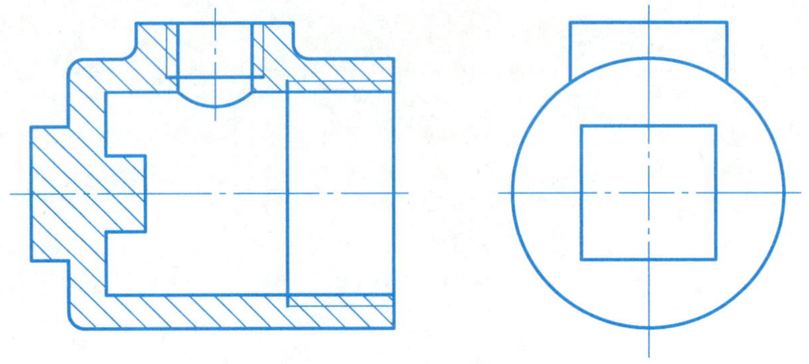

盖螺母4

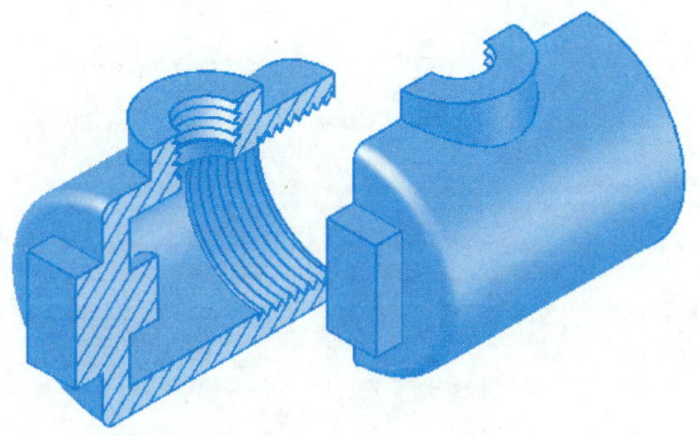

连接管1

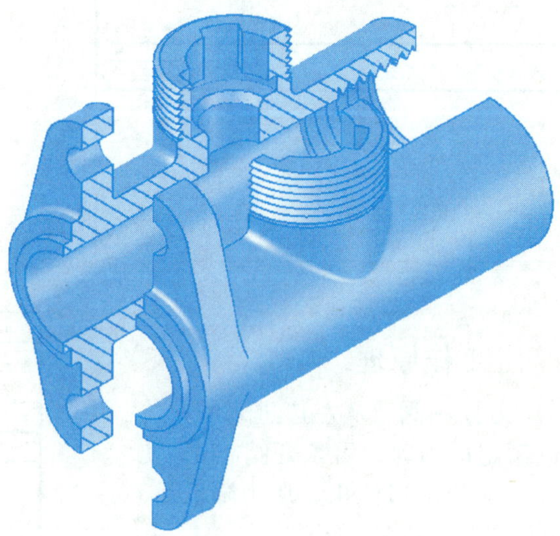

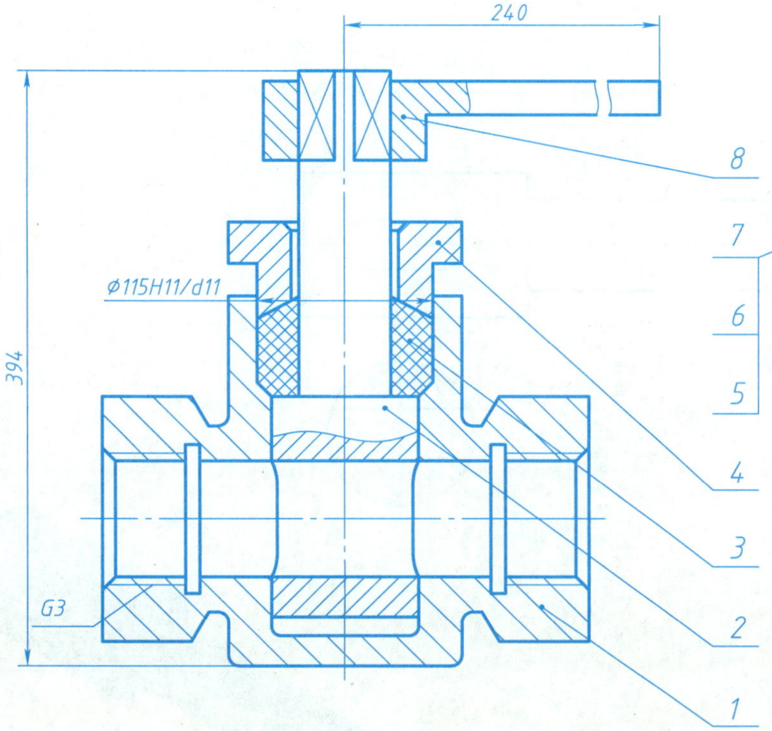

拆去零件8

拆去零件8

工作原理

旋塞阀是开启和关闭流体通道用的，其特点是开关迅速，它以螺纹连接于管道上。装配图表明了开启的位置，此时塞轴 2 上圆柱塞中的长孔与阀体 1 上的长孔相通，转动手把 90°，并带动塞轴旋转 90°，圆柱塞关闭了阀体上的通孔。为了防止泄露，在塞轴与阀体之间缠上了石棉绳，并用压盖 4 压紧。

8	手把	1	HT150	
7	垫圈 28	2	Q235A	GB/T 97.1
6	螺母 M28	2	Q235A	GB/T 6170
5	螺柱	2	Q235A	
4	压盖	1	HT150	
3	填料		石棉绳	
2	塞轴	1	HT200	
1	阀体	1	HT200	
序号	名称	数量	材料	备注

旋塞阀		比例	1:5	
		件数		
制图		重量		第 张 共 张
描图				
审核				

看懂旋塞阀装配图，完成下列问题：

（1）图中尺寸 G3、318 分别是什么类型尺寸？

（2）3 号零件起什么作用？

（3）ϕ115H11/d11 中，d11 是（　　）号零件的公差带代号。

（4）拆画阀体 1、塞轴 2 和压盖 4 的零件图（标出配合尺寸，其余尺寸不标）。

四、读装配图（五）答案

看懂旋塞阀装配图，完成下列问题：

答：

（1）图中尺寸 G3 为性能规格尺寸，318 为外形尺寸。

（2）3 号零件起密封作用。

（3）ϕ115H11/d11 中，d11 是（4）号零件的公差带代号。

（4）阀体 1、塞轴 2 和压盖 4 的零件图如下：

阀体 1

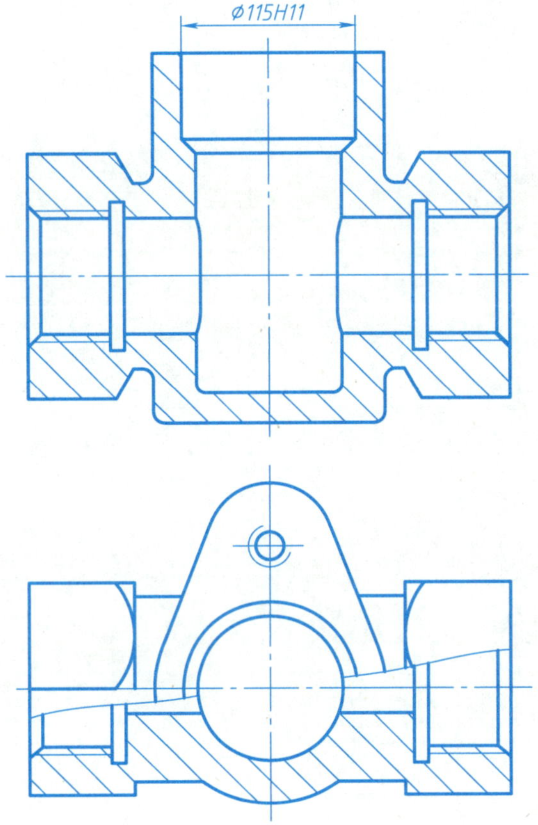

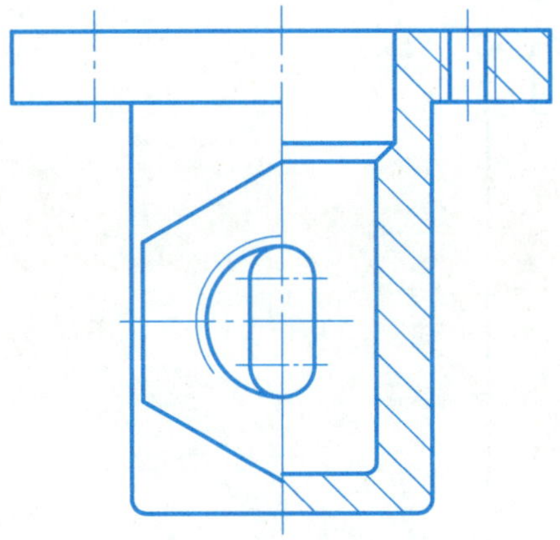

塞轴 2

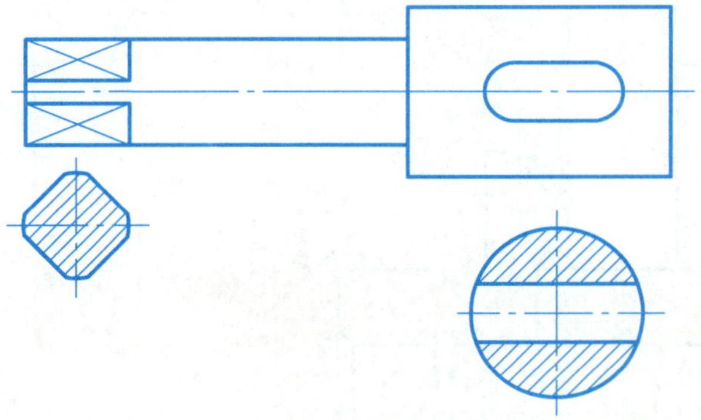

塞轴 2

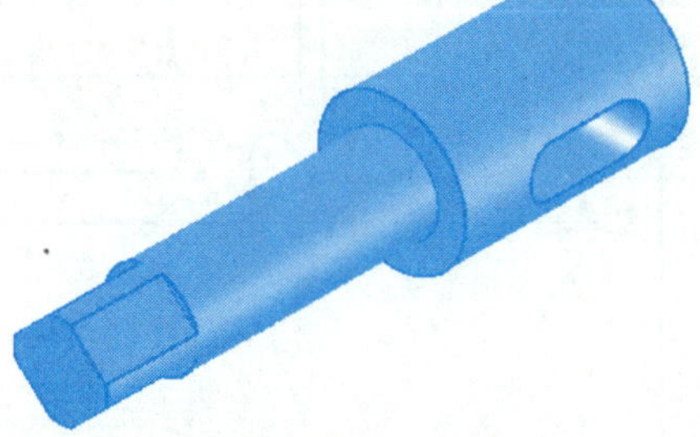

阀体 1

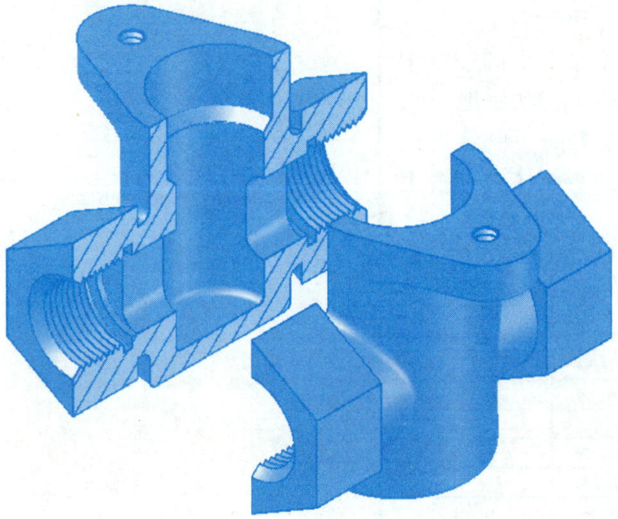

压盖 4

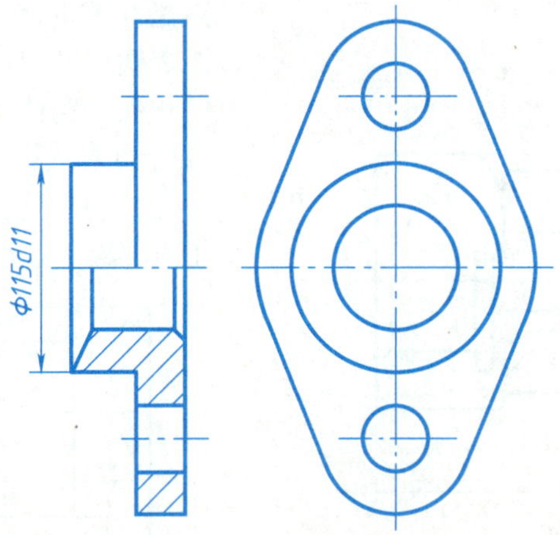

压盖 4

看懂止回阀装配图，完成下列问题：

（1）手把转动时，零件 4（压盖）是否一起转动？

（2）ϕ23H11/d11 中，H11 是（　　）号零件的公差带代号。

（3）拆画阀体 1、阀杆 2 的零件图（按图形大小绘制，不标尺寸）。

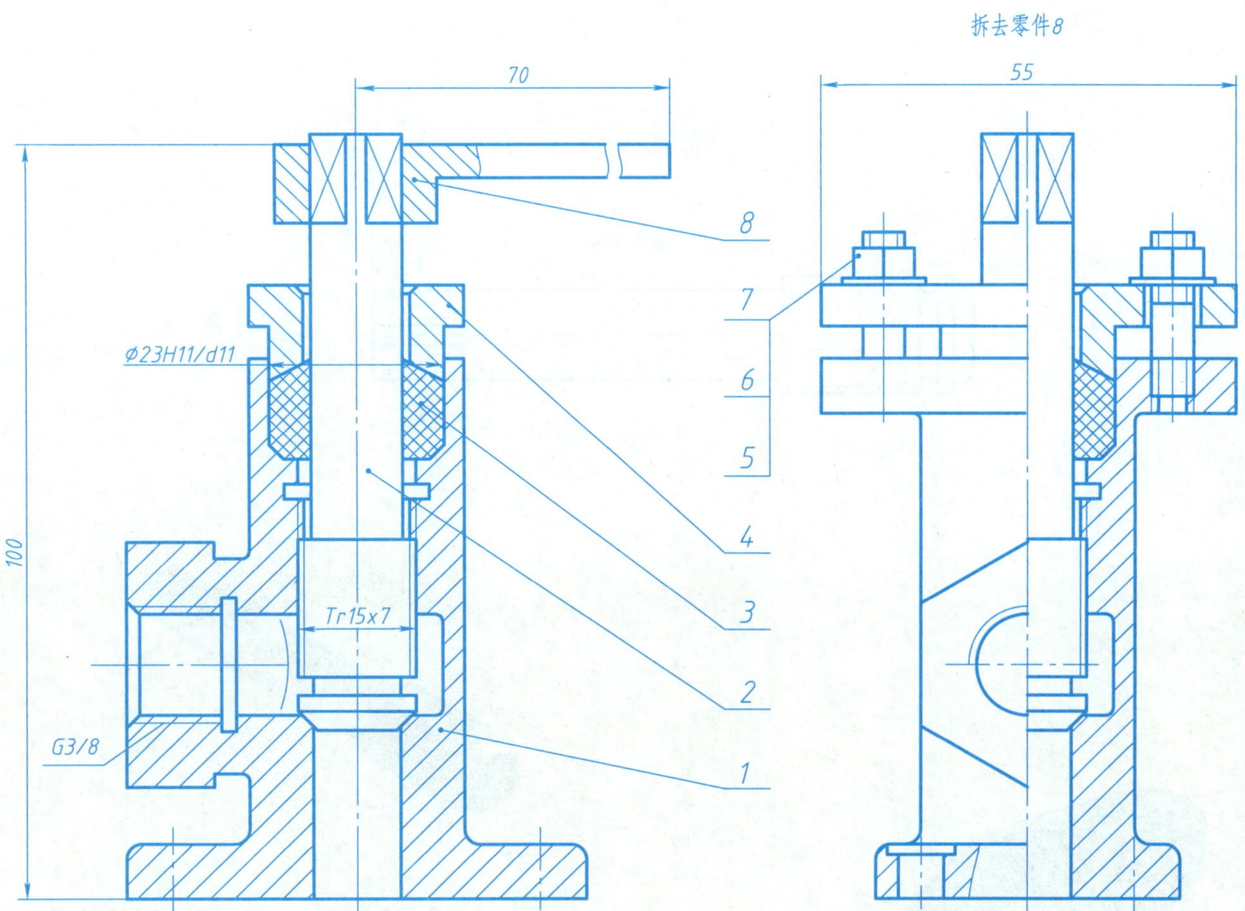

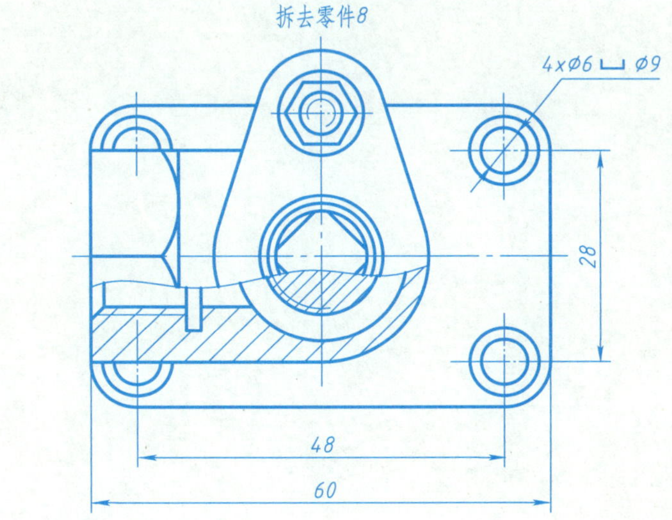

工作原理

止回阀是进出口固定不变的单方向阀门。当逆时针旋转阀杆 2 时，阀杆上移打开阀门，液体从左面 G3/8 的螺孔口进入阀体，由阀体下面孔流出；当阀杆下移时关闭阀门。

序号	名称	数量	材料	备注
8	手把	1	HT150	
7	垫圈 6	2	Q235A	GB/T 97.1
6	螺母 M6	2	Q235A	GB/T 6170
5	螺柱	2	Q235A	
4	压盖	1	HT150	
3	填料	1	石棉绳	
2	阀杆	1	HT200	
1	阀体	1	HT200	

止回阀	比例	1 : 1	
	件数		
制图	重量		第 张 共 张
描图			
审核			

四、读装配图（六）答案

看懂止回阀装配图，完成下列问题：

答：

（1）手把转动时，零件 4（压盖）不一起转动。

（2）ϕ23H11/d11 中，H11 是（1）号零件的公差带代号。

（3）阀体 1、阀杆 2 的零件图如下：

阀体1

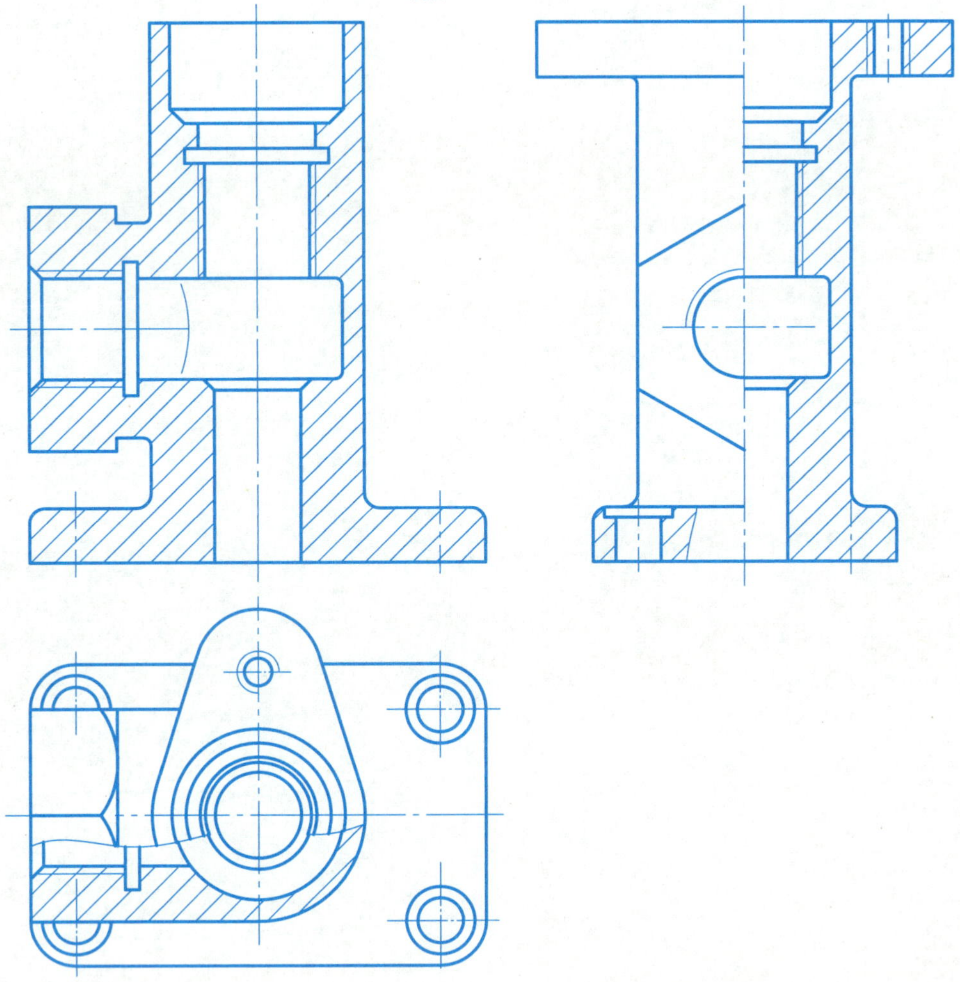

阀杆2

阀杆2

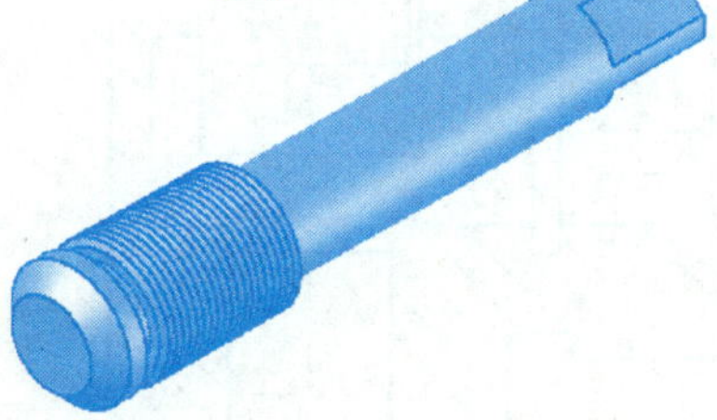

阀体1

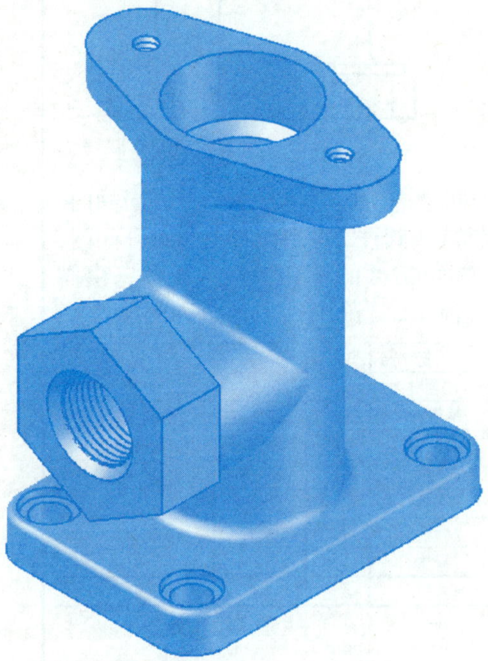

看懂阀门装配图，完成下列问题：

（1）配合代号 ϕ36H11/c11 的含义：公称尺寸为（　　）；孔和轴的公差等级均为（　　）；配合为（　　）制（　　）配合。

（2）拆画阀体 1、轴 4 的零件图（画图尺寸从图上直接量取，不标尺寸）。

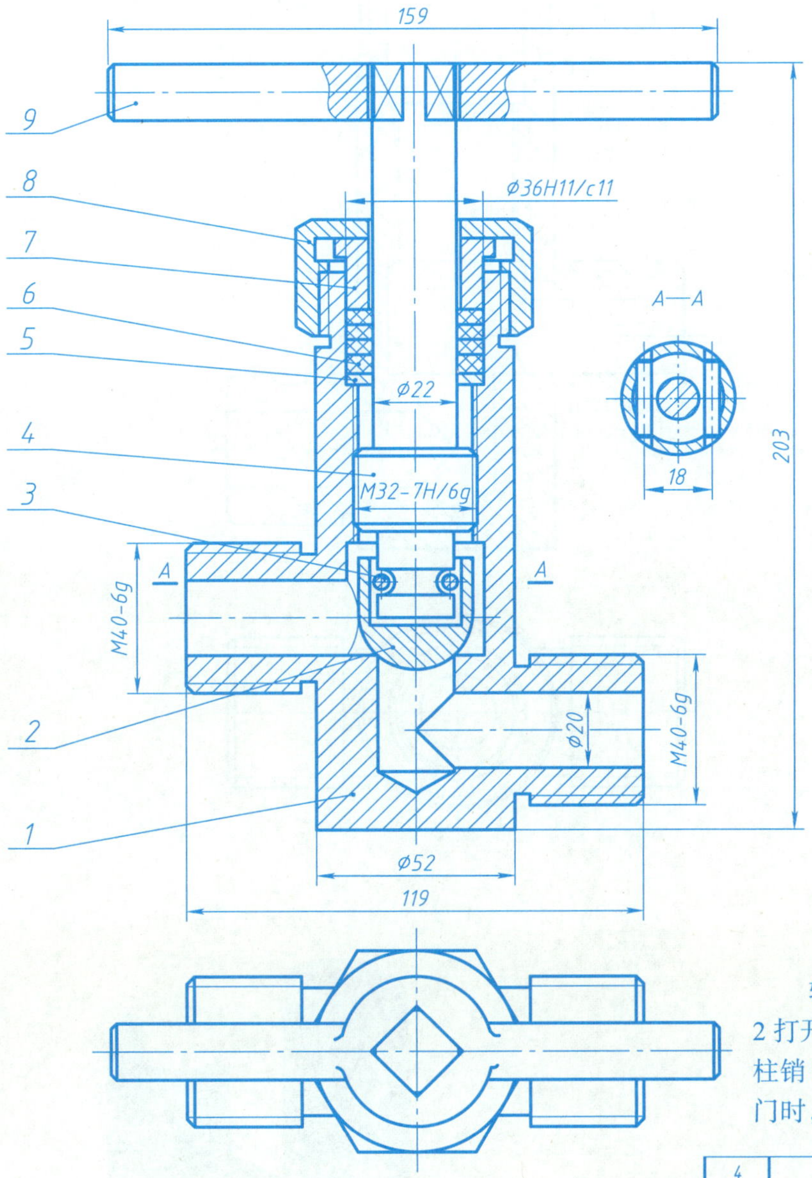

工作原理

转动手柄使轴 4 升降，带动活门 2 打开或关闭阀口。连接活门与轴的圆柱销 3，处于轴的环形槽中，当拧紧阀门时，活门不会转动。

序号	名称	数量	材料	备注
9	手柄	1	Q235A	
8	螺母	1	Q235A	GB/T 6170
7	后盖	1	Q235A	
6	填料	1	石棉绳	
5	垫圈	1	Q235A	GB/T 97.1
4	轴	1	45	
3	圆柱销	2	45	GB/T 119.1
2	活门	1	45	
1	阀体	1	HT200	

阀　门		比例	1 : 2	
		件数		
制图		重量		第　张　共　张
描图				
审核				

看懂阀门装配图，完成下列问题：

答：

（1）配合代号 ϕ36H11/c11 的含义：公称尺寸为（ϕ36）；孔和轴的公差等级均为（11）；
配合为（基孔）制（间隙）配合。

（2）阀体 1、轴 4 的零件图如下：

阀体1

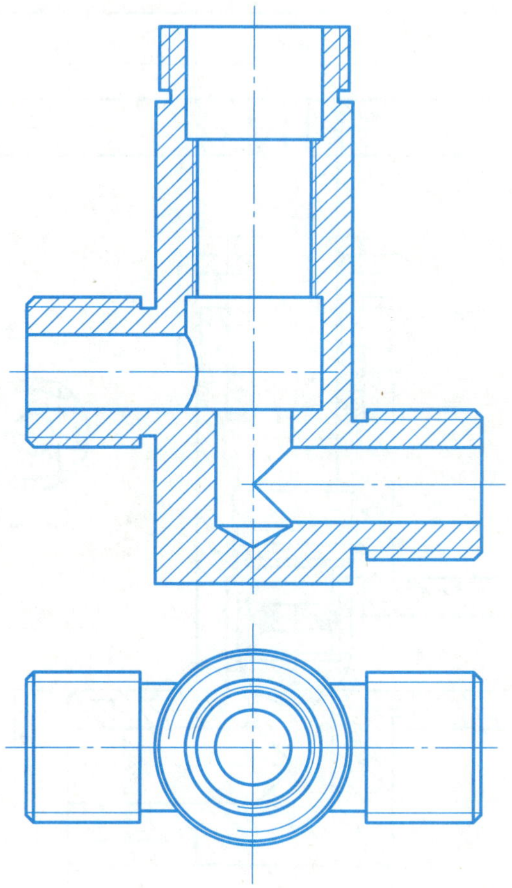

轴4

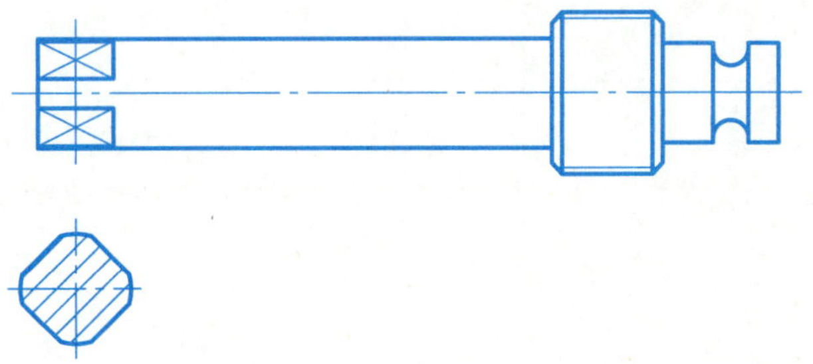

轴4

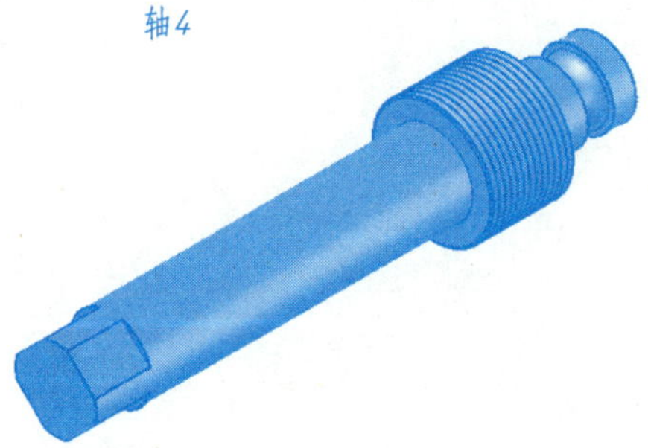

阀体1

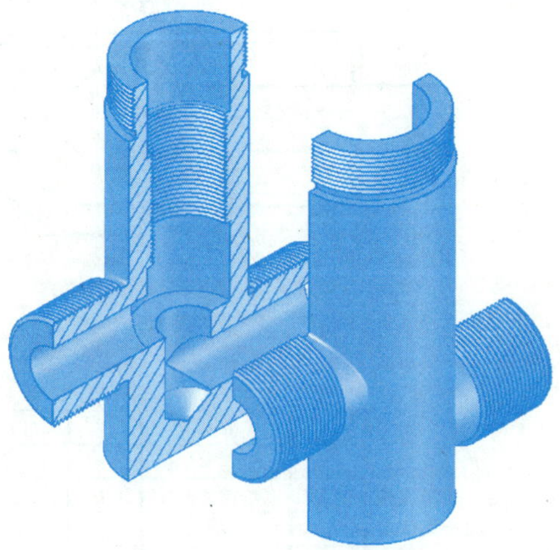

看懂推杆阀装配图，完成下列问题：

（1）旋转零件 7 起什么作用？

（2）ϕ7H7/f6 表示（　　）制（　　）配合，孔的基本偏差代号为（　　），公差等级为（　　）；轴的基本偏差代号为（　　），公差等级为（　　）。

（3）尺寸 G1/2、85 分别属于哪类尺寸？

（4）拆画阀体 3、管接头 6 和塞子 2 的零件图（尺寸从图上直接量取，不标尺寸）。

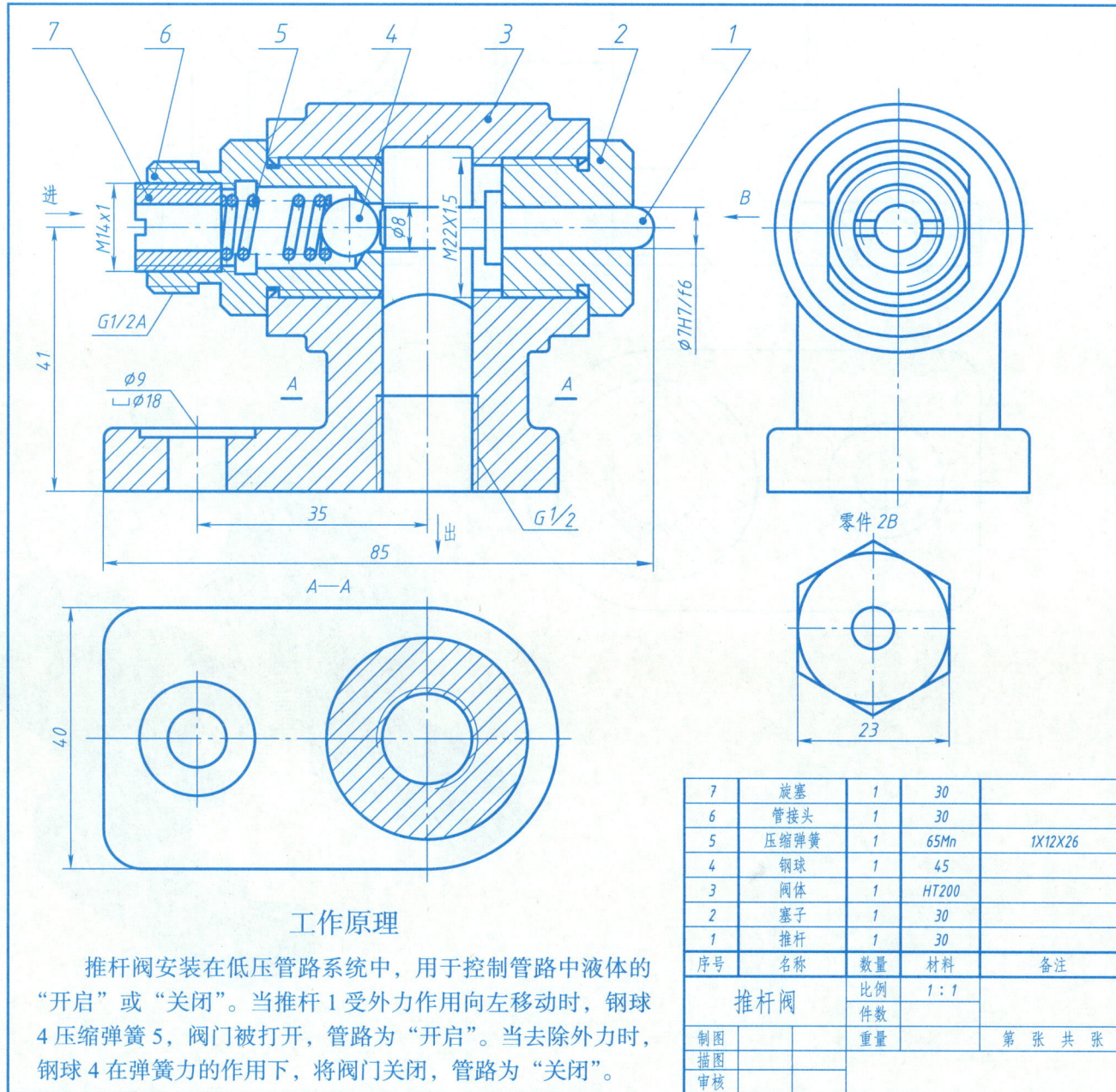

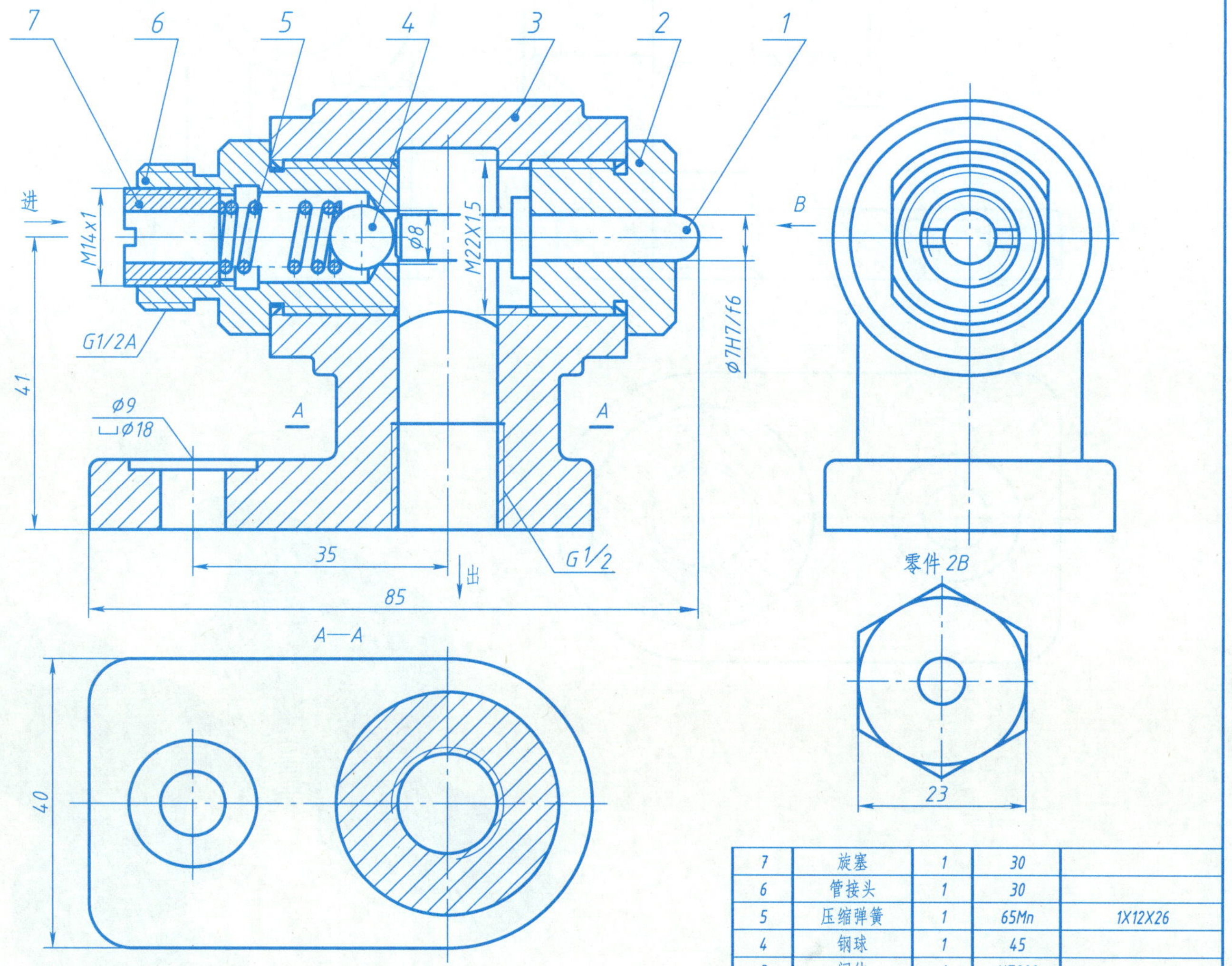

工作原理

推杆阀安装在低压管路系统中，用于控制管路中液体的"开启"或"关闭"。当推杆 1 受外力作用向左移动时，钢球 4 压缩弹簧 5，阀门被打开，管路为"开启"。当去除外力时，钢球 4 在弹簧力的作用下，将阀门关闭，管路为"关闭"。

序号	名称	数量	材料	备注
7	旋塞	1	30	
6	管接头	1	30	
5	压缩弹簧	1	65Mn	1X12X26
4	钢球	1	45	
3	阀体	1	HT200	
2	塞子	1	30	
1	推杆	1	30	
序号	名称	数量	材料	备注
推杆阀		比例	1 : 1	
		件数		
制图		重量		第　张　共　张
描图				
审核				

四、读装配图（八）答案

看懂推杆阀装配图，完成下列问题：

答：

（1）旋转零件 7 可调整弹簧压力。

（2）ϕ7H7/f6 表示（基孔）制（间隙）配合，孔的基本偏差代号为（H），公差等级为（7）；轴的基本偏差代号为（f），公差等级为（6）。

（3）尺寸 G1/2、85 分别属于安装（或规格）尺寸、总体尺寸。

（4）阀体 3、管接头 6 和塞子 2 的零件图如下：

管接头6

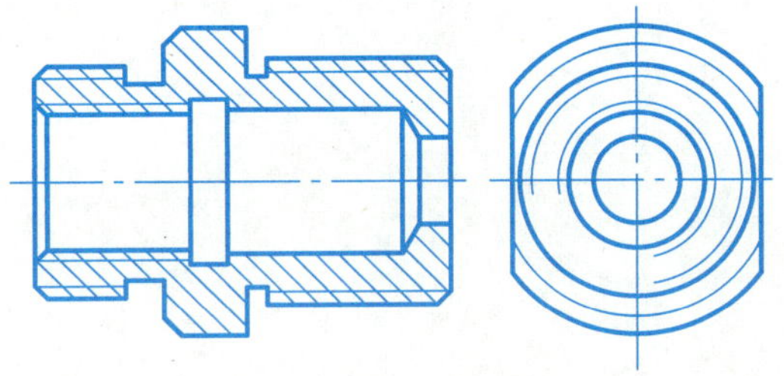

管接头6

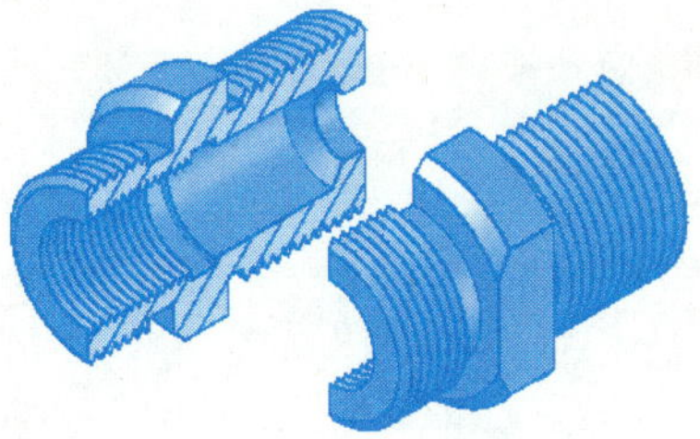

塞子2

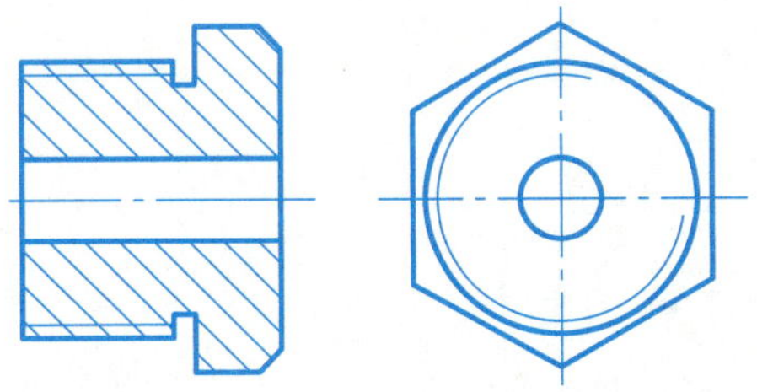

塞子2

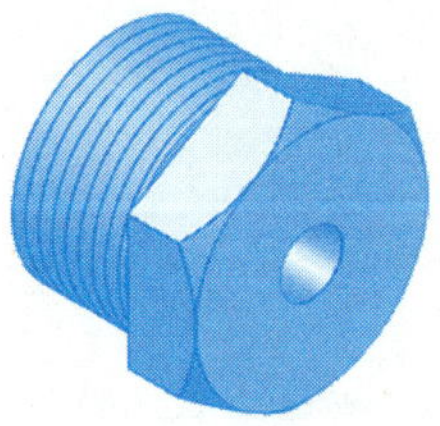

阀体3

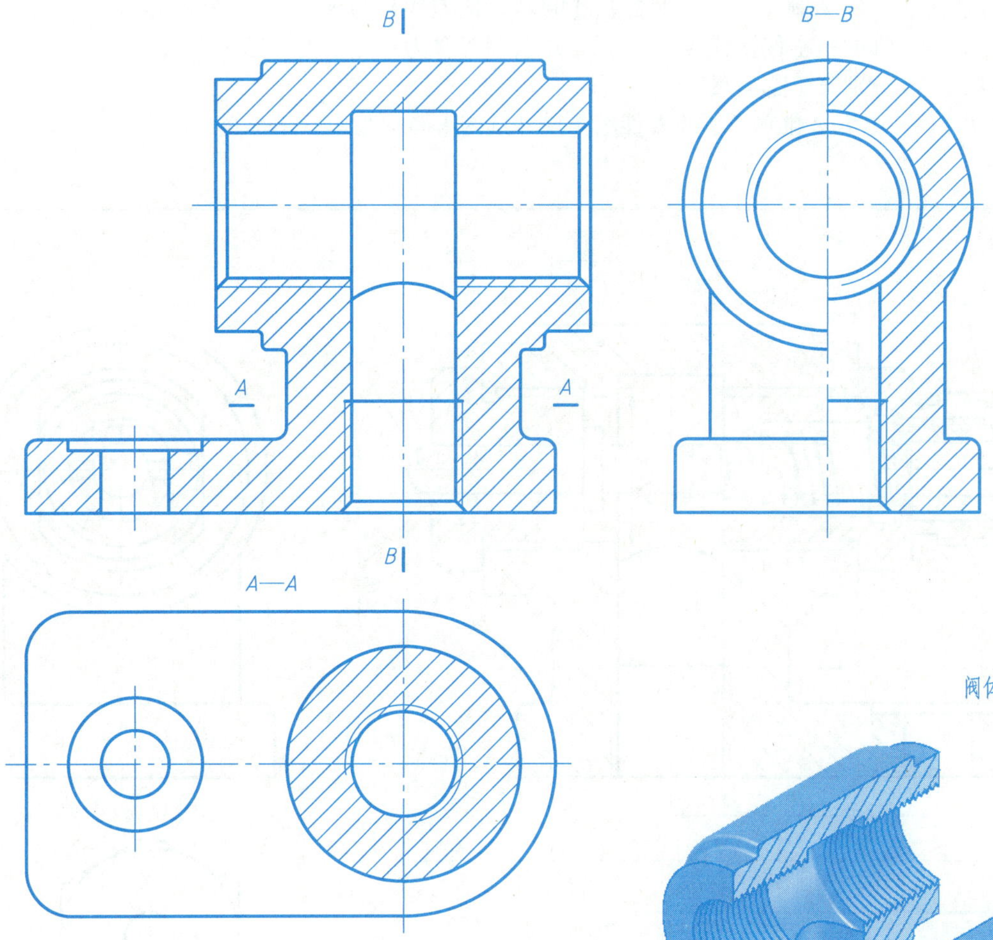

阀体3

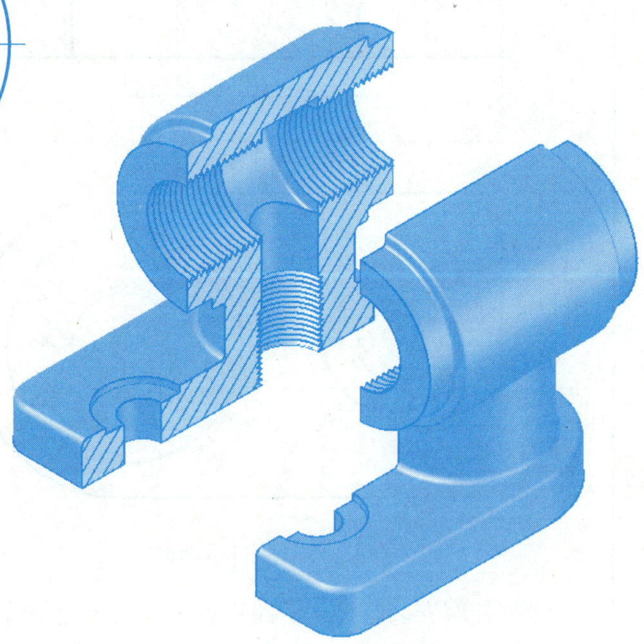

四、读装配图（九）

看懂拆卸器装配图，完成下列问题：

（1）图中尺寸 103、116 分别属于哪类尺寸?

（2）配合尺寸 ϕ10H8/k7 是（　）号零件与（　）号零件的配合,该配合为（　）制（　）配合。

（3）拆画横梁 5、压紧螺杆 1 的零件图（尺寸从图中直接量取，不标尺寸）。

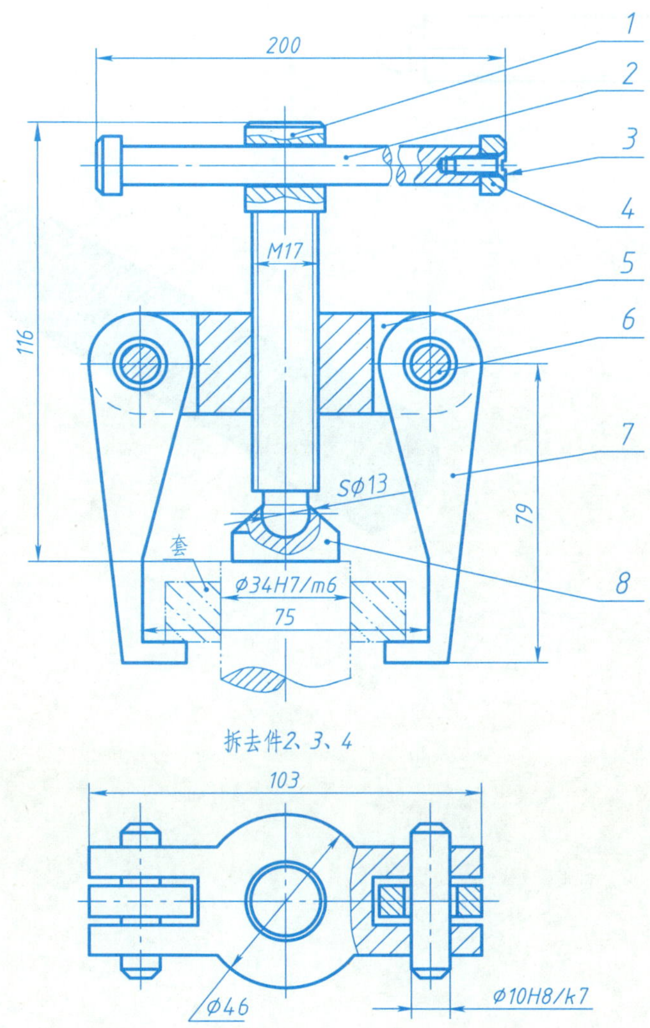

序号	名称	数量	材料	备注
8	压紧垫	1	45	
7	爪子	2	45	
6	销轴 10×60	2	Q235A	GB/T 119.1
5	横梁	1	Q235A	GB/T 6170
4	挡圈	1	Q235A	
3	沉头螺钉 M5×8	1	45	GB/T 68
2	把手	1	Q235A	
1	压紧螺杆	1		

拆卸器	比例	1:2	
	件数		
制图	重量		第 张 共 张
描图			
审核			

看懂拆卸器装配图，完成下列问题：

答：

（1）图中尺寸 103、116 均属于总体尺寸。

（2）配合尺寸 ϕ10H8/k7 是（5）号零件与（6）号零件的配合，该配合为（基孔）制（过渡）配合。

（3）横梁 5、压紧螺杆 1 的零件图如下：

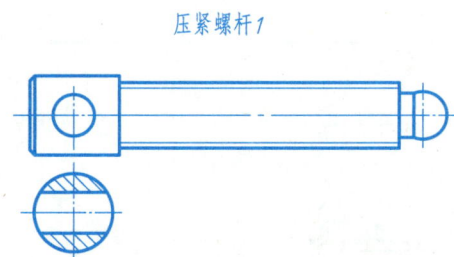

压紧螺杆1

压紧螺杆1

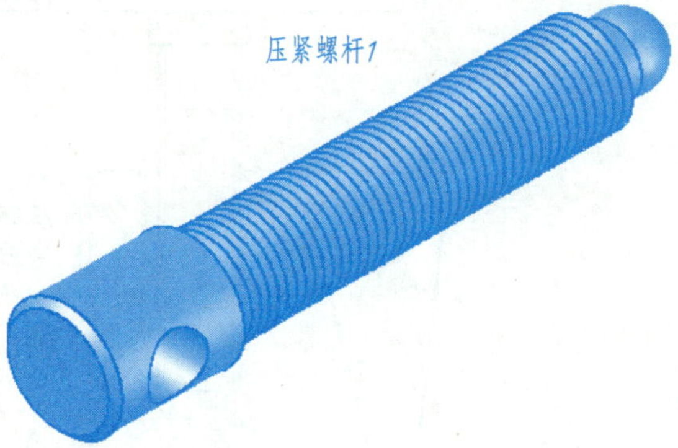

横梁5

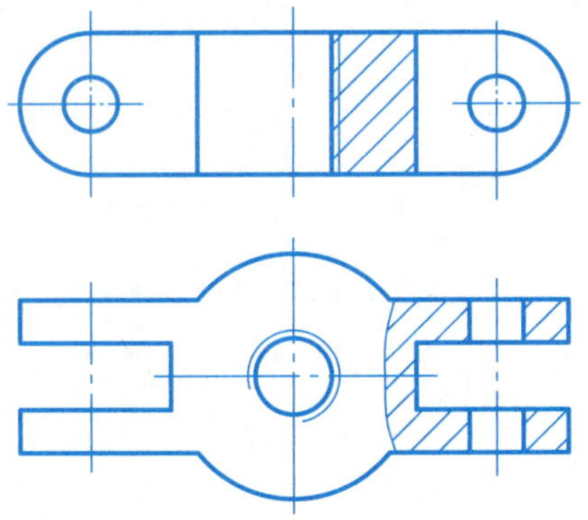

横梁5

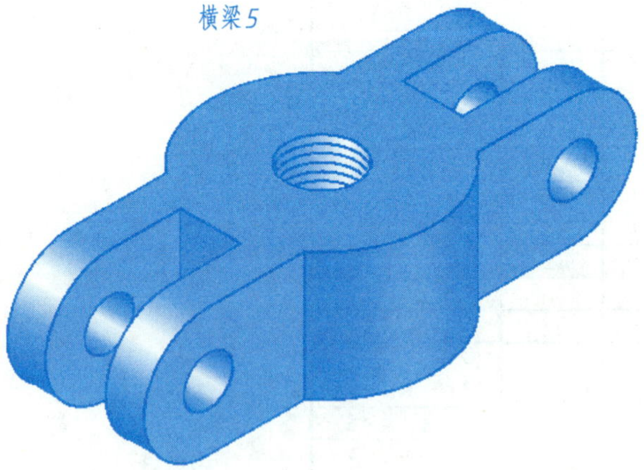

四、读装配图（十）

看懂弹性支承装配图，完成下列问题：

（1）支承柱与顶丝是用（　　）连接的。

（2）M30 × 1.5-7H/6g 为（　　）螺纹，螺距为（　　）。

（3）ϕ26H9/f9 为基（　　）制（　　）配合，H9 为（　　）号零件的公差带，f9 为（　　）号零件的公差带。

（4）拆画底座 1、支承柱 5 的零件图（只标注图中所给尺寸）。

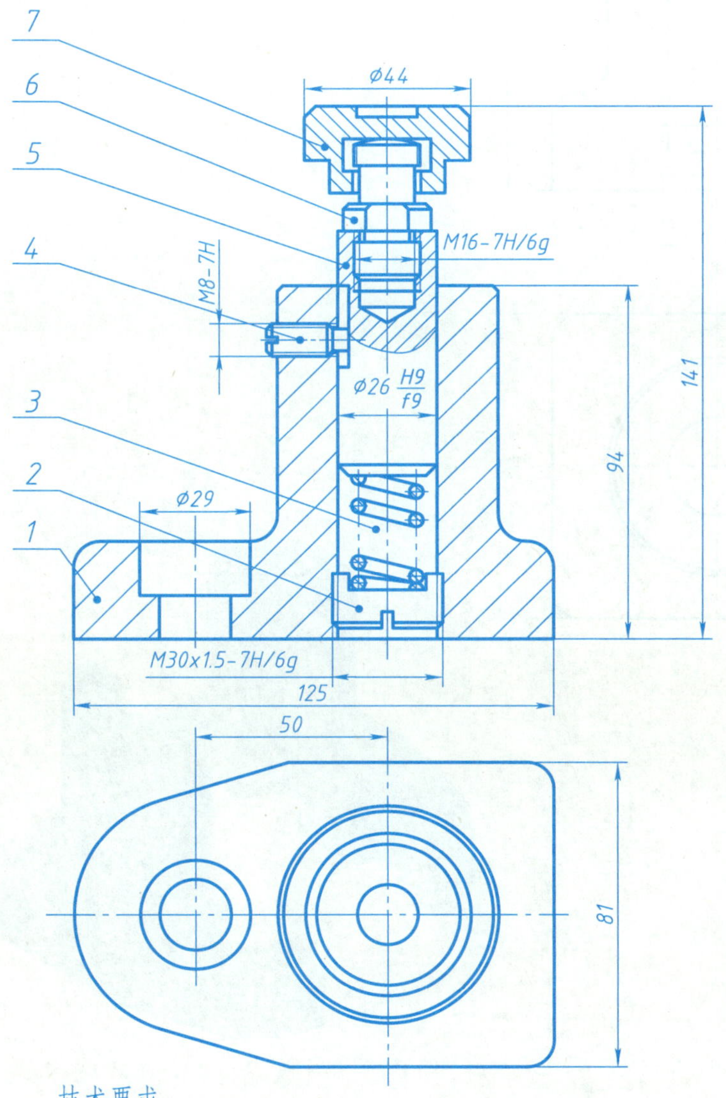

工作原理

支承柱 5 由于弹簧 3 的作用能上下浮动，使支承帽能随被支承物变化而始终自定位，起到辅助支承作用。调整螺钉 2 可调节弹簧力的大小。

技术要求

1. 未注圆角 R3~R5。
2. 未注倒角 C1.5。

序号	名称	数量	材料	备注
7	支承帽	1	45	
6	顶丝	1	45	
5	支承柱	1	45	
4	螺钉	1	45	
3	弹簧	1	65Mn	
2	调整螺钉	1	HT200	
1	底座	1	HT200	

弹性支承		比例	1∶2	
		件数		
制图		重量		第　张　共　张
描图				
审核				

四、读装配图（十）答案

看懂弹性支承装配图，完成下列问题：

答：

（1）支承柱与顶丝是用（螺纹）连接的。

（2）M30×1.5-7H/6g 为（细牙普通）螺纹，螺距为（1.5mm）。

（3）ϕ26H9/f9 为基（孔）制（间隙）配合，H9 为（1）号零件的公差带，f9 为（5）号零件的公差带。

（4）底座 1、支承柱 5 的零件图如下：

底座 1

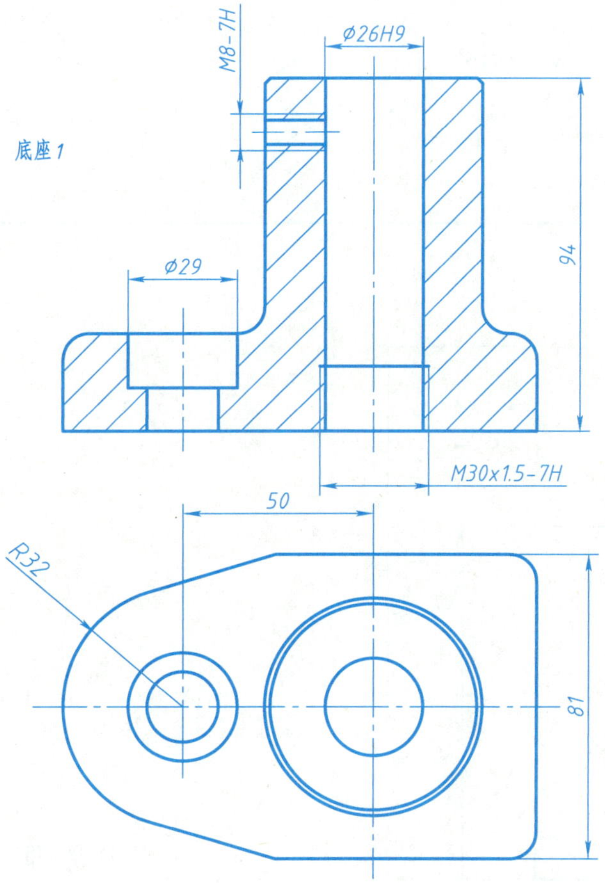

支承柱 5

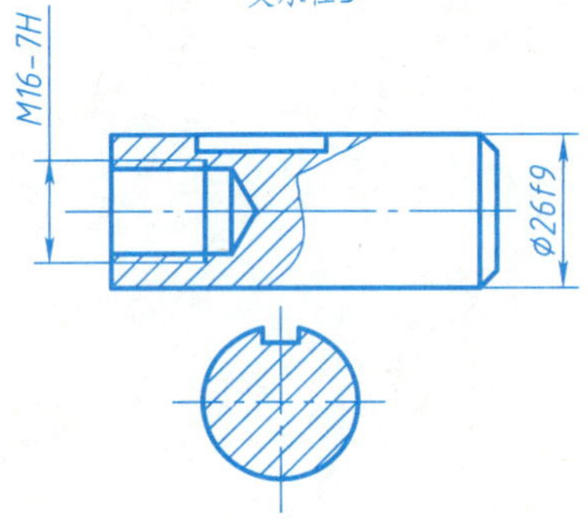

支承柱 5

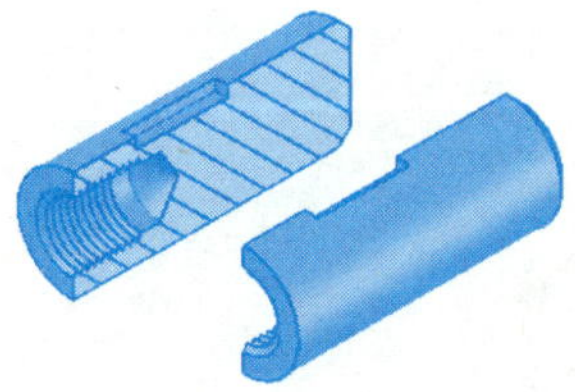

底座 1

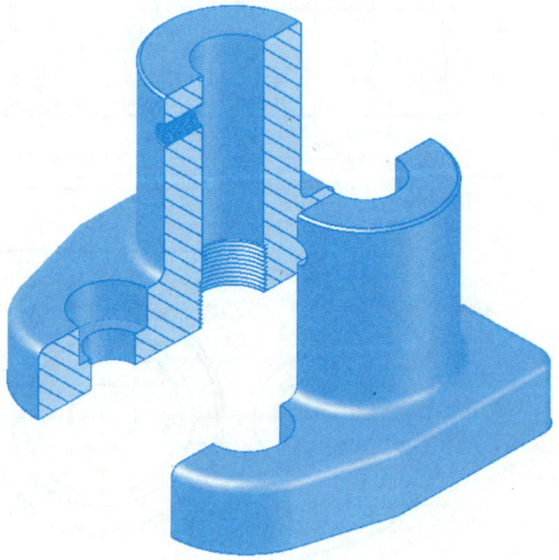

看懂低速滑轮装配图，完成下列问题：

（1）ϕ30H8/f 7 为（　）制（　）配合，H8 为（　）号零件的公差带，f 7 为（　）号零件的公差带。

（2）装配图的总宽为（　），总高为（　）。

（3）拆画托架 4、心轴 1 的零件图（按图形大小绘制，不标尺寸）。

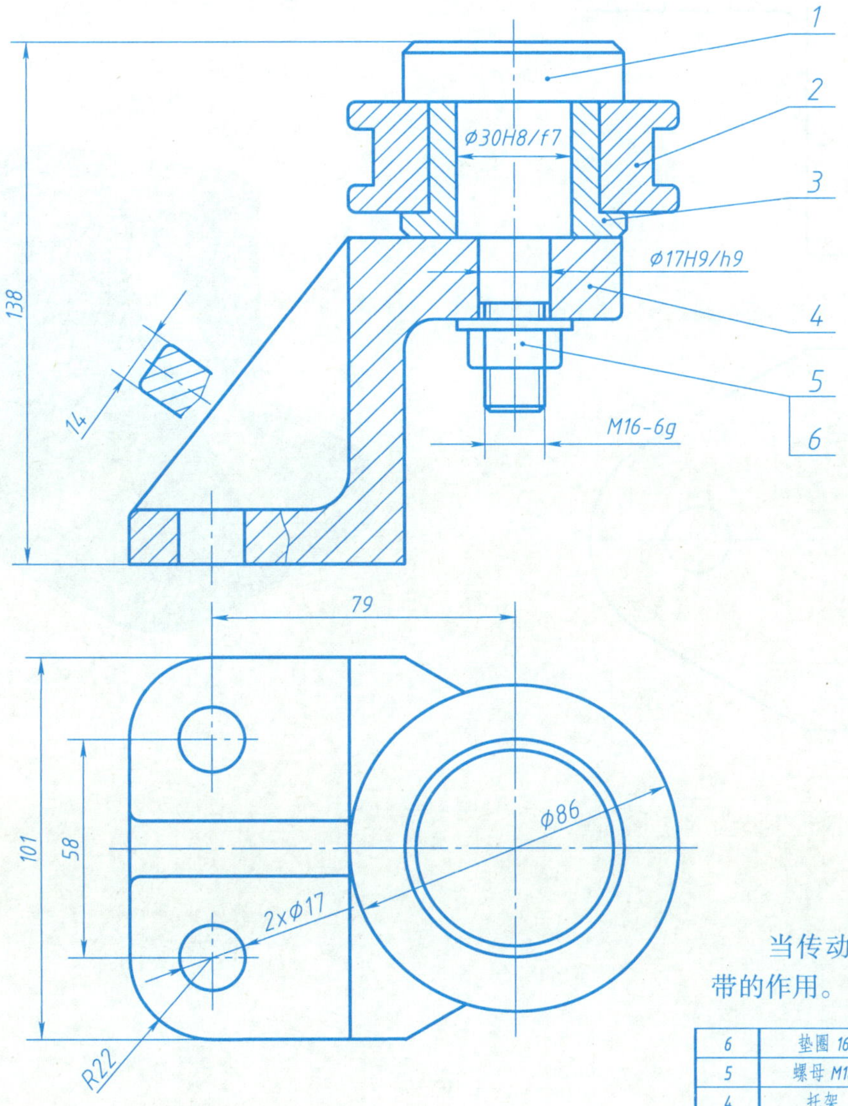

工作原理

当传动带成角度传动时起引导传动带的作用。

技术要求

未注圆角 R2。

序号	名称	数量	材料	备注
6	垫圈 16	1	Q235A	GB/T 97.1
5	螺母 M16	1	Q235A	GB/T 6170
4	托架	1	HT200	
3	衬套	1	ZQSD6-6-3	
2	滑轮	1	ZA13	
1	心轴	1	45	

低速滑轮		比例	1 : 2		
		件数			
制图		重量		第　张　共　张	
描图					
审核					

四、读装配图（十一）答案

看懂低速滑轮装配图，完成下列问题：

答：

（1）ϕ30H8/f7 为（基孔）制（间隙）配合，H8 为（3）号零件的公差带，f7 为（1）号零件的公差带。

（2）装配图的总宽为（101），总高为（138）。

（3）托架 4、心轴 1 的零件图如下：

托架4

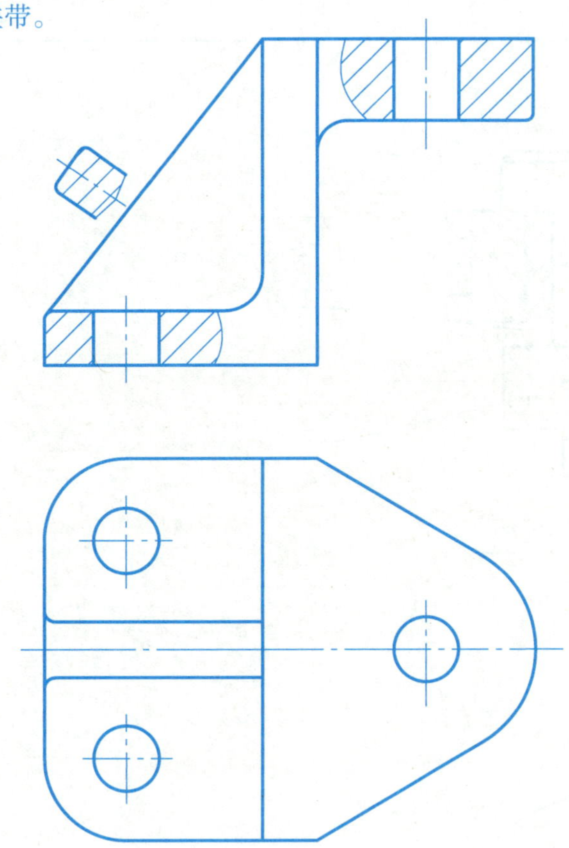

托架4

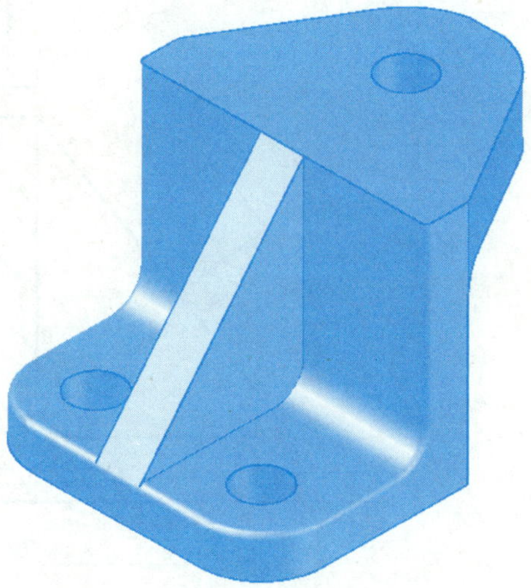

心轴1

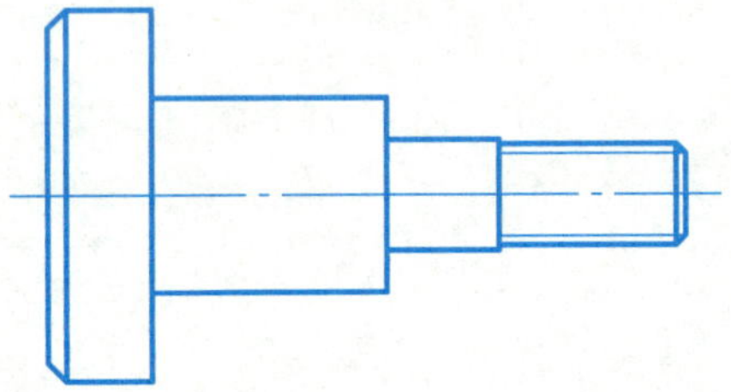

心轴1

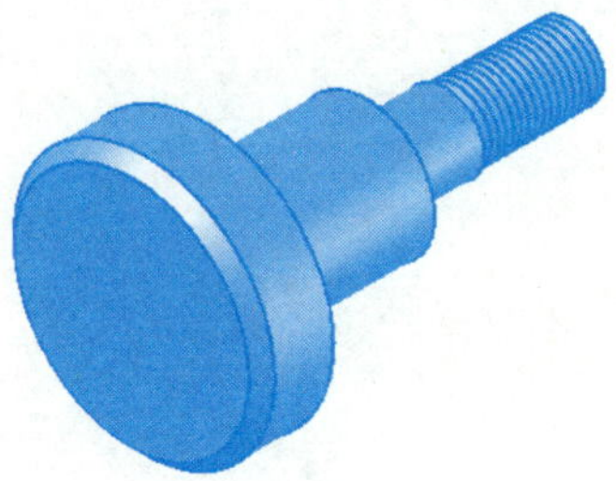

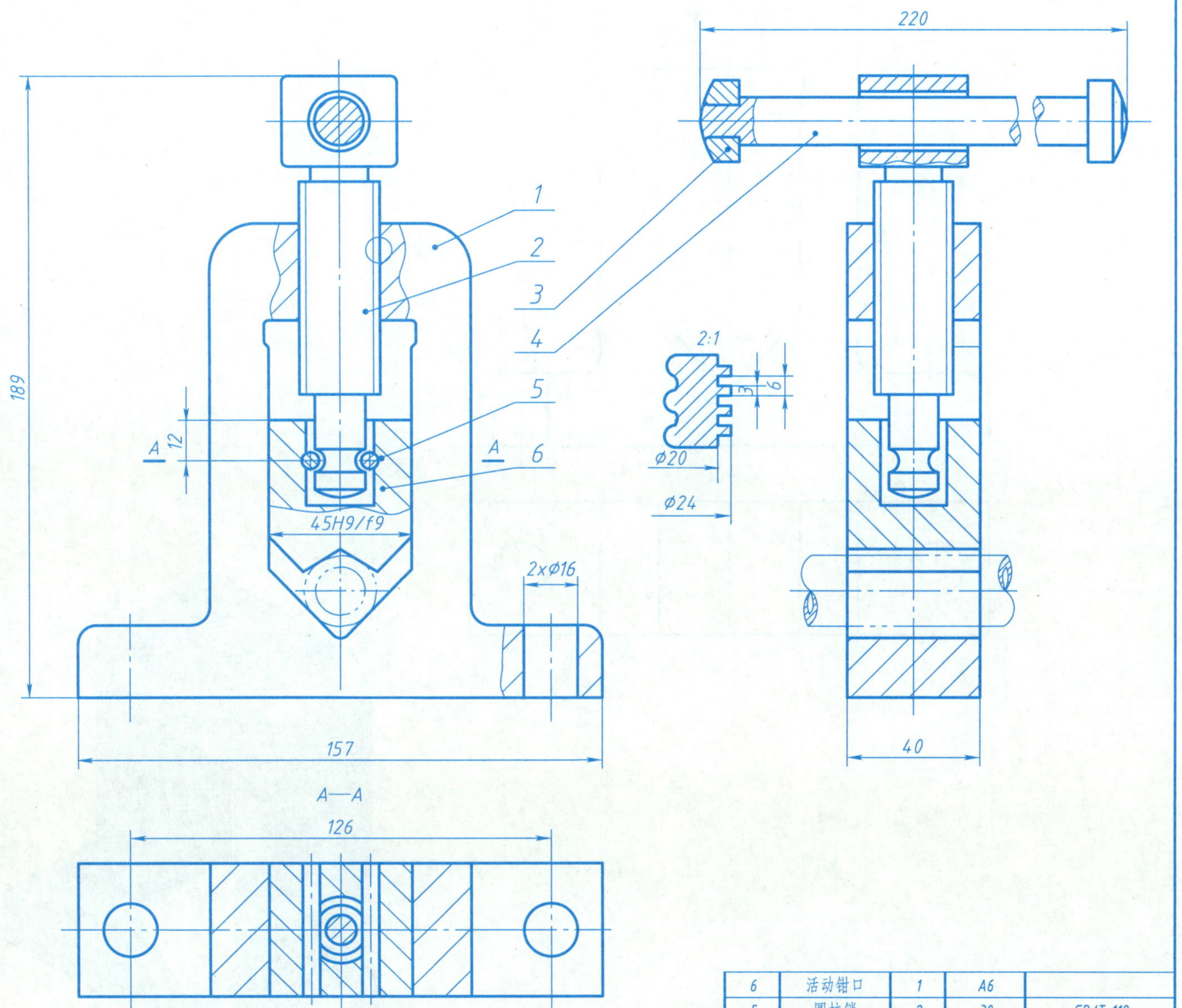

6	活动钳口	1	A6	
5	圆柱销	2	30	GB/T 119
4	手柄杆	1	Q235A	
3	套圈	2	Q235A	
2	螺杆	1	A6	
1	钳座	1	HT200	
序号	名称	数量	材料	备注
管　钳		比例	1:2	
		件数		
制图		重量		第　张　共　张
描图				
审核				

工作原理

管钳是用于夹紧管子以进行加工及装配的一种专用装置。活动钳口 6 与螺杆 2 用两根圆柱销 5 连接。当逆时针或顺时针转动手柄杆 4 时，螺杆 2 带动活动钳口 6 上升或下降，从而起到夹紧或松开管子的作用。

看懂管钳装配图，完成下列问题：

（1）装配图采用了（　）个基本视图，其中主视图采用了（　）视，俯视图采用了（　）视，左视图采用了（　）视。

（2）当螺杆 2 旋转上升时，活动钳口 6 在（　）号零件作用下也随之上升。

（3）管钳的外形尺寸是（　）、（　）、（　）。

（4）按图上比例拆画钳座 1、螺杆 2 的零件图（不标尺寸）。

四、读装配图（十二）答案

看懂管钳装配图，完成下列问题：

答：

（1）装配图采用了（3）个基本视图，其中主视图采用了（局部剖）视，俯视图采用了（全剖）视，左视图采用了（全剖）视。

（2）当螺杆 2 旋转上升时，活动钳口 6 在（5）号零件作用下也随之上升。

（3）管钳的外形尺寸是（220）、（189）、（157）。

（4）钳座 1、螺杆 2 的零件图如下：

螺杆2

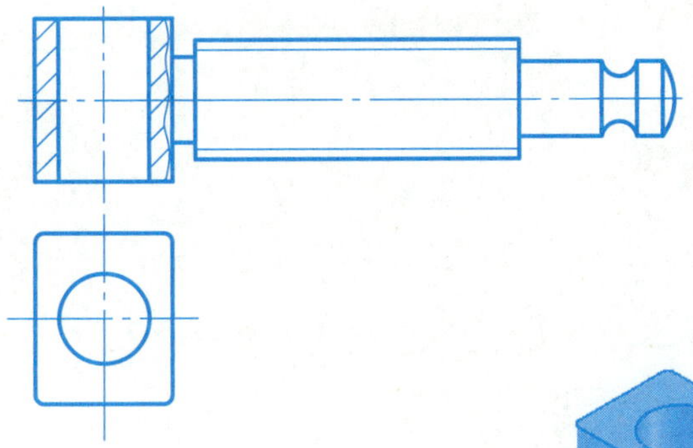

螺杆2

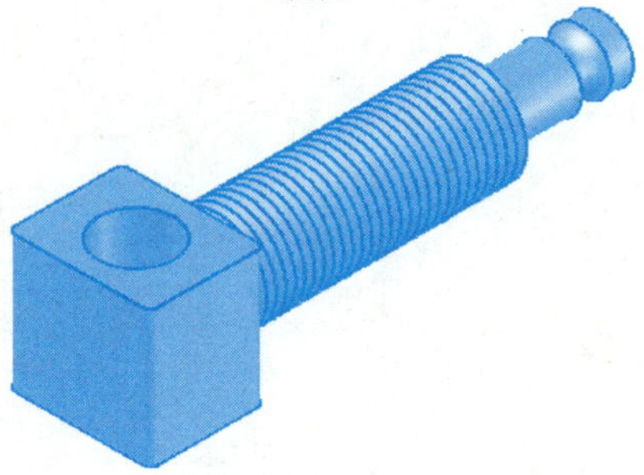

钳座1

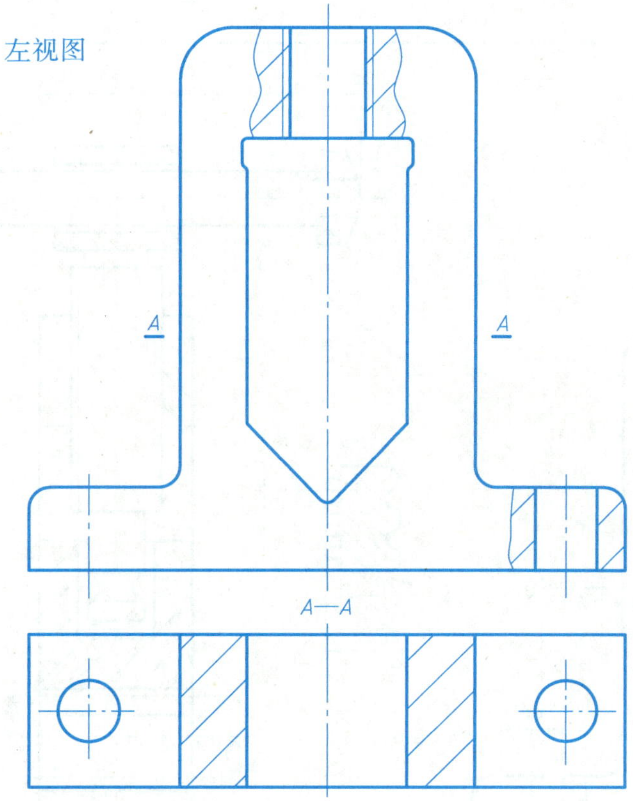

钳座1

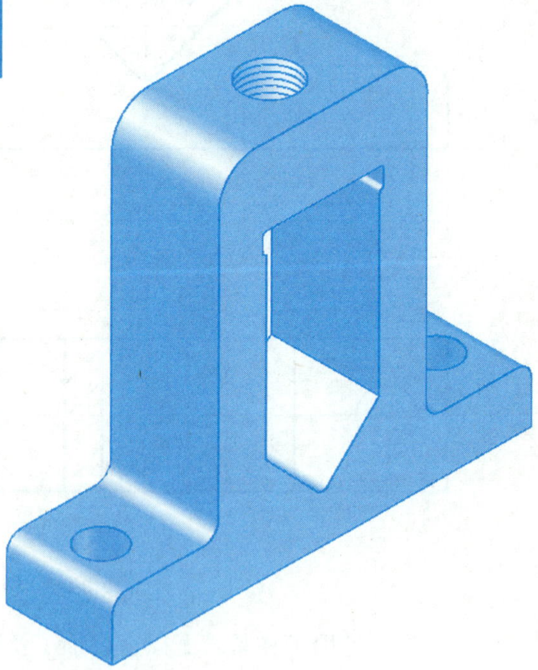

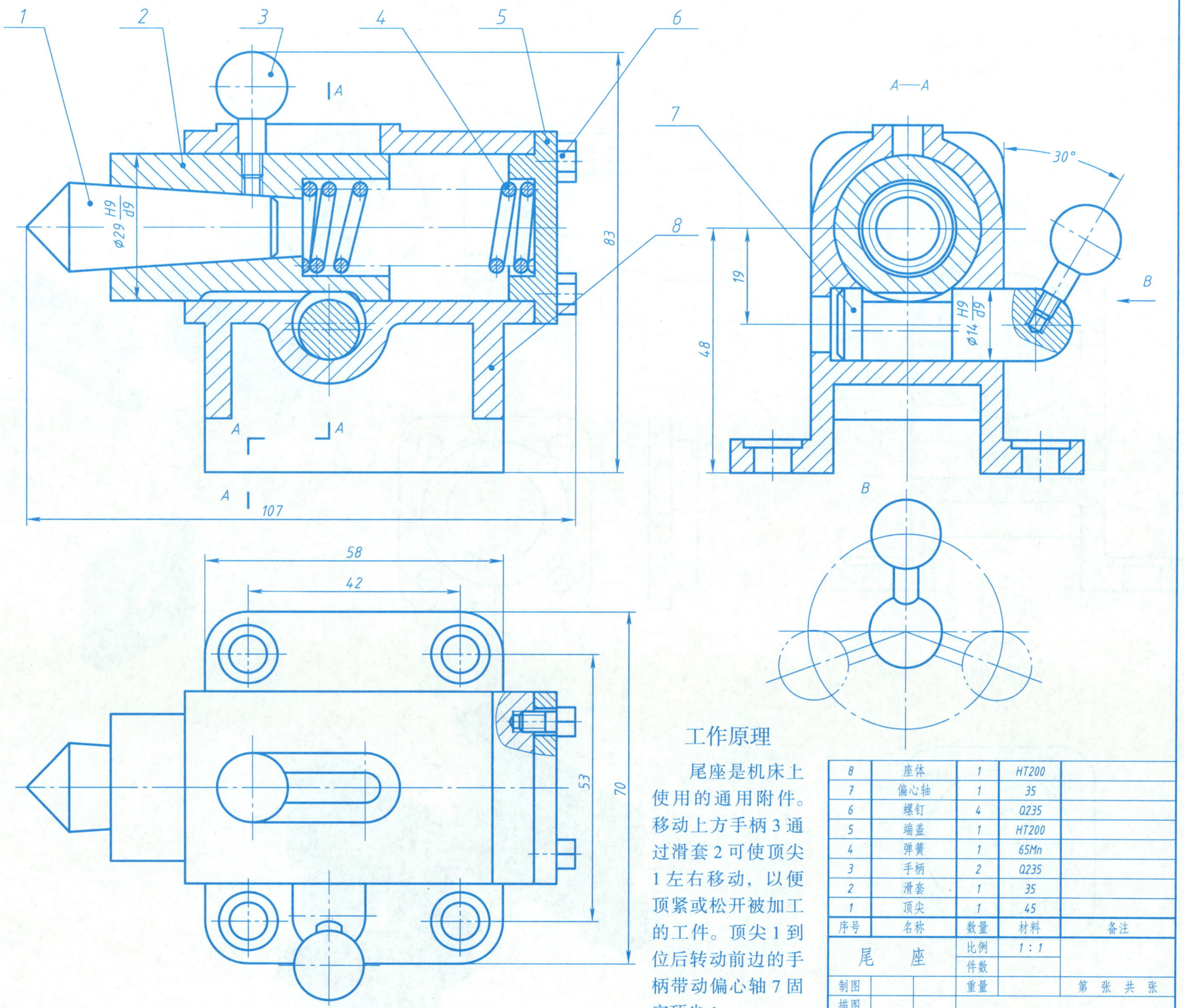

工作原理

尾座是机床上使用的通用附件。移动上方手柄 3 通过滑套 2 可使顶尖 1 左右移动，以便顶紧或松开被加工的工件。顶尖 1 到位后转动前边的手柄带动偏心轴 7 固定顶尖 1。

序号	名称	数量	材料	备注
8	座体	1	HT200	
7	偏心轴	1	35	
6	螺钉	4	Q235	
5	端盖	1	HT200	
4	弹簧	1	65Mn	
3	手柄	2	Q235	
2	滑套	1	35	
1	顶尖	1	45	

尾座		比例	1:1	
		件数		
制图		重量		第 张 共 张
描图				
审核				

看懂尾座装配图，完成下列问题：

（1）图中 ϕ14H9/d9 公差带图见下图，根据图形完成填空：该配合为（ ）制，（ ）配合；ϕ14H9 基本偏差代号为（ ），标准公差等级为（ ）；ϕ14d9 的上极限偏差为（ ），下极限偏差为（ ）；上极限尺寸为（ ），下极限尺寸为（ ）。

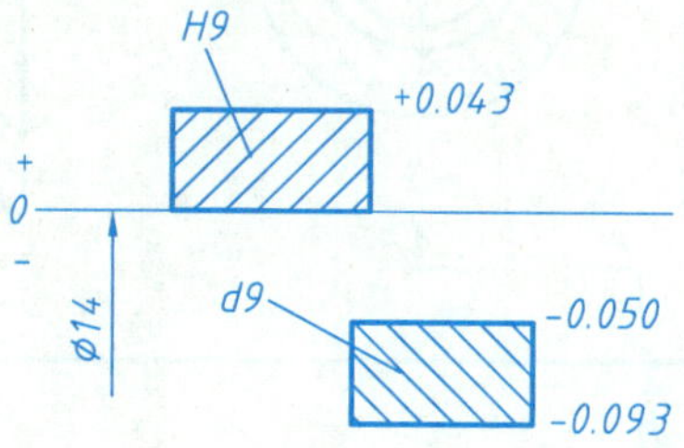

（2）拆画滑套 2、座体 8 和端盖 5 的零件图（尺寸从图上直接量取，不标尺寸）。

四、读装配图（十三）答案

看懂尾座装配图，完成下列问题：

答：

（1）该配合为（基孔）制，（间隙）配合；ϕ14H9 基本偏差代号为（H），标准公差等级为（9）；ϕ14d9 的上极限偏差为（−0.050mm），下极限偏差为（−0.093mm）；上极限尺寸为（13.950mm），下极限尺寸为（13.907mm）。

（2）滑套 2、座体 8 和端盖 5 的零件图如下：

座体8

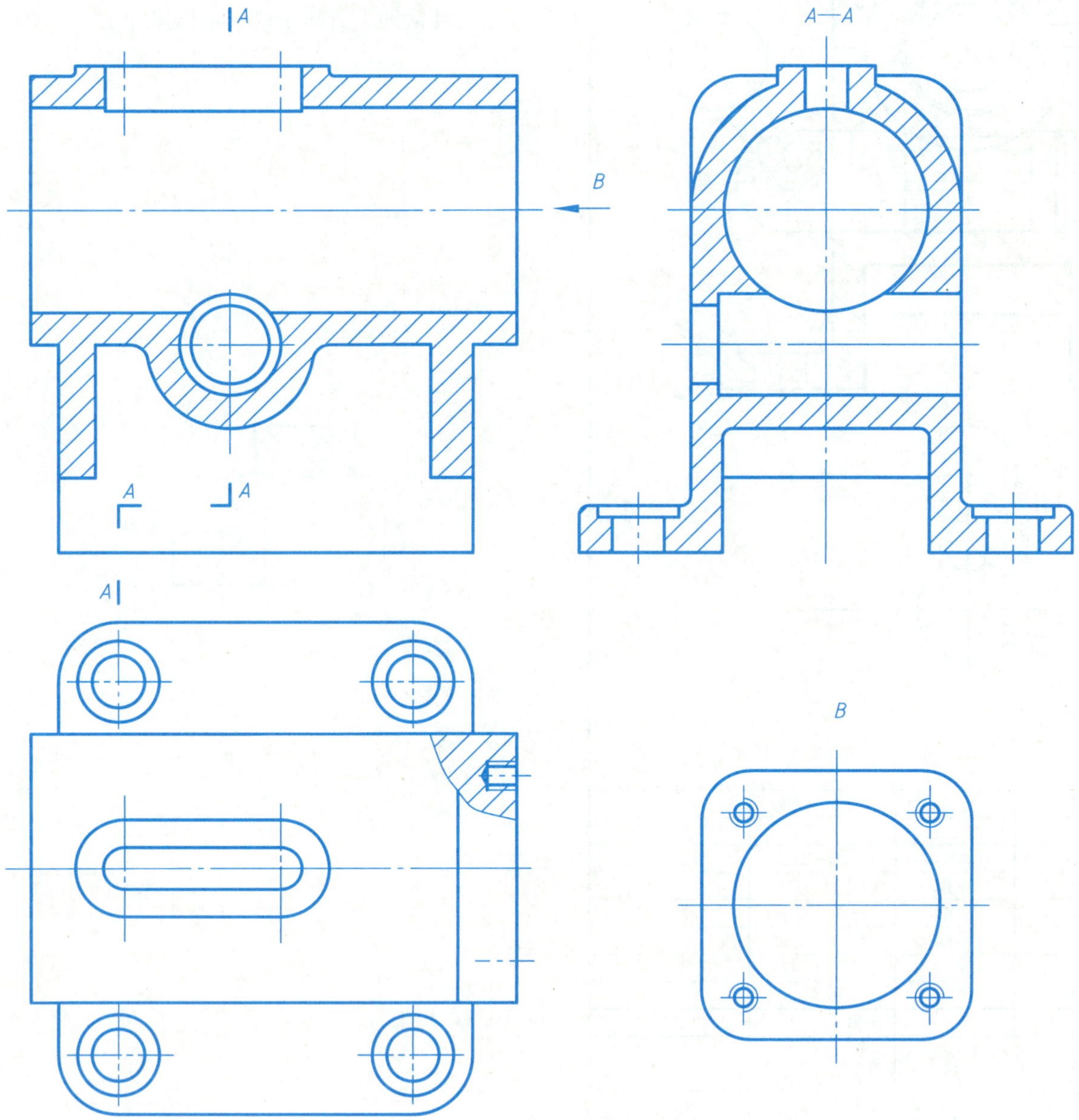

滑套2

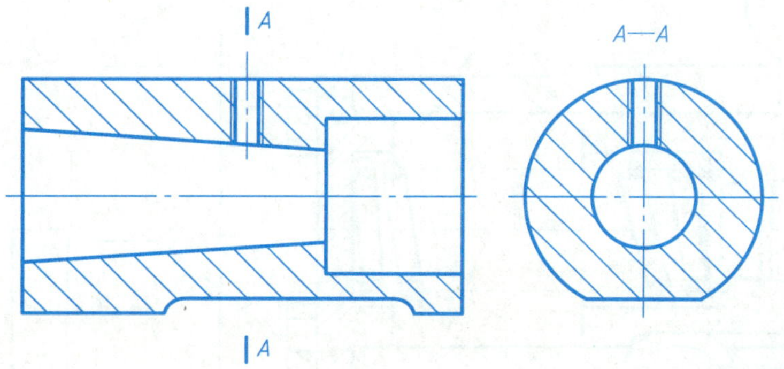

滑套2

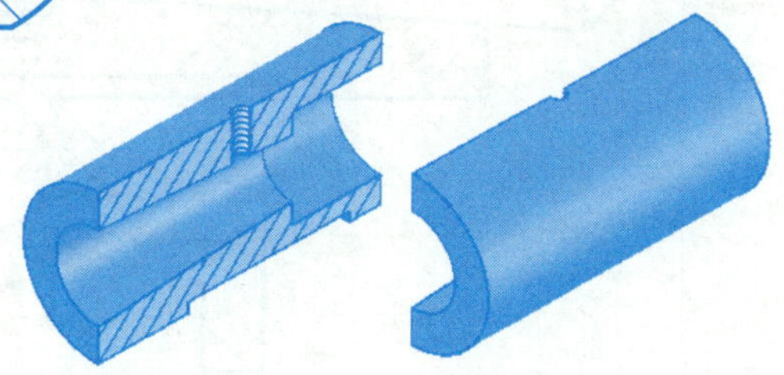

端盖5

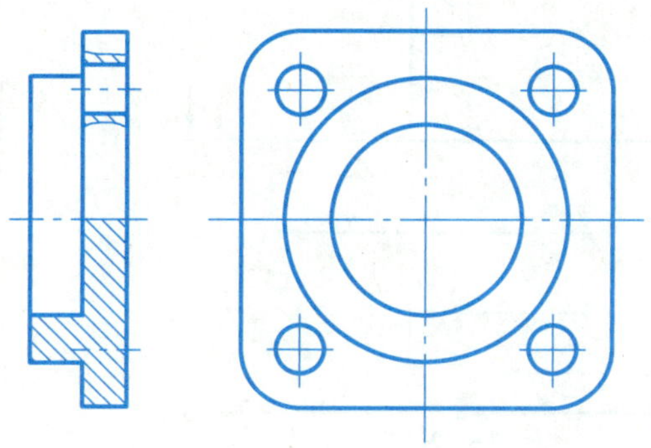

端盖5

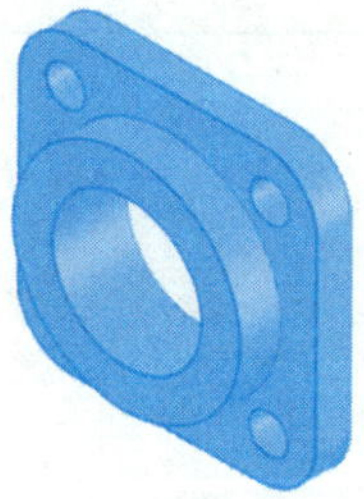

座体8

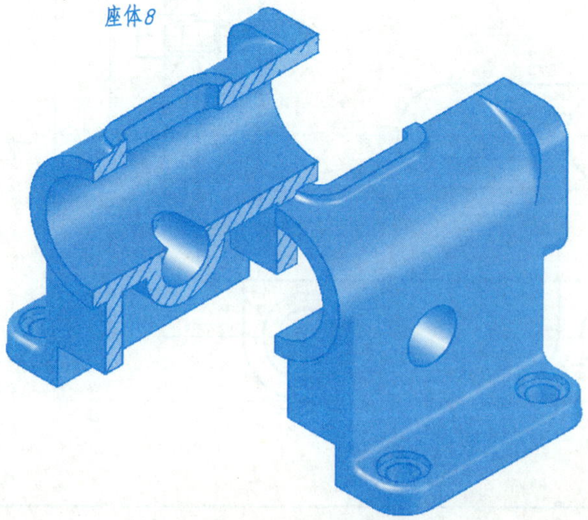

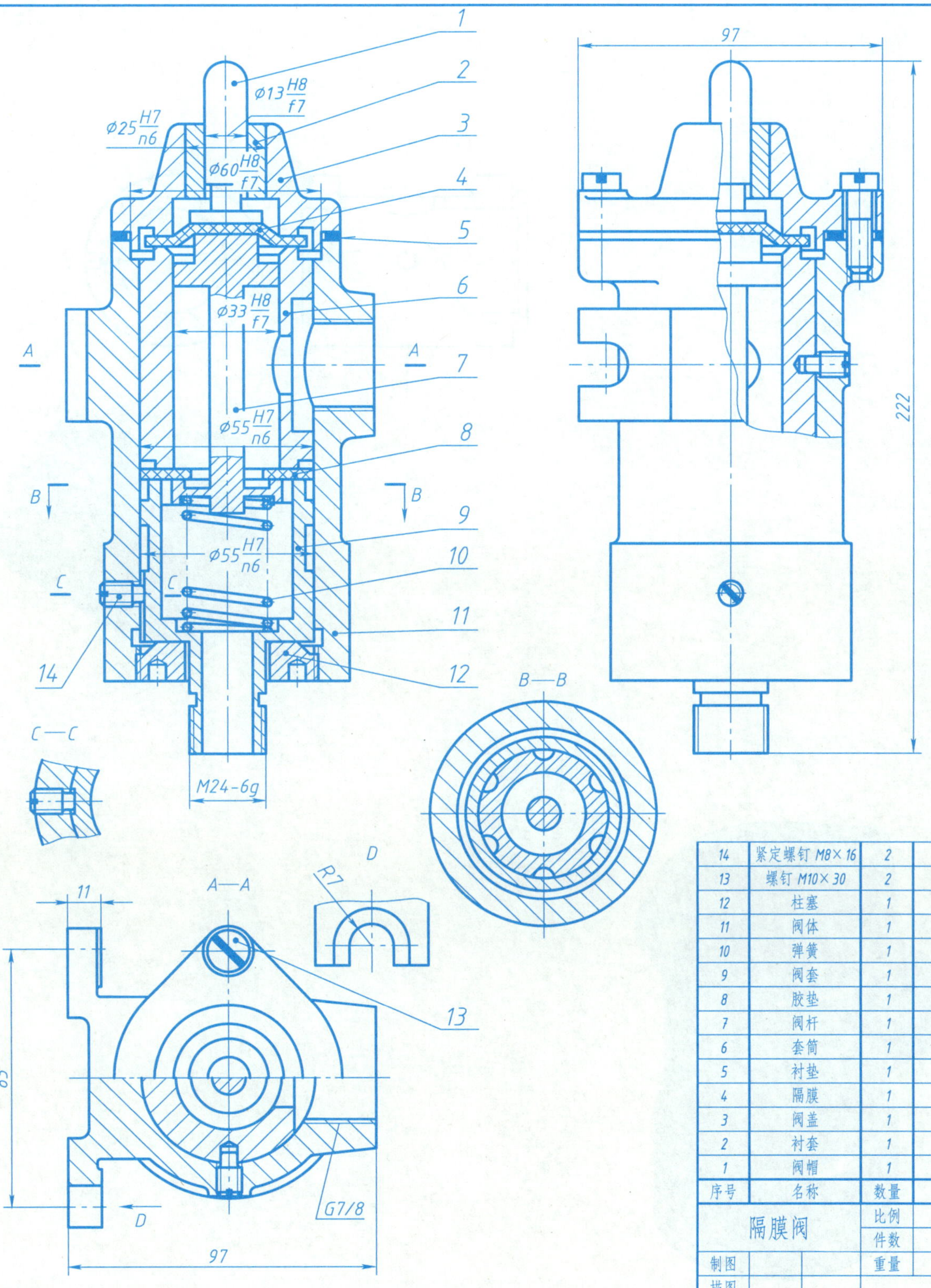

工作原理

隔膜阀是一种调节气流的装置。当阀帽1受外力向下压时，隔膜4发生弹性变形，压下阀杆7，与阀杆连接的弹簧10被压缩，使阀杆与胶垫8之间产生空隙，由阀底部进入的气体均匀流入阀体11，从右上方口排出。阀帽的外力消除后，由于弹簧的弹力使阀杆压紧胶垫8而切断气流。

序号	名称	数量	材料	备注
14	紧定螺钉 M8×16	2	35	GB/T 75
13	螺钉 M10×30	2	35	GB/T 65
12	柱塞	1	Q235	
11	阀体	1	HT150	
10	弹簧	1	65Mn	
9	阀套	1	Q235	
8	胶垫	1	橡胶	
7	阀杆	1	45	
6	套筒	1	Q235	
5	衬垫	1	橡胶	
4	隔膜	1	橡胶	
3	阀盖	1	HT150	
2	衬套	1	Q235	
1	阀帽	1	45	

隔膜阀		比例	1:2	
		件数		
制图		重量		第 张 共 张
描图				
审核				

看懂隔膜阀装配图，完成下列问题：

（1）紧定螺钉14起什么作用？

（2）俯视图中尺寸83属于（　　）尺寸，97属于（　　）尺寸。

（3）说明配合尺寸 φ55H7/n6 的含义：属于（　　）制（　　）配合，φ55为（　　），H为（　　）代号，7为（　　）。

（4）拆画阀体11、套筒6的零件图（尺寸从图上直接量取，不标尺寸）。

四、读装配图（十四）* 答案

看懂隔膜阀装配图，完成下列问题：

答：

（1）紧定螺钉 14 起定位作用。

（2）俯视图中尺寸 83 属于（安装）尺寸，97 属于（外形）尺寸。

（3）说明配合尺寸 $\phi55H7/n6$ 的含义：属于（基孔）制（过渡）配合，$\phi55$ 为（公称尺寸），H 为（基本偏差）代号，7 为（标准公差等级）。

（4）阀体 11、套筒 6 的零件图如下：

阀体 11

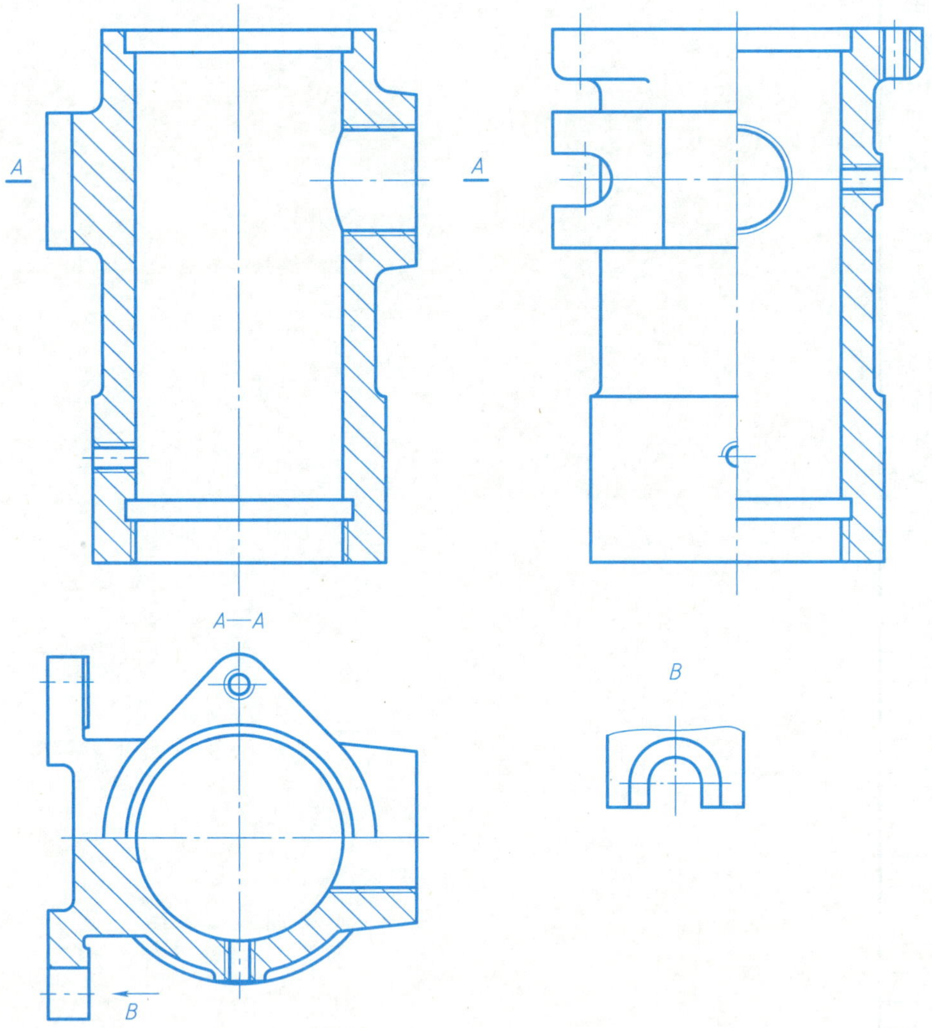

套筒 6

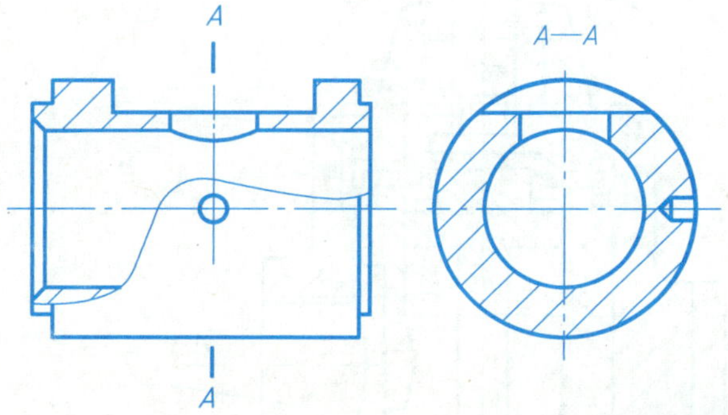

套筒 6

阀体 11

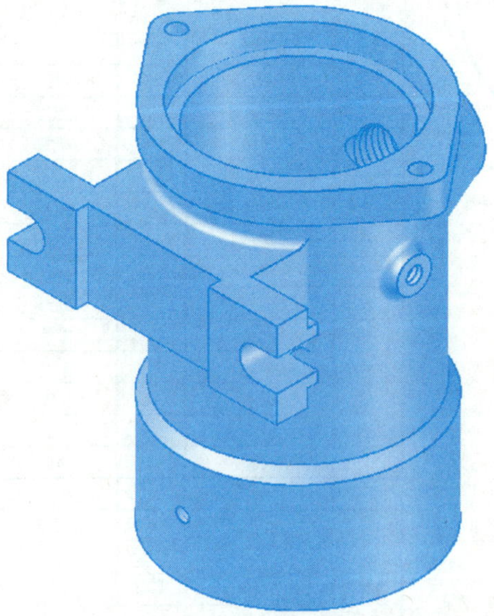

四、读装配图（十五）*

读蝶阀装配图，看懂阀体 1 和阀盖 6 的结构形状，画出它们的零件图（尺寸从图上直接量取，不标尺寸）。

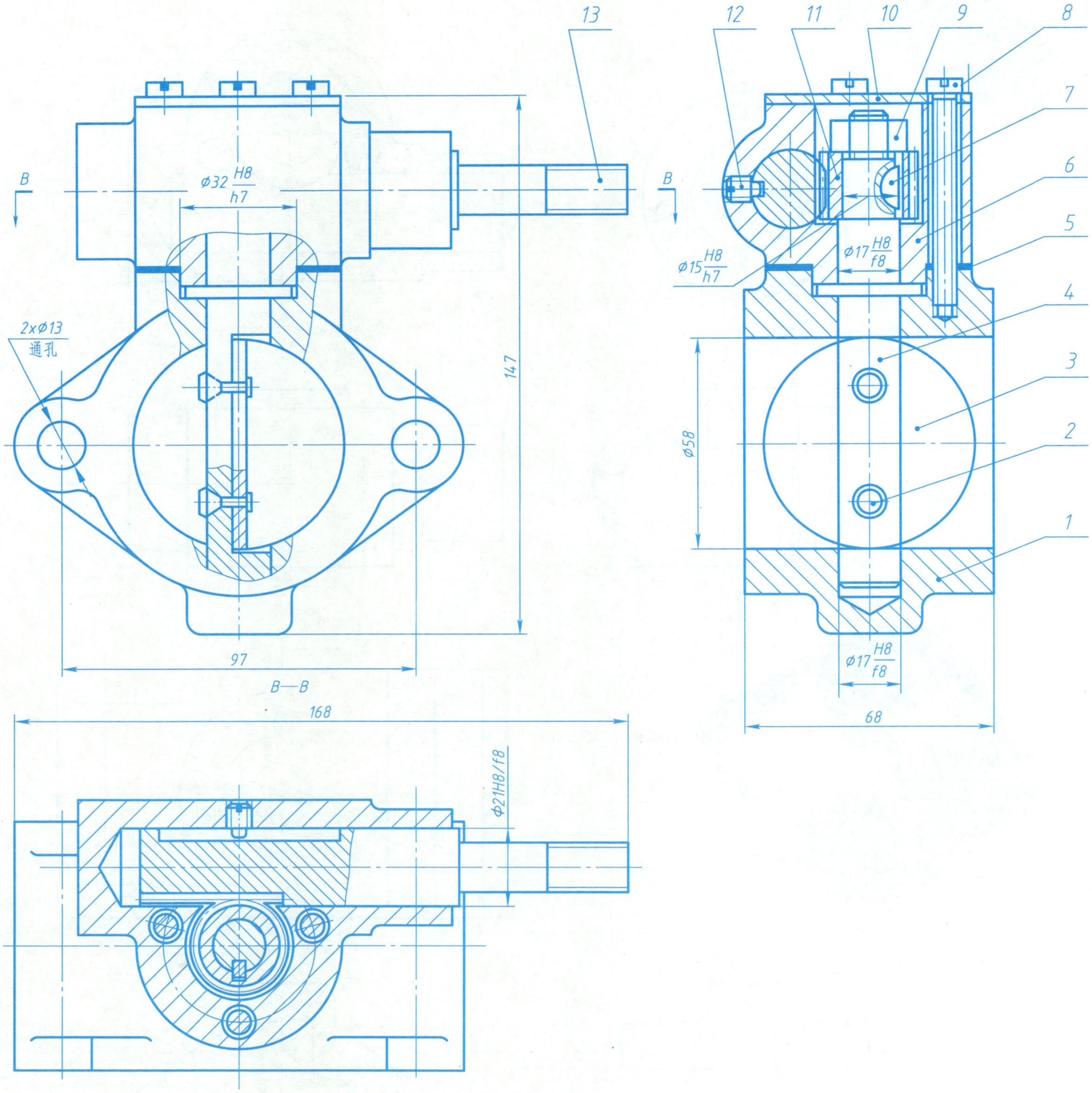

工作原理

蝶阀是用于管道上截断气流或液流的闸门装置，由齿轮、齿条机构来实现截流。

当外力带动齿杆 13 左右移动时，与齿杆啮合的齿轮 11 就带动阀杆 4 转动，使阀门 3 开启或关闭。

图示阀门为开启位置。齿杆向右移动时，即关闭。齿杆靠紧定螺钉 12 周向定位，只能左右移动，不能转动。阀门用锥头铆钉 2 固定在阀杆上，盖板 10 和阀盖 6 用三个螺钉 8 固定在阀体 1 上。

序号	名称	数量	材料	备注
13	齿杆	1	45	
12	紧定螺钉 M5×8	1	35	GB/T 75
11	齿轮	1	45	
10	盖板	1	Q235	
9	螺母 M8	1	35	GB/T 6170
8	螺钉 M5×50	3	35	GB/T 65
7	半圆键 2×10	1	45	GB/T 1099
6	阀盖	1	HT200	
5	垫片	1	工业用纸	
4	阀杆	1	45	
3	阀门	1	Q235	
2	锥头铆钉	2	35	GB/T 868
1	阀体	1	HT200	

蝶阀		比例	1∶1.5	
		件数		
制图		重量		第 张 共 张
描图				
审核				

四、读装配图（十五）* 答案

读蝶阀装配图，看懂阀体 1 和阀盖 6 的结构形状，画出它们的零件图（尺寸从图上直接量取，不标尺寸）。

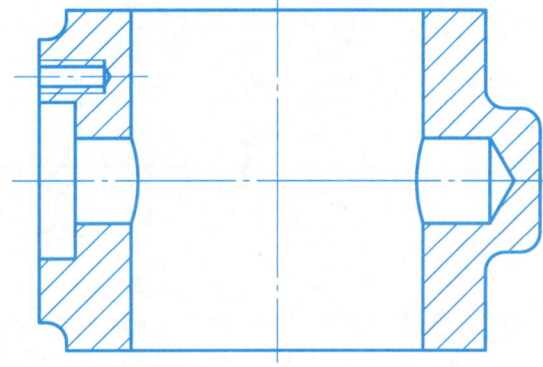

阀体 1

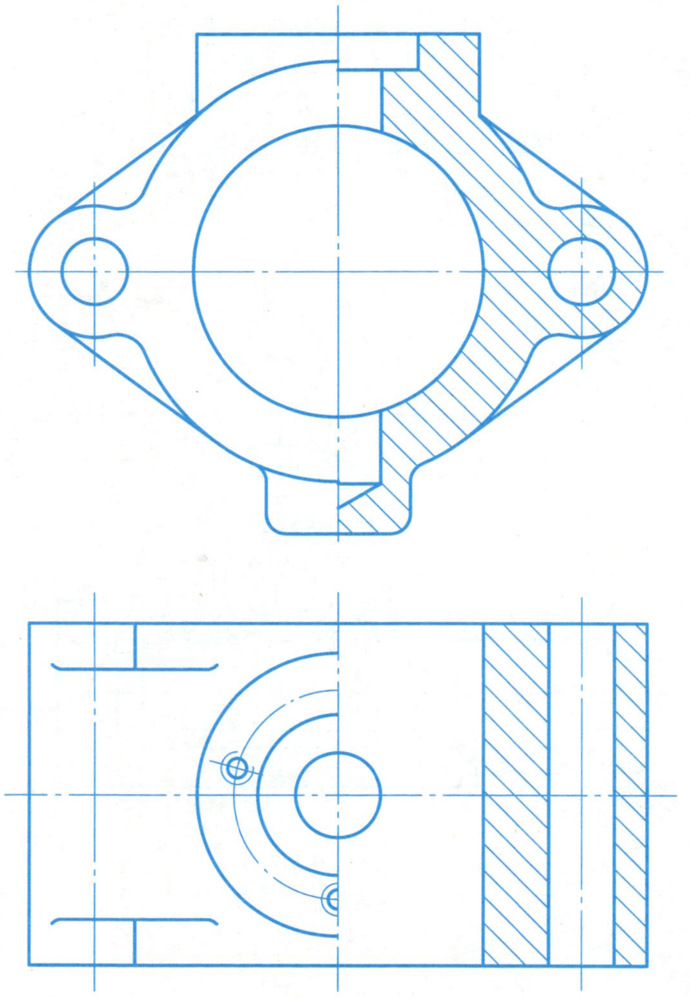

阀体 1

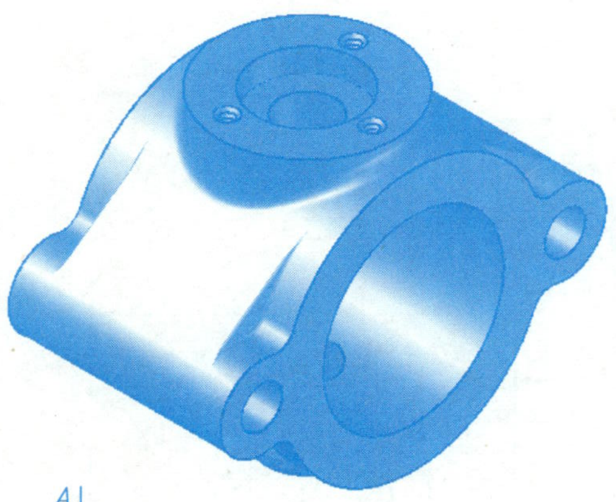

阀盖 6

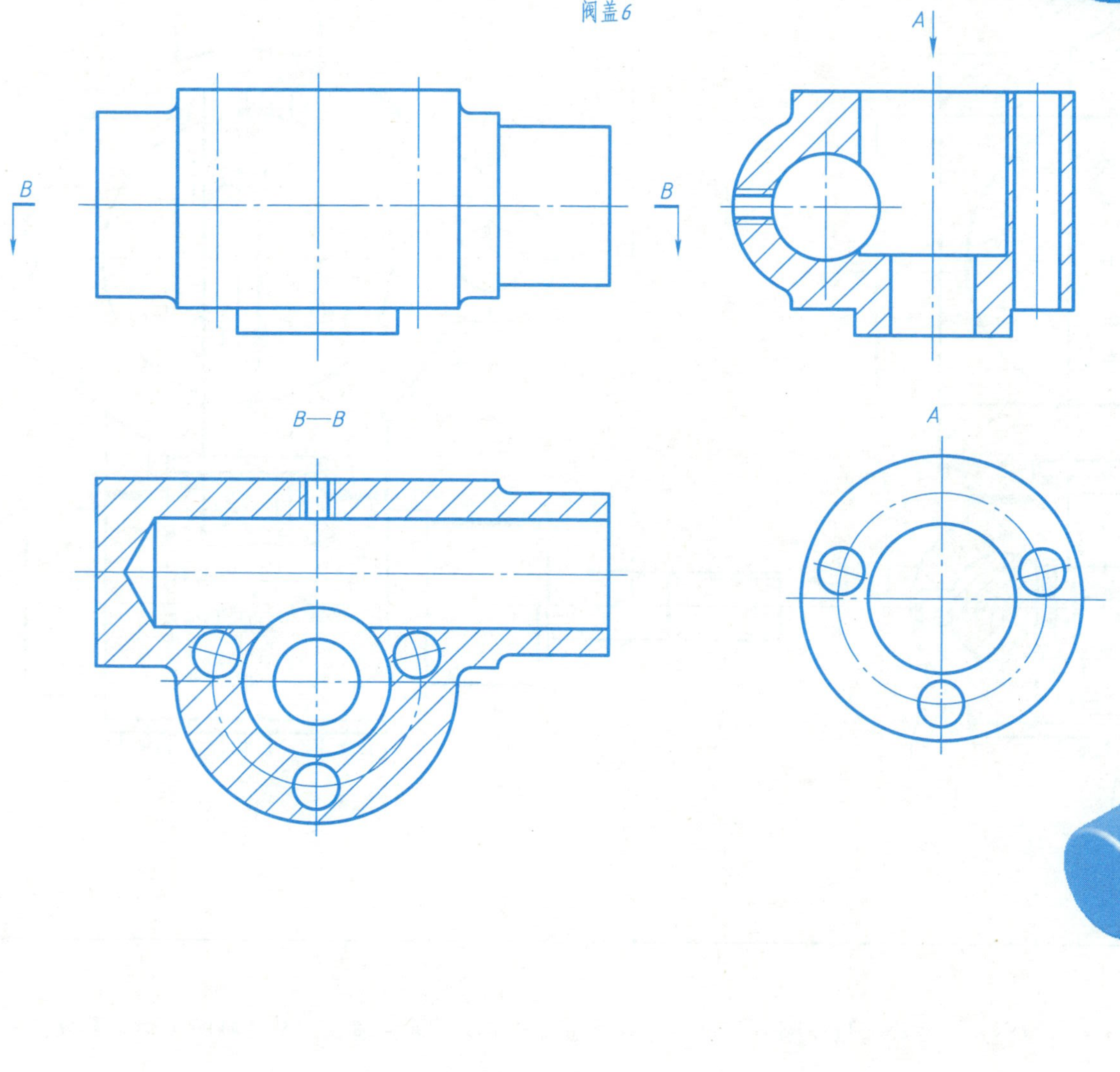

阀盖 6

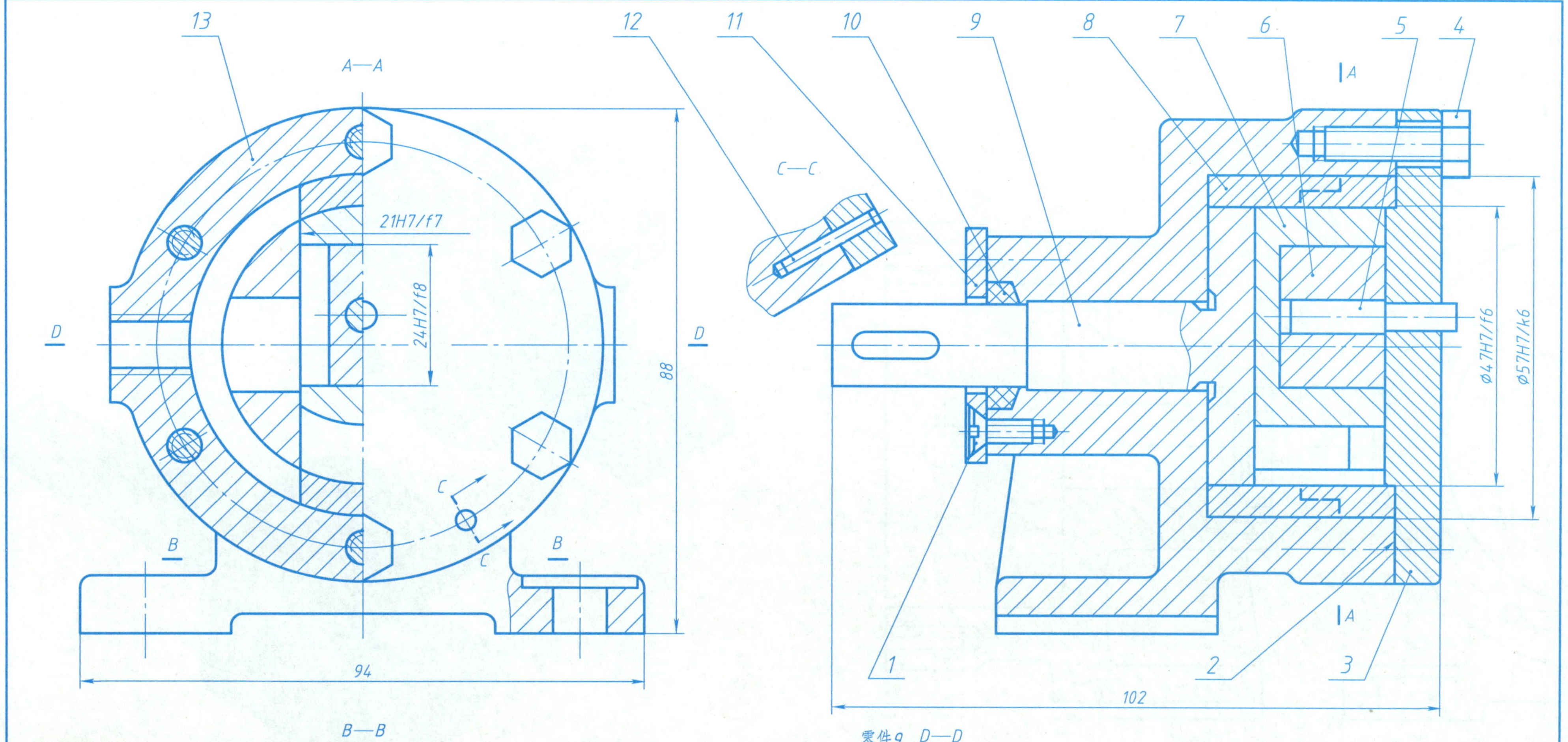

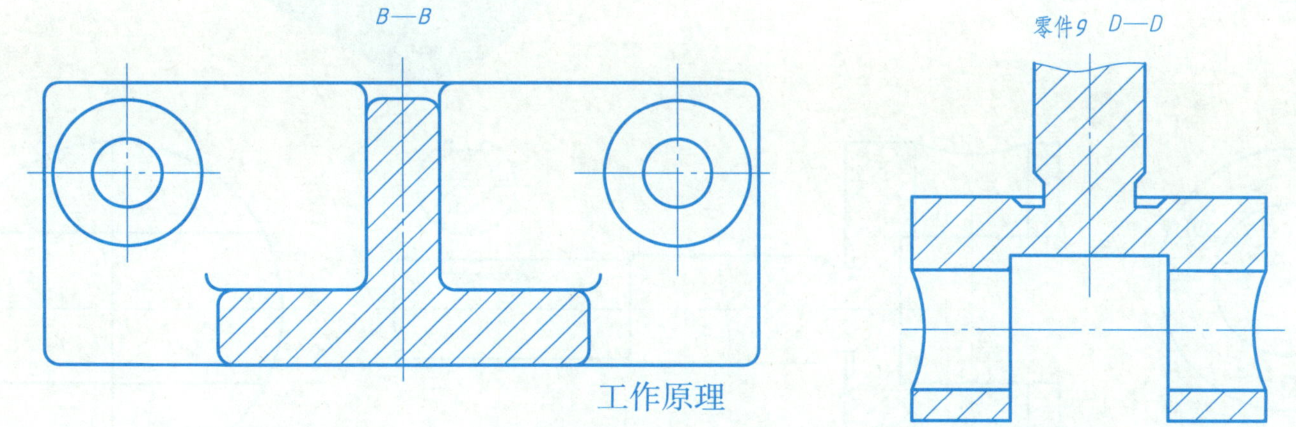

看懂三元子泵装配图，完成下列问题：

（1）图中尺寸 94、88 分别是什么尺寸？

（2）图中零件 9 *D*—*D* 是一种什么表达方法？

（3）拆画泵体 13 和转子轴 9 的零件图（尺寸从图上直接量取，不标尺寸）。

序号	名称	数量	材料	备注
13	泵体	1	HT150	
12	销 φ2×20	1	35	
11	压盖	1	Q235	
10	密封环	1	HT150	
9	转子轴	1	Q235	
8	衬套	1	HT200	
7	大滑块	1	45	
6	小滑块	1	H62	
5	小轴	1	45	
4	螺钉	6	Q235	
3	泵盖	1	HT200	
2	垫片	1	工业用纸	
1	螺钉 M4×15	3	35	GB/T 65
三元子泵		比例	1∶1	
		件数		
制图		重量		第1张 共1张
描图				
审核				

工作原理

三元子泵的运动由转子轴传入，因小轴与转子轴不同心，所以在运动过程中，小滑块两侧的空隙和大滑块两侧的空隙均不断地由最小间隙（等于零）变到最大间隙（产生对油的吸入过程），又由最大间隙变到最小间隙（产生对油的压出过程）。转子轴每旋转一周时，各个空隙均完成一次吸油和压油过程。由于各个空隙处于最小和最大的时间是不同的，因而保证了出油量均匀，油压稳定。

看懂三元子泵装配图，完成下列问题：

答：

（1）图中尺寸 94、88 均为外形尺寸。

（2）图中零件 9*D*—*D* 是单独表示某个零件的方法。

（3）泵体 13 和转子轴 9 的零件图如下：

泵体 13

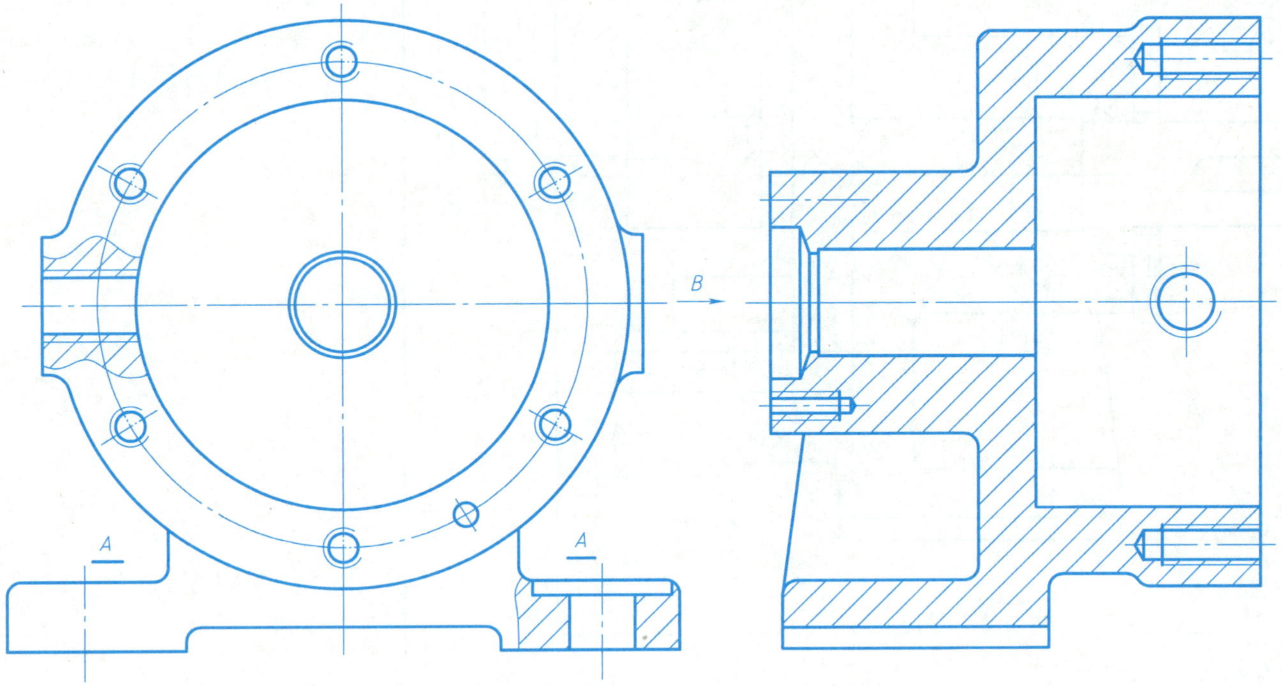

泵体 13

转子轴 9

A—A

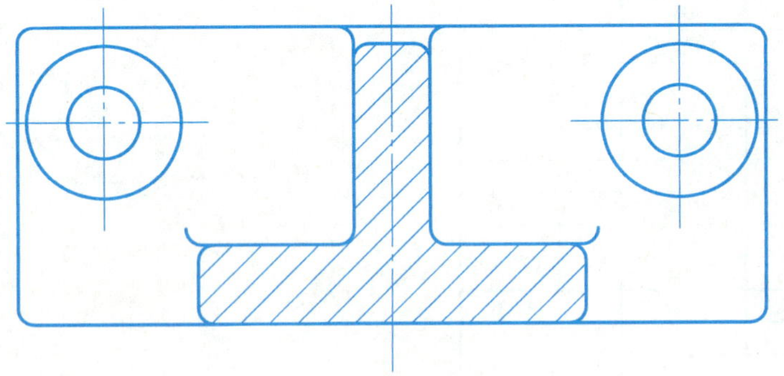

B

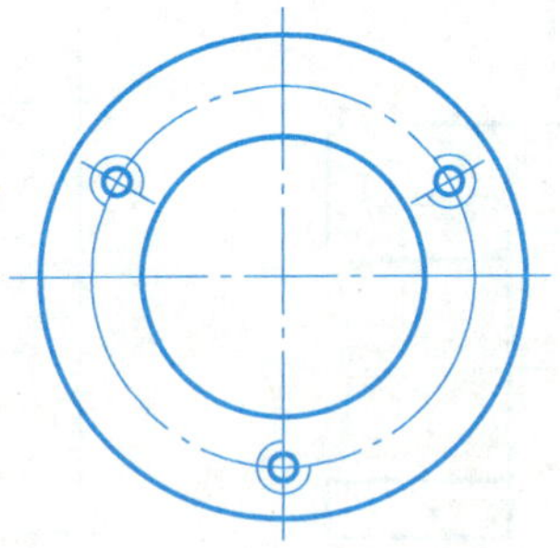

转子轴 9

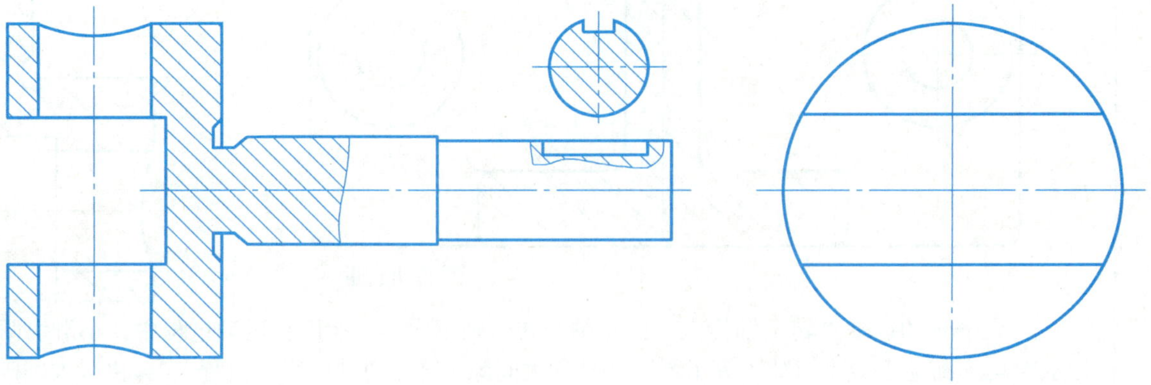

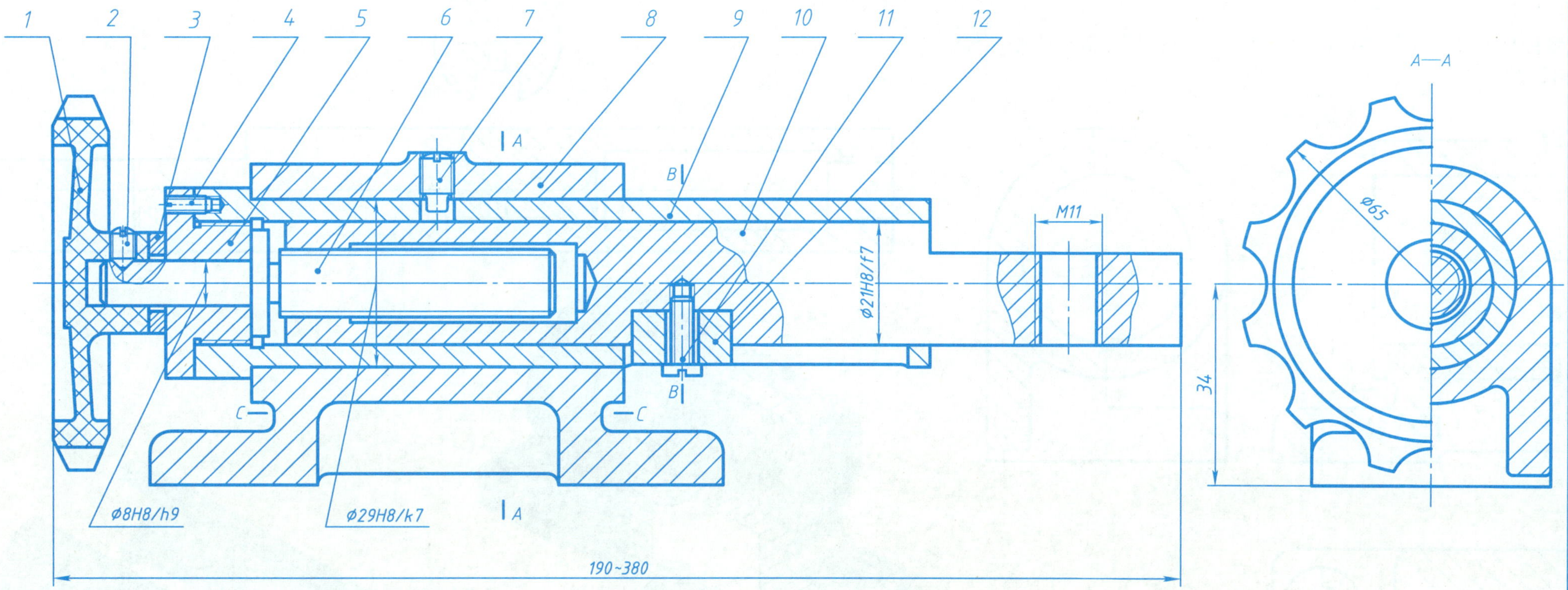

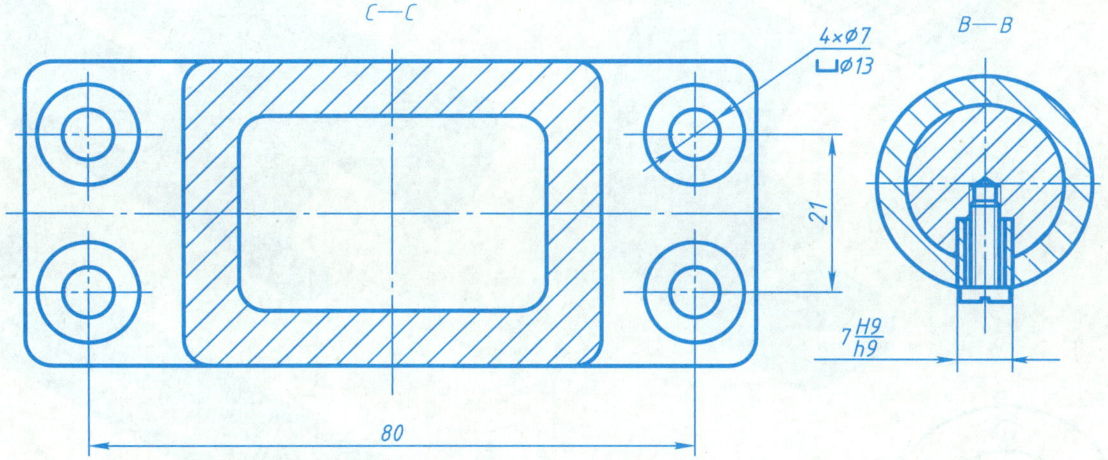

看懂微动机构装配图，完成下列问题：

（1）图中尺寸 21、80 属于哪类尺寸？

（2）配合尺寸 φ29H8/k7 为（　）号零件与（　）号零件的配合代号，该配合为（　）制（　）配合。

（3）按图中比例拆画支座 8、导杆 10 和导套 9 的零件图（尺寸从图中直接量取，不标尺寸）

工作原理

转动手轮 1，可使导杆 10 左右移动，进行微动调整。

序号	名称	数量	材料	备注
12	键 8×16	1	45	
11	螺钉 M3×4	1	Q235	GB/T 65
10	导杆	1	45	
9	导套	1	45	
8	支座	1	ZL103	
7	紧定螺钉 M6×12	1	Q235	GB/T 75
6	螺杆	1	45	
5	轴套	1	45	
4	紧定螺钉 M3×8	1	Q235	GB/T 73
3	垫圈	1	Q235	
2	紧定螺钉 M5×8	1	Q235	GB/T 71
1	手轮	1	酚醛塑料	JB 1352—1973

微动机构		比例	1∶1	
		件数		
制图		重量		第 张 共 张
描图				
审核				

四、读装配图（十七）答案

看懂微动机构装配图，并完成下列问题：

答：

（1）图中尺寸 21、80 属于安装尺寸。

（2）配合尺寸 ϕ29H8/k7 为（8）号零件与（9）号零件的配合代号，该配合为（基孔）制（过渡）配合。

（3）支座 8、导杆 10 和导套 9 的零件图如下：

导杆10

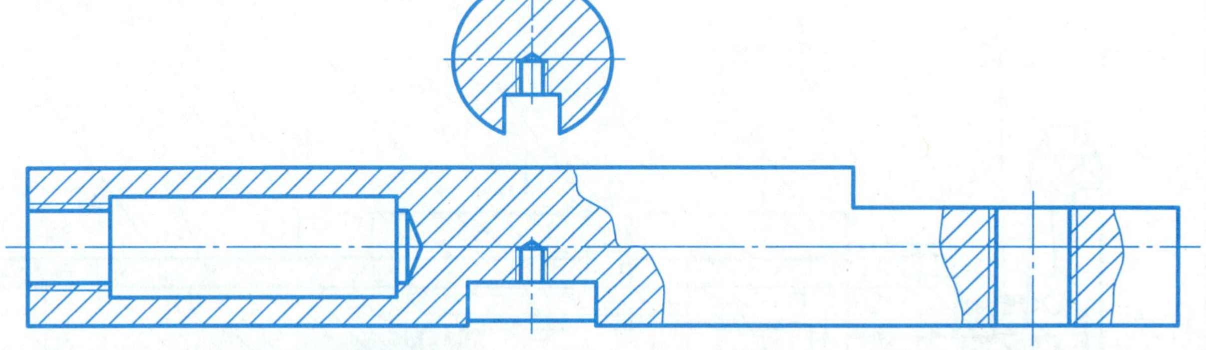

支座8

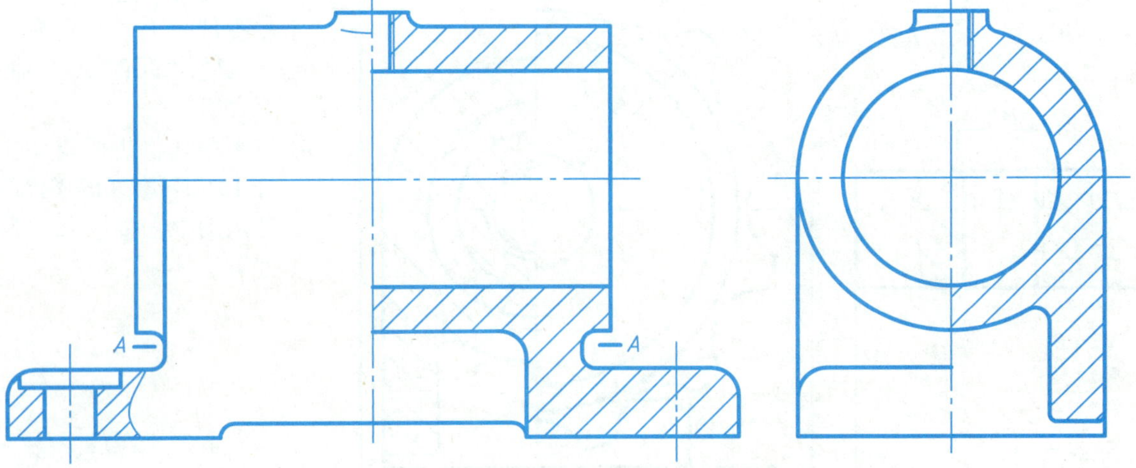

A—A

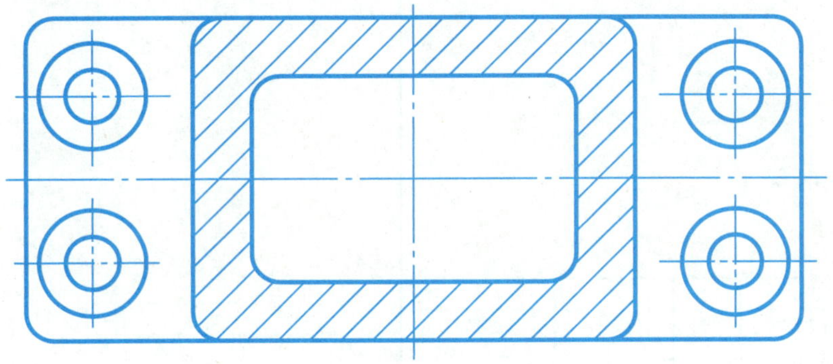

支座8

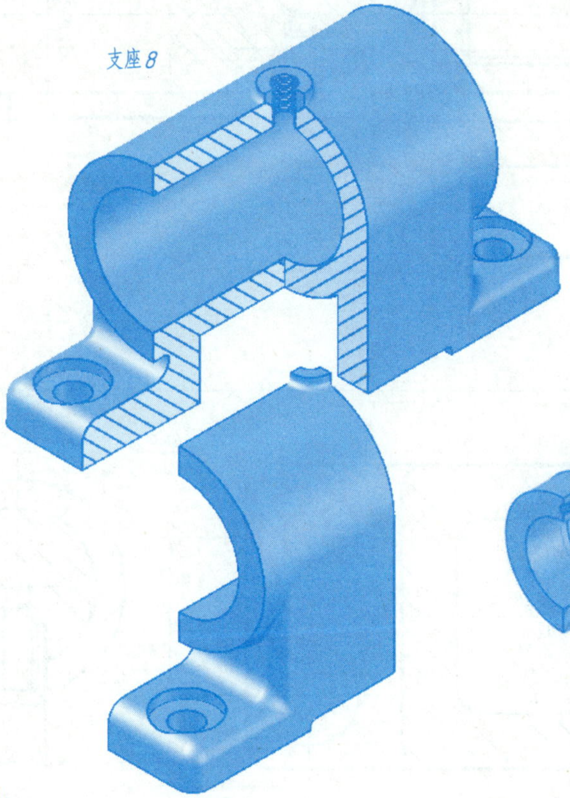

导套9

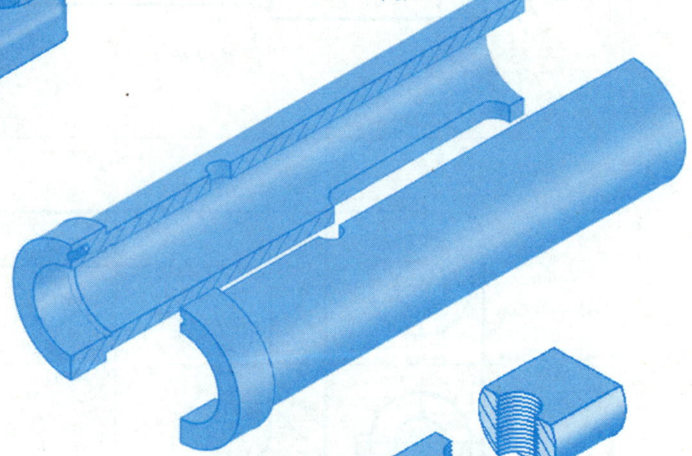

导杆10

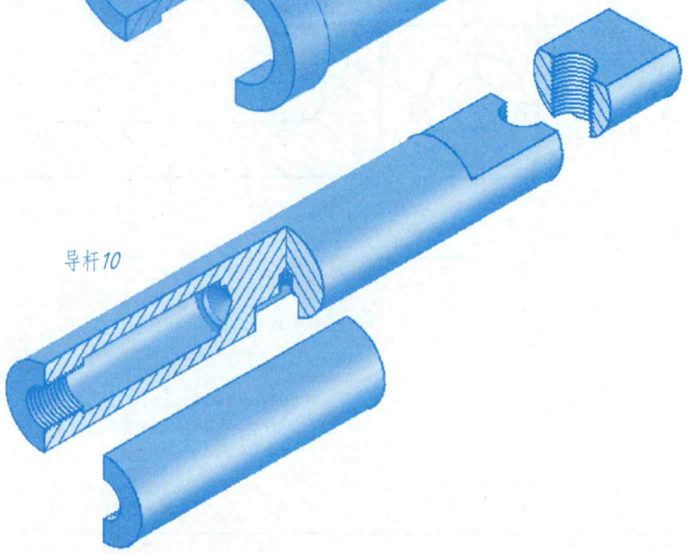

导套9

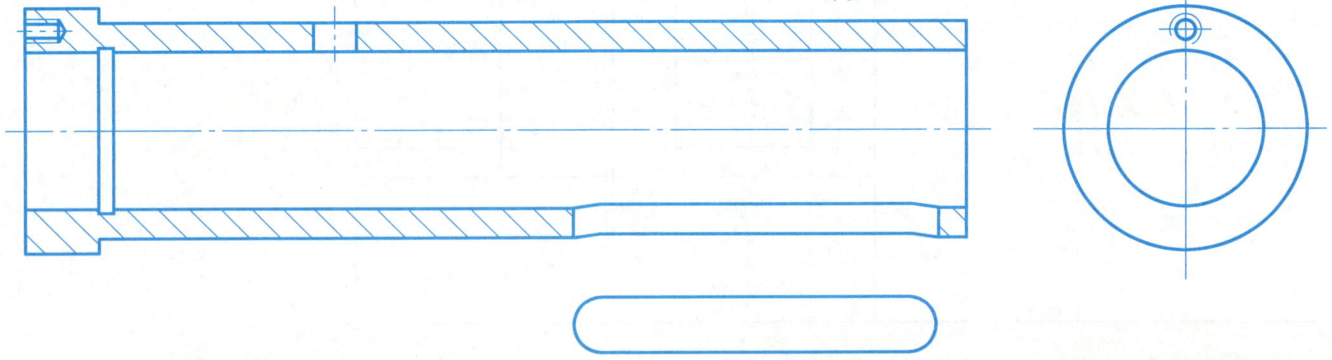

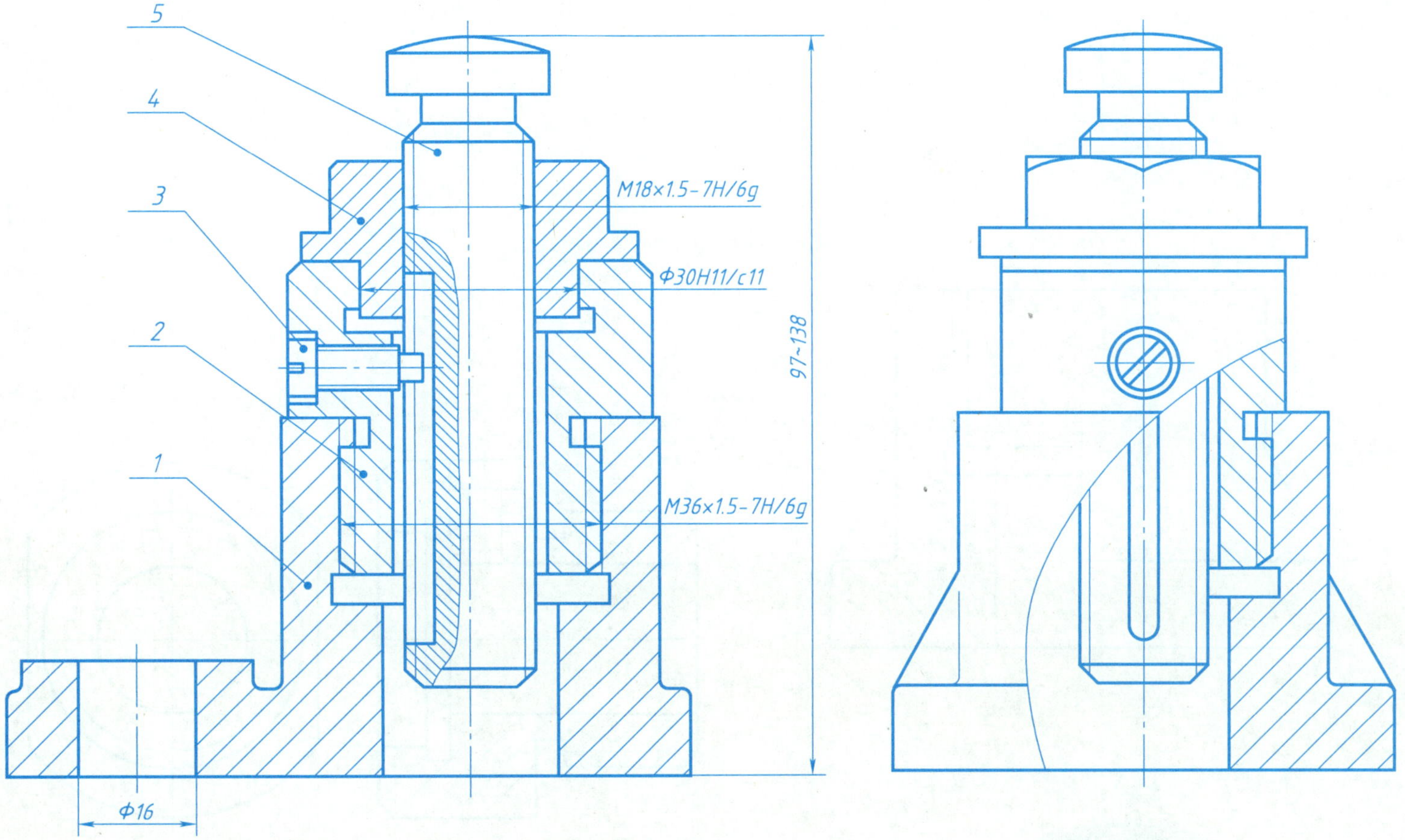

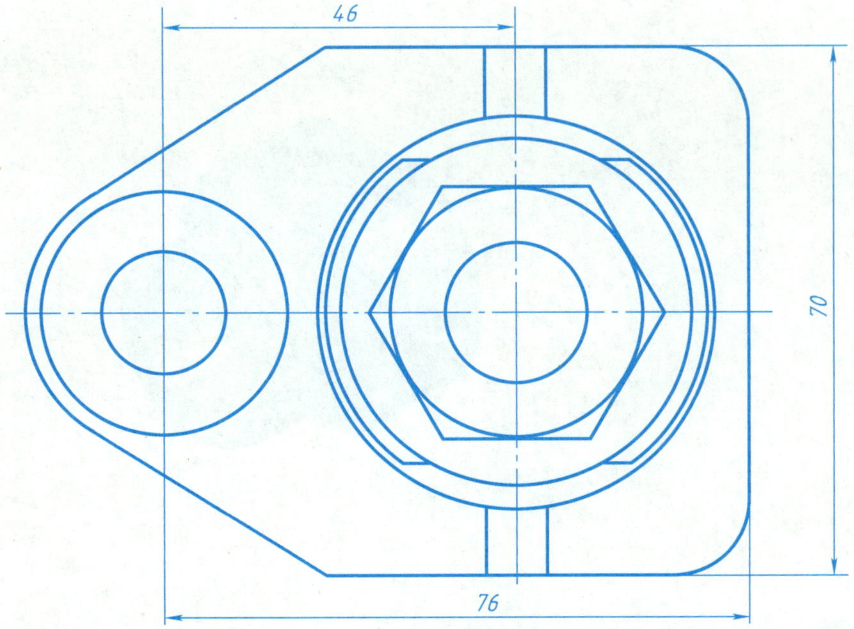

工作原理

螺纹调节支撑不太重的机件，使用时转动调节螺母，支承杆便上下移动，达到所需要的高度。

序号	名称	数量	材料	备注
5	支承杆	1	45	
4	调节螺母	1	45	
3	螺钉 M6×12	2	45	
2	套筒	1	45	
1	底座	1	HT200	

螺纹调节支撑	比例	1:1	
	件数		
制图	重量		第 张 共 张
描图			
审核			

看懂螺纹调节支撑装配图，完成下列问题：

（1）转动零件4时，零件5是否一起转动？

（2）零件1与零件2的螺纹副尺寸是（　　）。

（3）ϕ30H11/c11是指（　）号零件与（　）号零件的配合尺寸，表示基（　）制（　）配合。

（4）拆画底座1和套筒2的零件图（画图尺寸从图上直接量取，不标尺寸）。

四、读装配图（十八）答案

看懂螺纹调节支撑装配图，完成下列问题：

（1）转动零件 4 时，零件 5 不一起转动。

（2）零件 1 与零件 2 的螺纹副尺寸是（M36 × 1.5-7H/6g）。

（3）ϕ30H11/c11 是指（4）号零件与（2）号零件的配合尺寸，表示基（孔）制（间隙）配合。

（4）底座 1 和套筒 2 的零件图如下：

底座 1

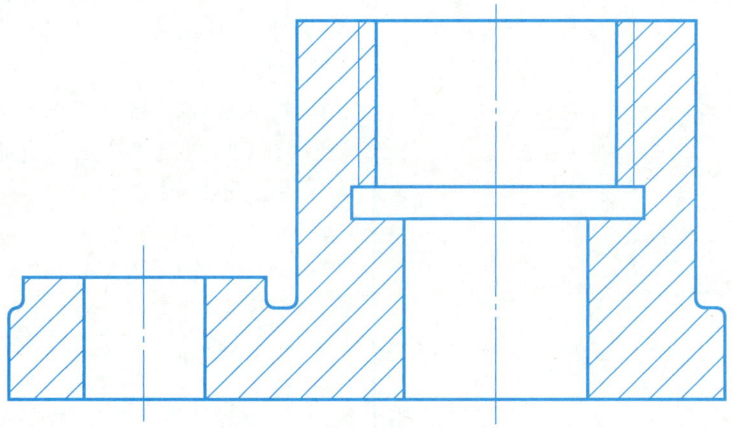

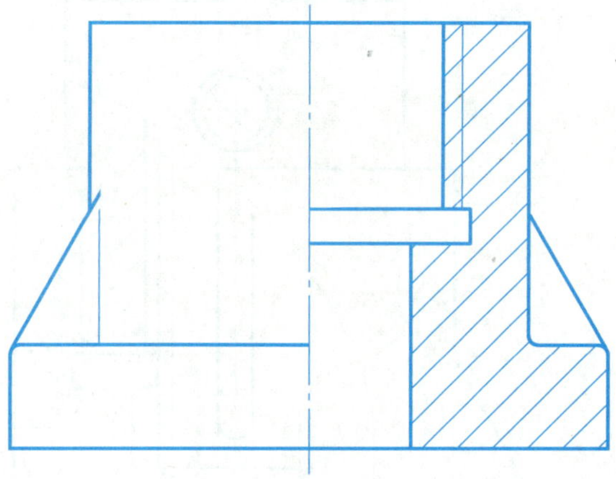

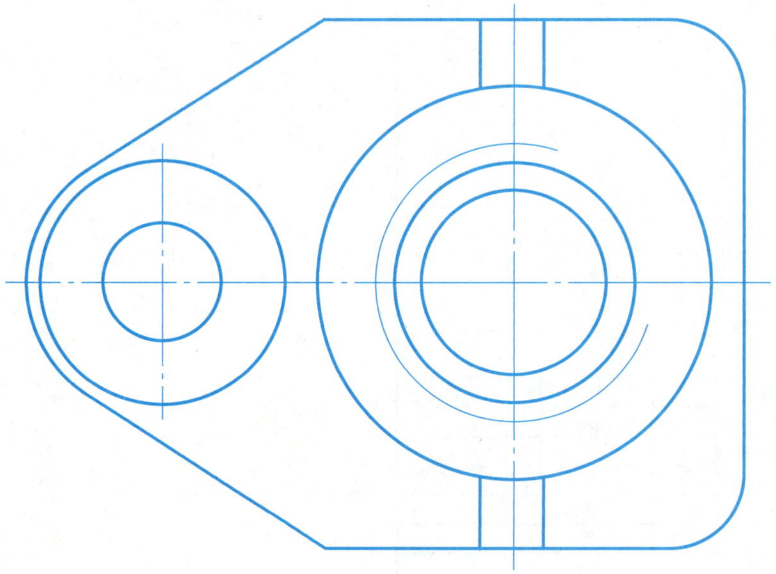

套筒 2

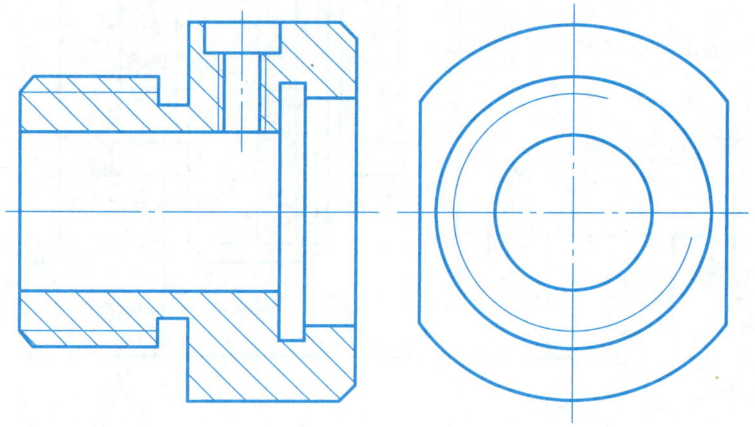

底座 1

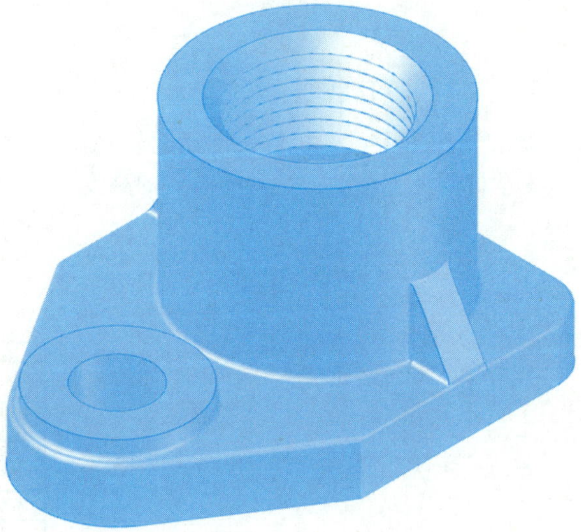

套筒 2

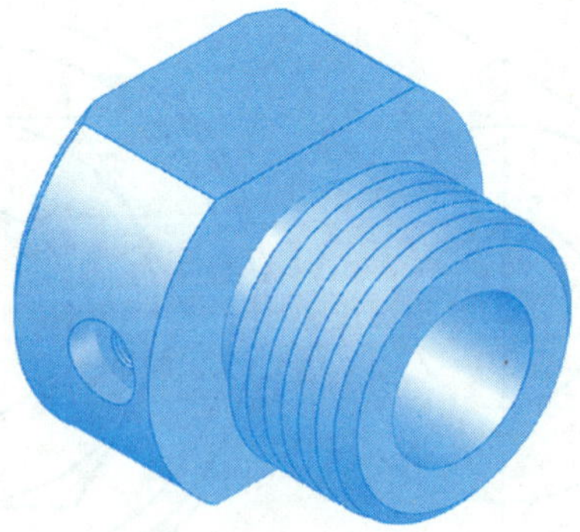

五、绘制装配图（一）——画齿轮泵装配图

工作原理

当主动齿轮带动从动齿轮转动时，进油口孔处形成真空，油在大气压的作用下进入进油管，填满齿槽，然后被带到出油口孔处，把油压入出油管，送到各润滑管路中。

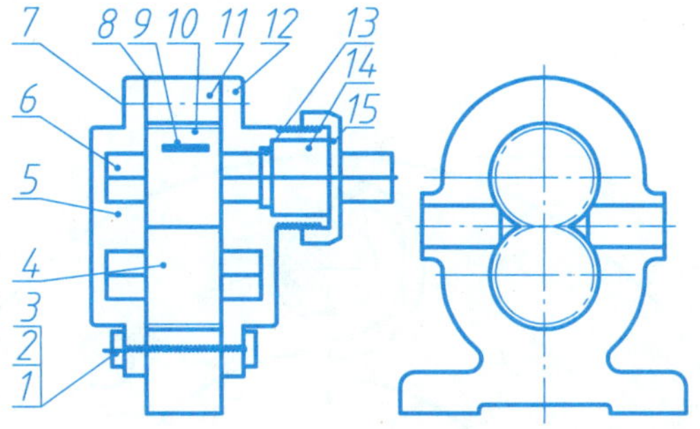

序号	名称	数量	备注
1	螺栓 M10x70	6	GB/T 5782
2	螺母 M10	6	GB/T 6170
3	垫圈	6	GB/T 93
7	销 6x50	2	GB/T 119.2
9	键	1	GB/T 1096

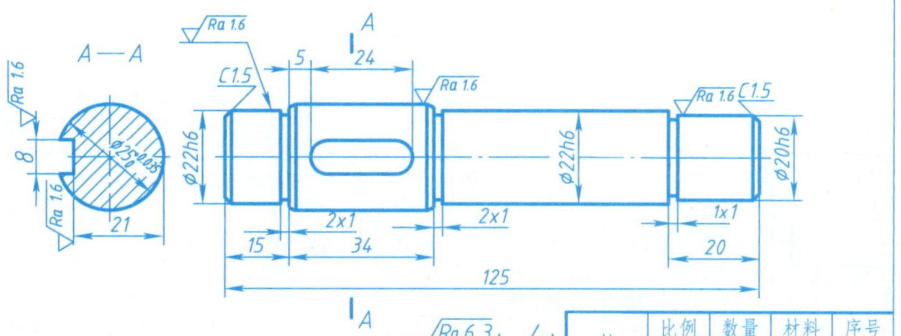

轴	比例	数量	材料	序号
	1 : 2	1	45	6

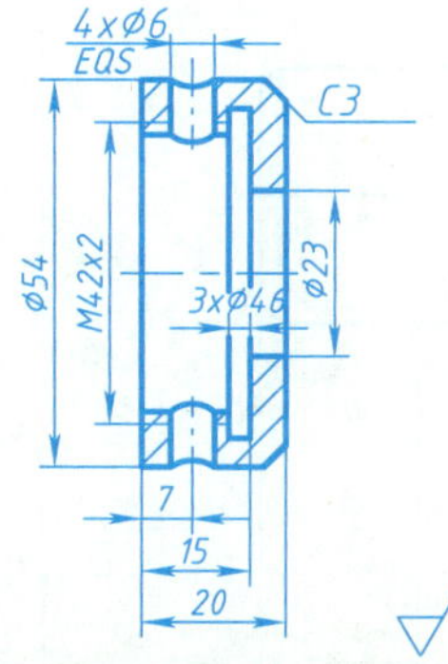

压紧螺母	比例	数量	材料	序号
	1 : 2	1	35	15

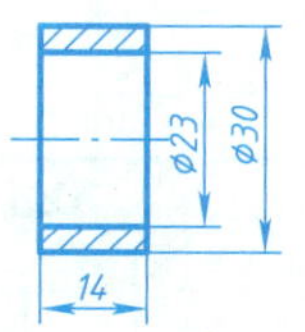

轴套	比例	数量	材料	序号
	1 : 2	1	45	14

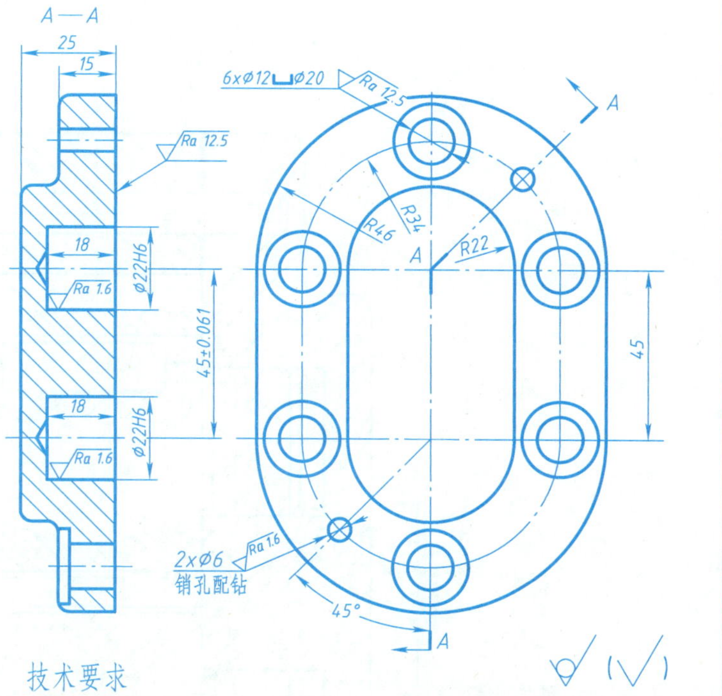

技术要求

未注圆角 R3。

左泵盖	比例	数量	材料	序号
	1 : 2	1	HT200	5

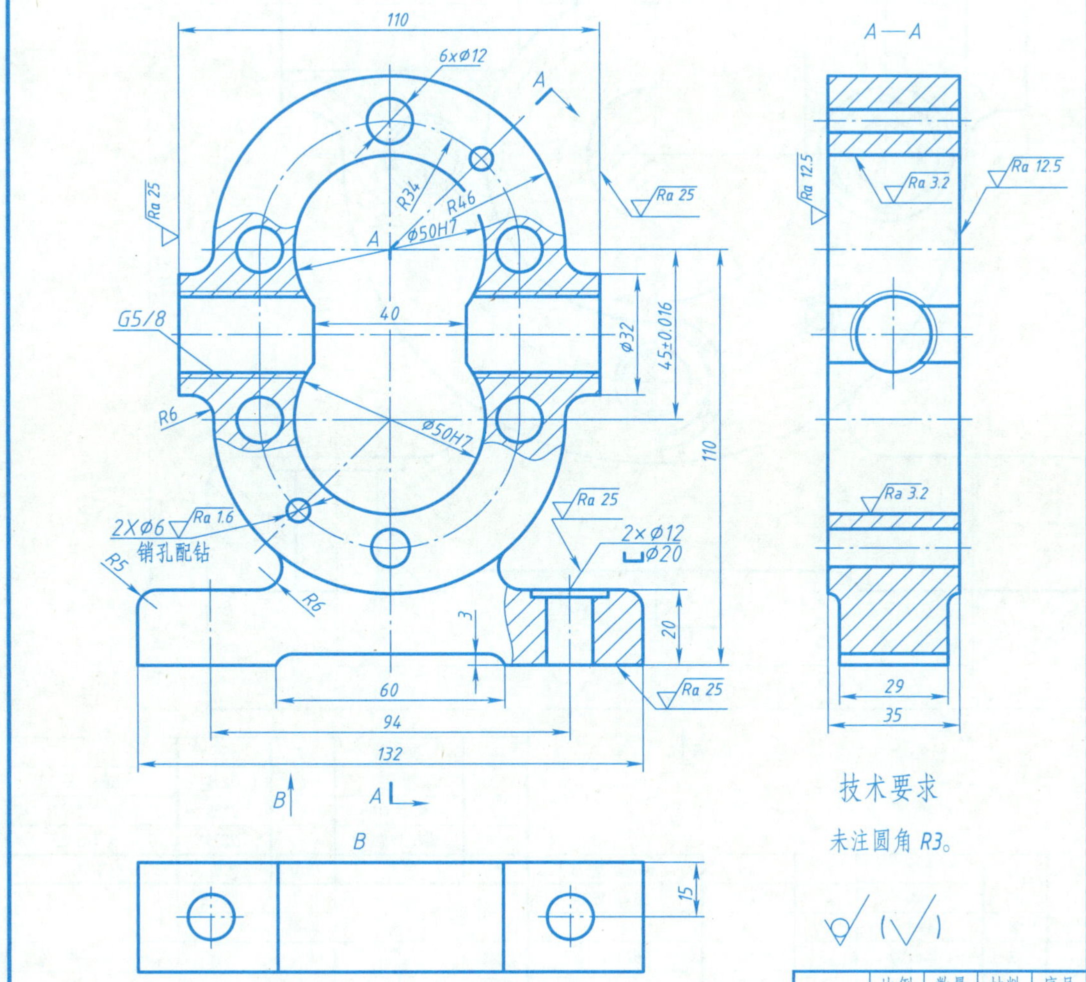

技术要求

未注圆角 R3。

泵体	比例	数量	材料	序号
	1 : 2	1	HT200	11

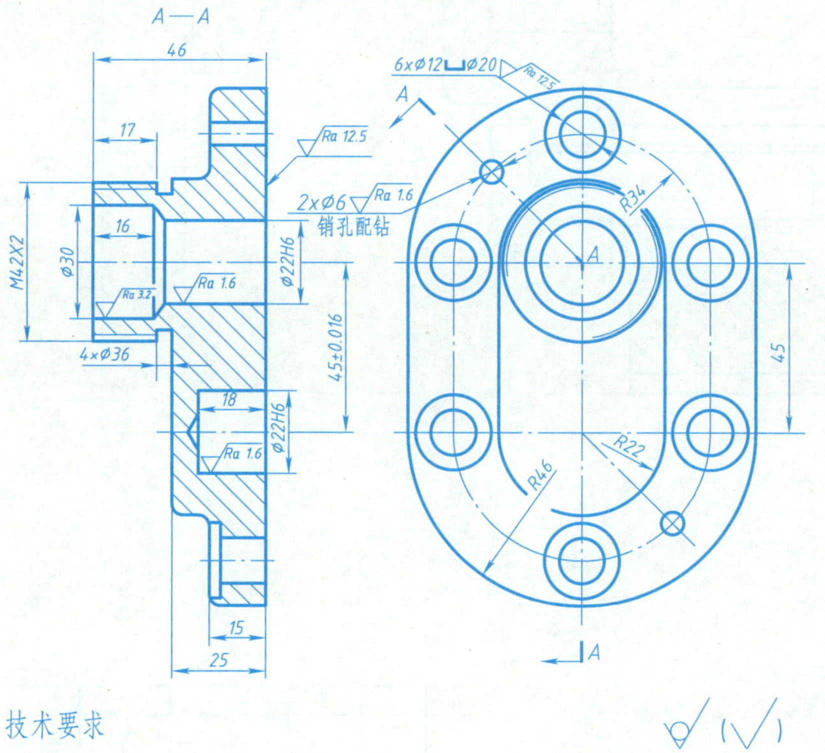

技术要求

未注圆角 R3。

右泵盖	比例	数量	材料	序号
	1 : 2	1	HT200	12

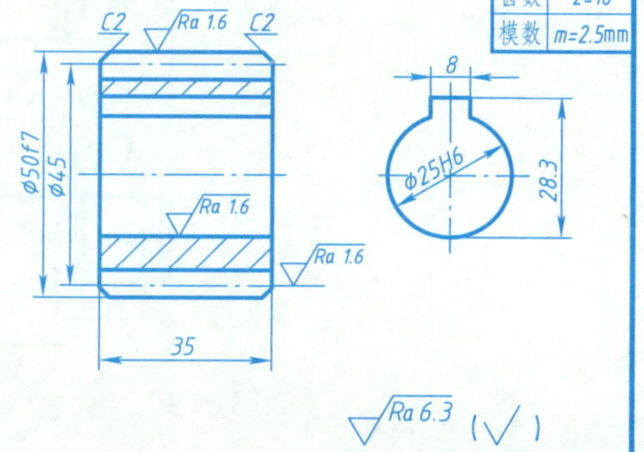

齿轮	比例	数量	材料	序号
	1 : 2	1	45	10
			齿数	z=18
			模数	m=2.5mm

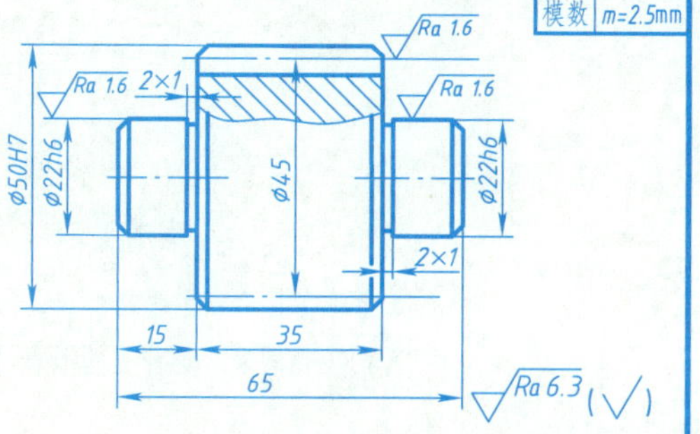

齿轮轴	比例	数量	材料	序号
	1 : 2	1	45	4
			齿数	z=18
			模数	m=2.5mm

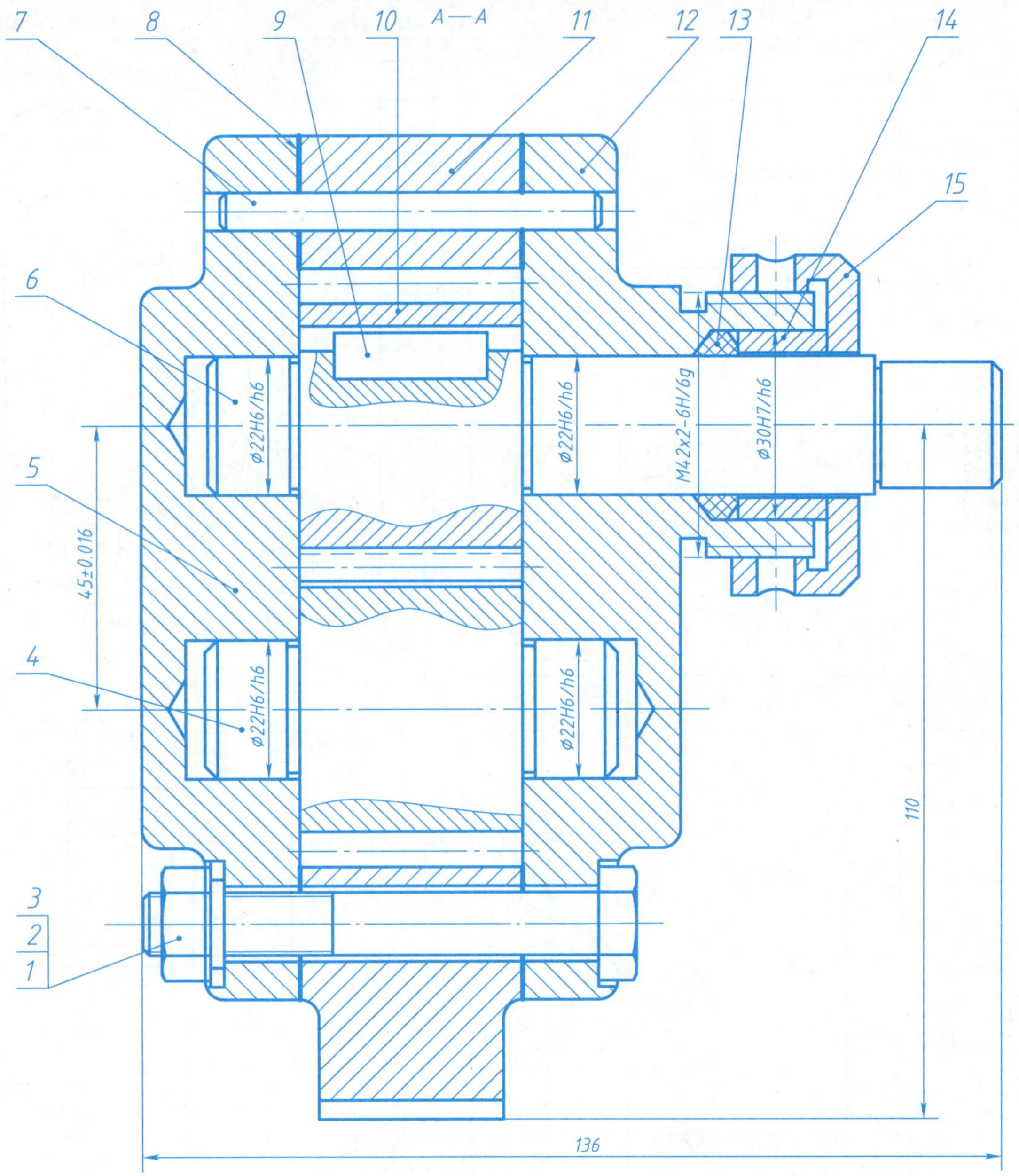

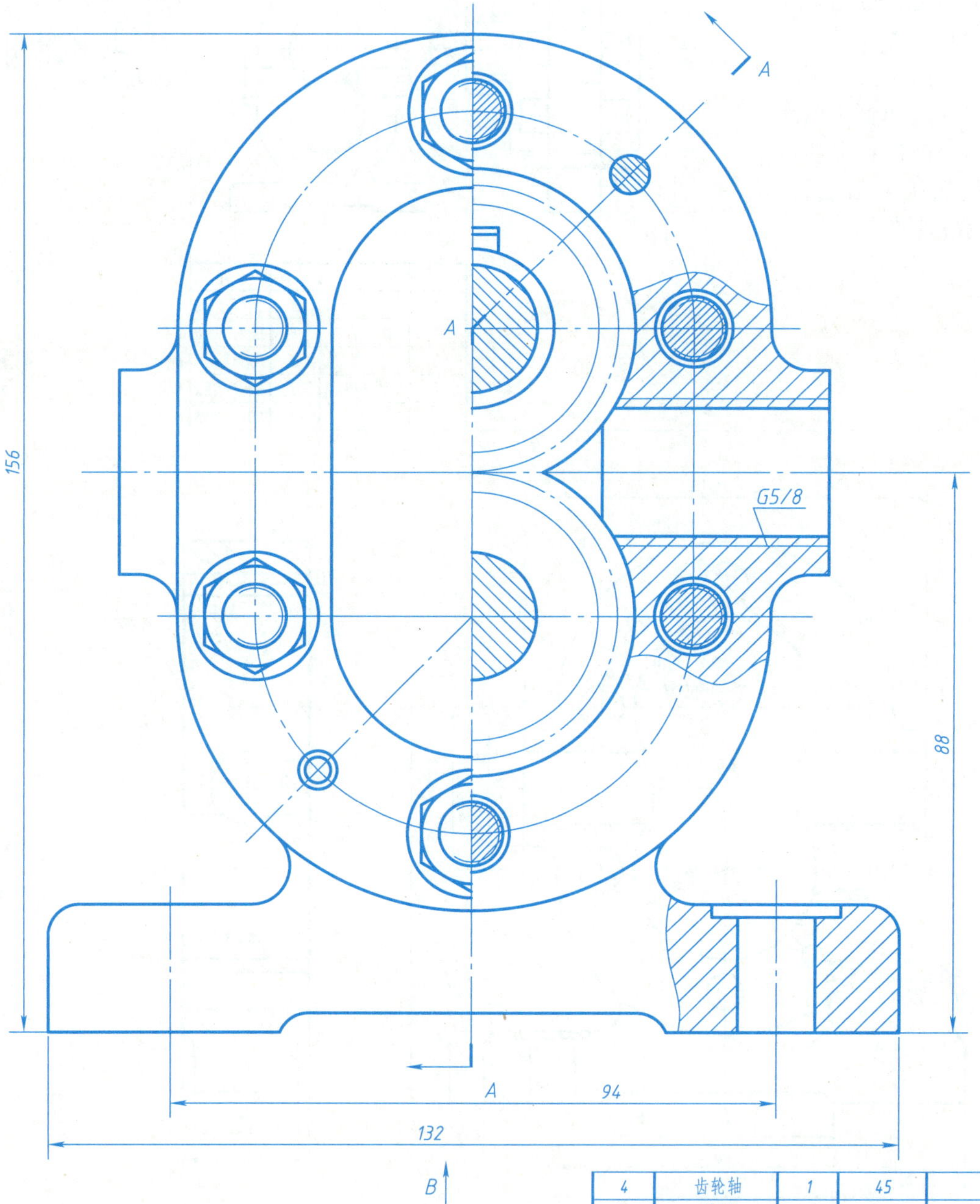

技术要求

1. 齿轮安装后，用手转动齿轮轴时，应灵活。

2. 两齿轮的啮合面应占齿长的 3/4 以上。

序号	名称	数量	材料	备注
15	压紧螺母	1	35	
14	轴套	1	45	
13	密封圈	1	橡胶	
12	右泵盖	1	HT200	
11	泵体	1	HT200	
10	齿轮	1	45	m=2.5，z=18
9	键	1	45	GB/T 1096
8	垫片	2	纸	
7	销 6x50	2	45	GB/T 119.2
6	轴	1	45	
5	左泵盖	1	HT200	
4	齿轮轴	1	45	
3	垫圈	6	Q235	GB/T 93
2	螺母 M10	6	Q235	GB/T 6170
1	螺栓 M10x70	6	Q235	GB/T 5782

齿轮泵		比例	1 : 1.5	
		件数		
制图		重量		第 张 共 张
描图				
审核				

序号	名称	备注
2	圆柱销 4h8×26	GB/T 119.1
11	螺钉 M6×20	GB/T 68

工作原理

转动丝杠 10 时，可使活动钳体 4 随之向右或左移动，从而夹紧或松开工件。

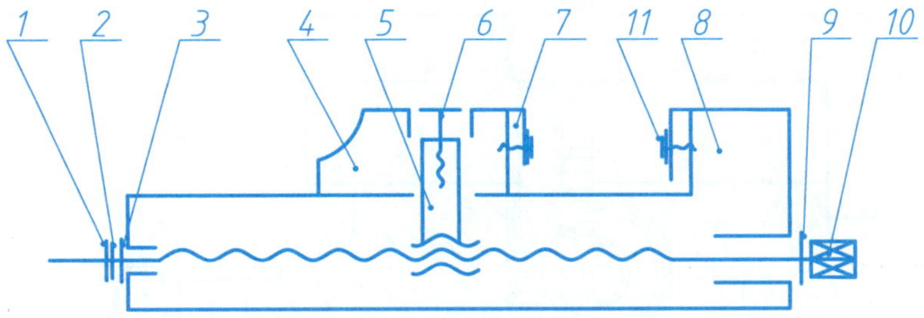

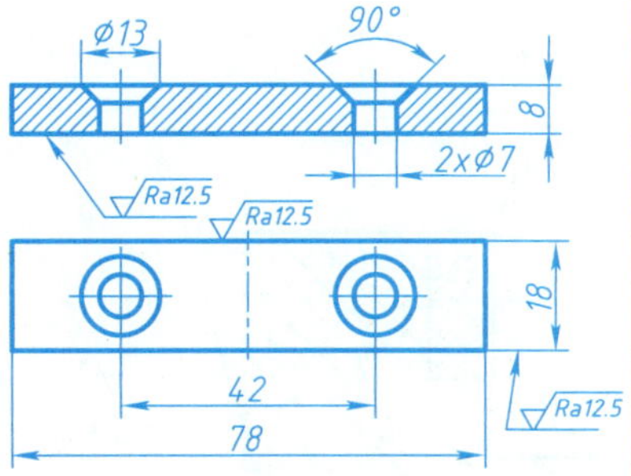

Ra 25 (√)

钳口板	比例	数量	材料	序号
	1:2	2	45	7

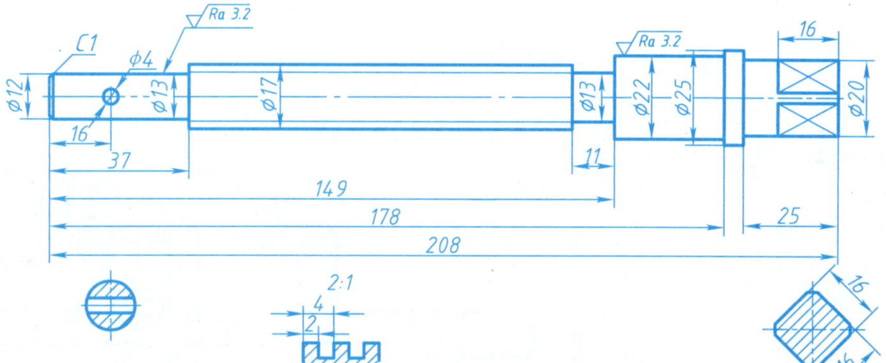

技术要求

未注圆角 R1。

Ra 12.5 (√)

丝杠	比例	数量	材料	序号
	1:2	1	45	10

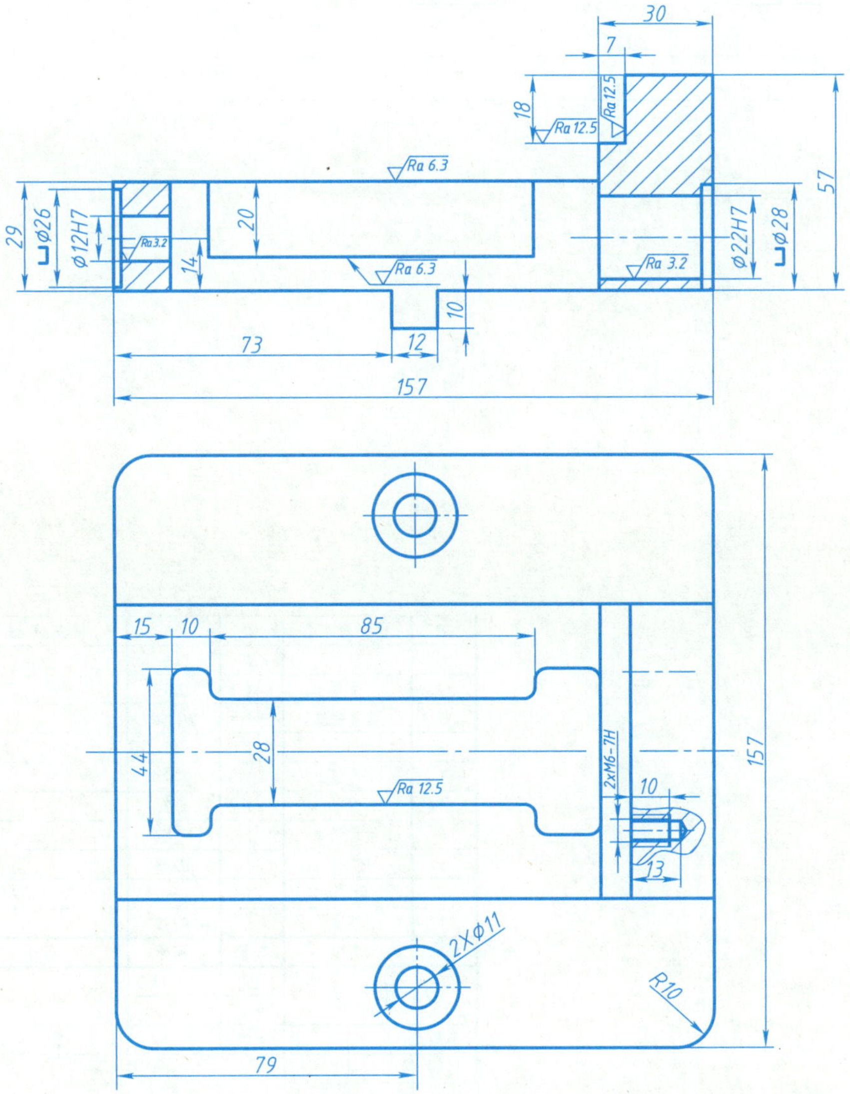

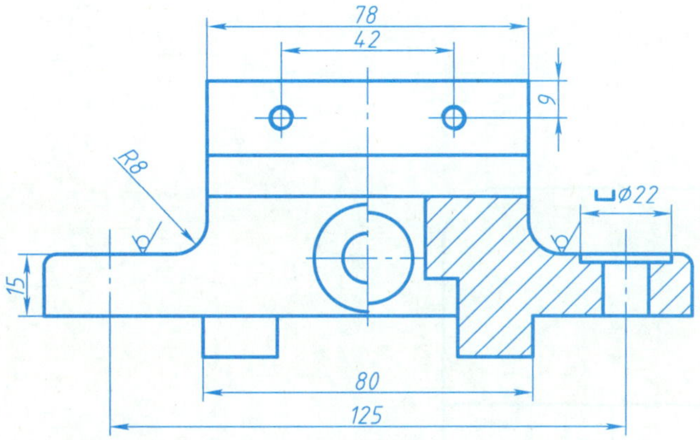

技术要求

未注圆角 R3。

Ra 25 (√)

固定钳体	比例	数量	材料	序号
	1:2	1	HT150	8

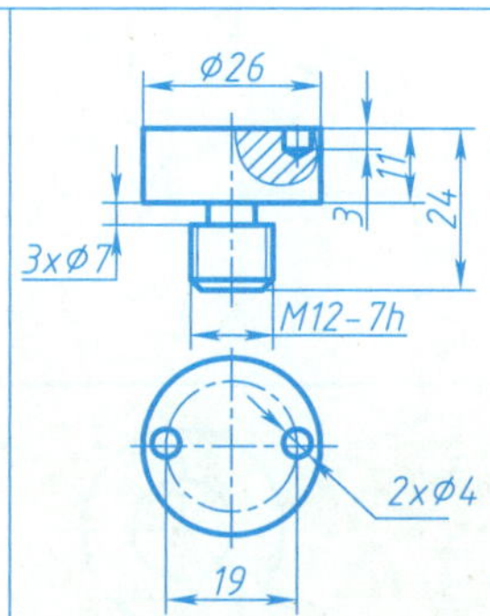

螺钉	比例	数量	材料	序号
	1:2	1	20	6

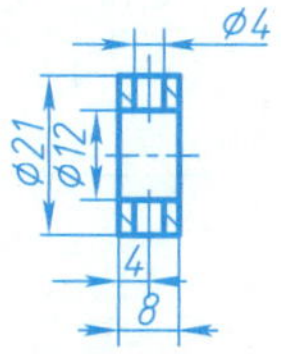

挡圈	比例	数量	材料	序号
	1:2	1	Q235	1

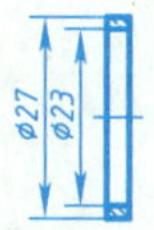

垫圈	比例	数量	材料	序号
	1:2	1	Q235	9

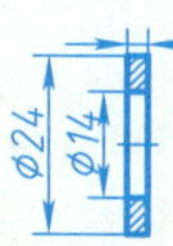

垫圈	比例	数量	材料	序号
	1:2	1	Q235	3

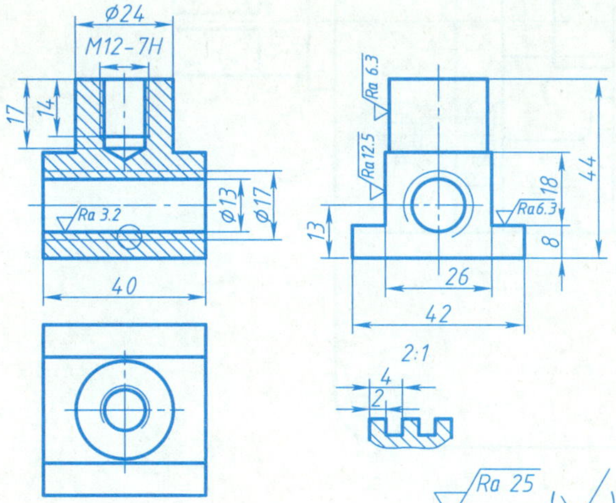

Ra 25 (√)

螺母	比例	数量	材料	序号
	1:2	1	20	5

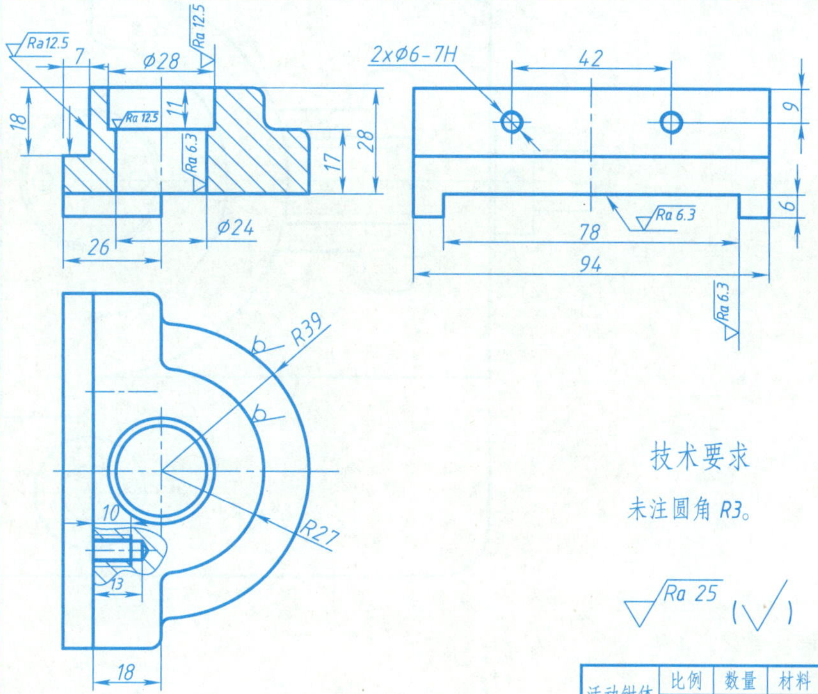

技术要求

未注圆角 R3。

Ra 25 (√)

活动钳体	比例	数量	材料	序号
	1:2	1	HT150	4

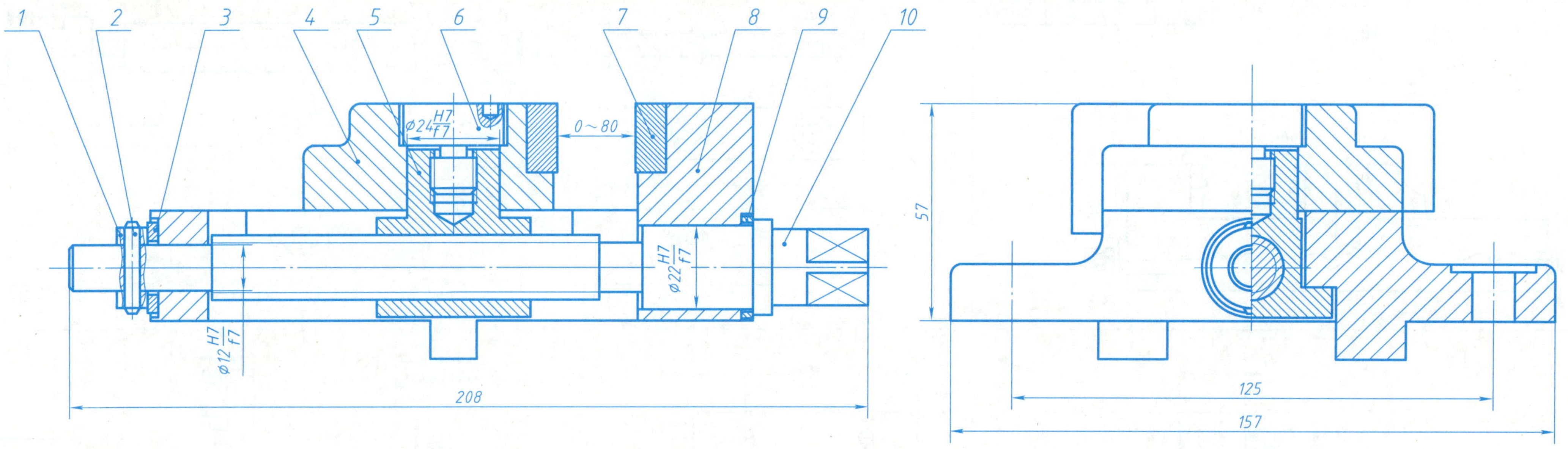

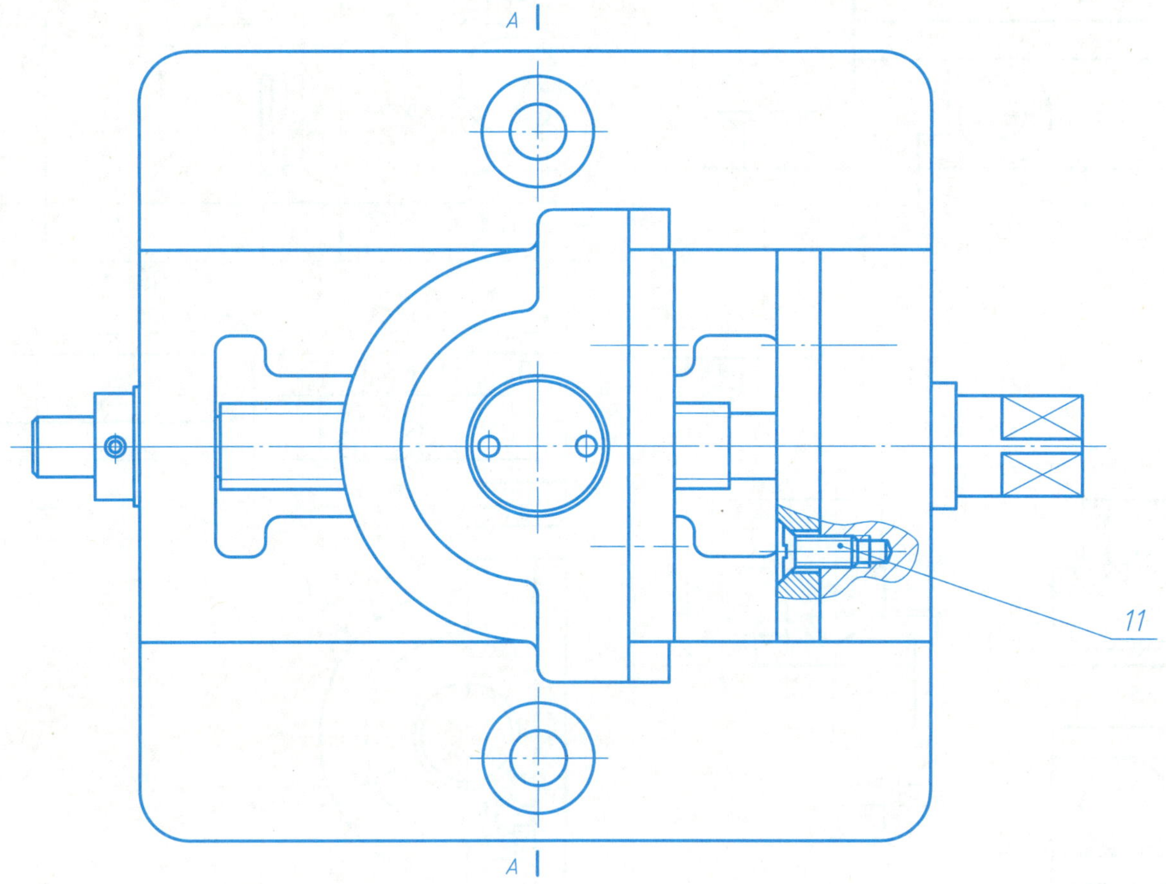

序号	名称	数量	材料	备注
11	螺钉 M6×20	4	35	GB/T 68
10	丝杠	1	45	
9	垫圈	1	Q235	
8	固定钳体	1	HT150	
7	钳口板	2	45	
6	螺钉	1	20	
5	螺母	1	20	
4	活动钳体	1	HT150	
3	垫圈	1	Q235	
2	圆柱销 4h8×26	1	35	GB/T 119.1
1	挡圈	1	Q235	

机用虎钳		比例	1 : 1.5	
		件数		
制图		重量		共 张 第 张
描图				
审核				

五、绘制装配图（三）——画手动气阀装配图

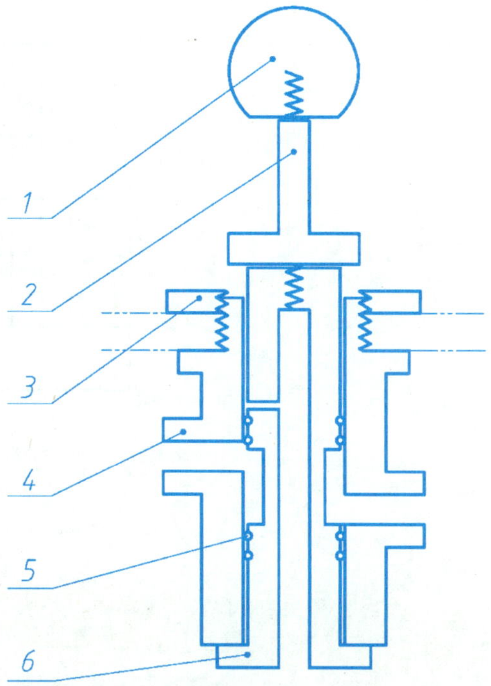

工作原理

手动气阀是汽车上用的一种压缩空气开关机构。

当通过手柄球 1 和芯杆 2 将气阀杆 6 拉到最上位置时，如上图所示，储气筒与工作气缸接通。当气阀杆推到最下位置时，工作气缸与储气筒的通道被关闭，此时工作气缸通过气阀杆中心的孔道与大气接通。气阀杆和阀体 4 孔是间隙配合，装有 O 形密封圈 5 以防压缩空气泄漏。螺母 3 用于固定手动气阀位置。

作业要求

根据装配示意图和零件图，了解部件的装配顺序，用 1 ：2 比例、A2 图纸画出装配图。提示：采用主、俯、左三个视图，俯视图拆去零件 1、2，局部视图、断面图等视具体情况而定。

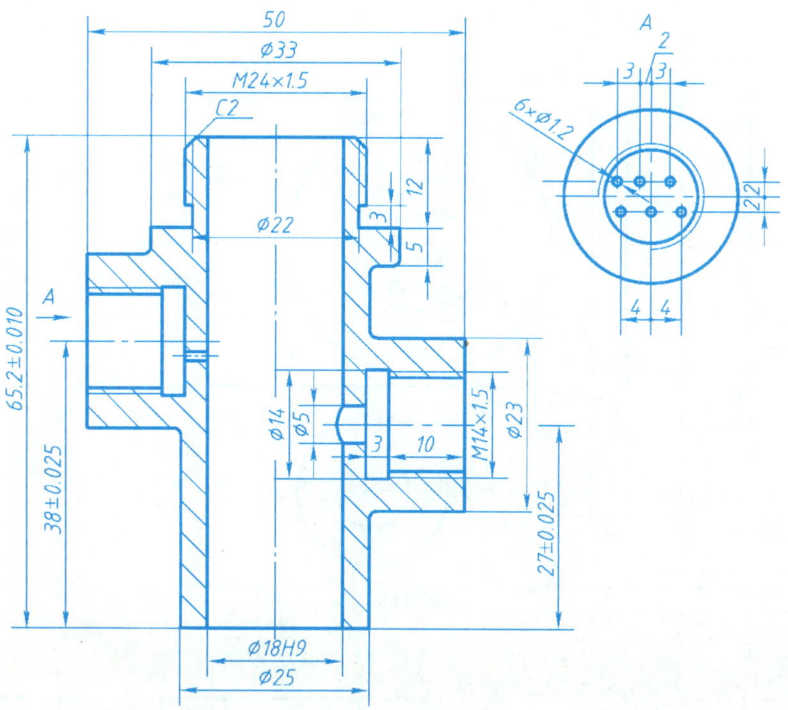

阀体	比例	数量	材料	序号
	1:1	1	Q235	4

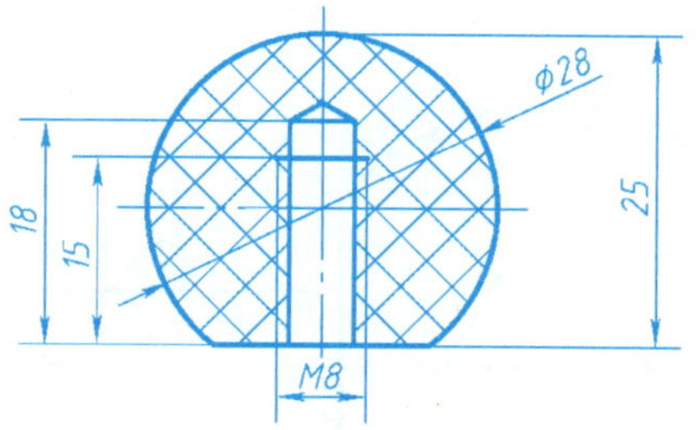

手柄球	比例	数量	材料	序号
	1:1	1	酚醛塑料	1

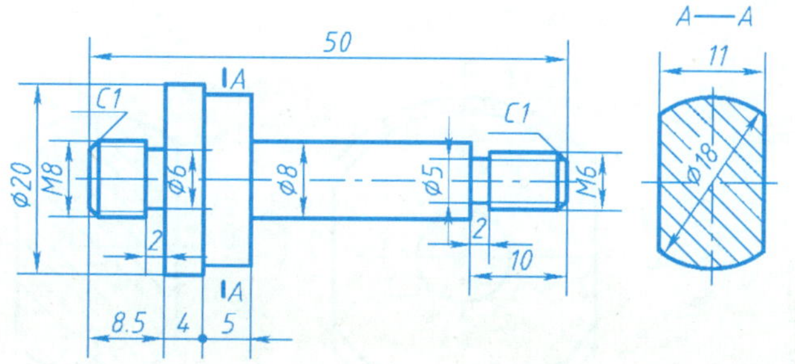

芯杆	比例	数量	材料	序号
	1:1	1	Q235	2

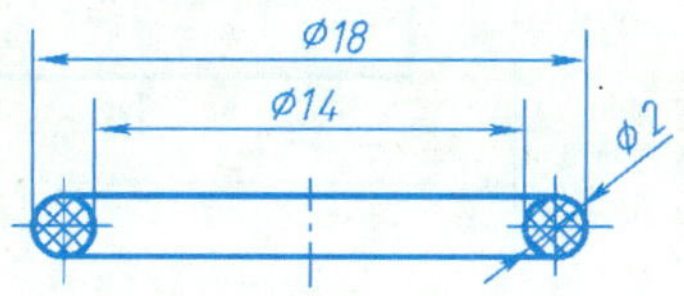

O形密封圈	比例	数量	材料	序号
	1:1	4	橡胶	5

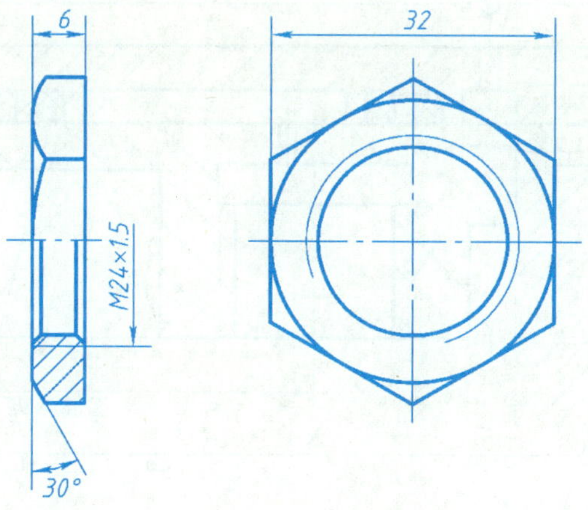

螺母	比例	数量	材料	序号
	1:1	1	Q235	3

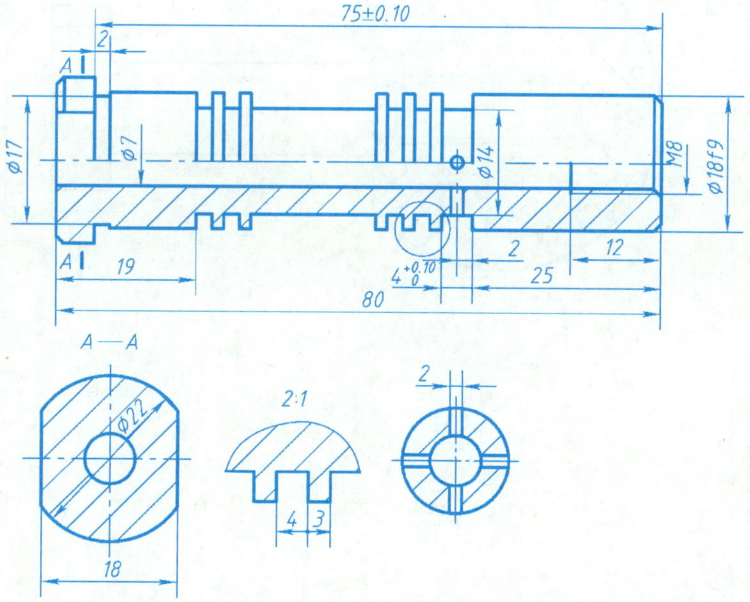

气阀杆	比例	数量	材料	序号
	1:1	1	45	6

五、绘制装配图（三）——画手动气阀装配图答案（实体图见 P116）

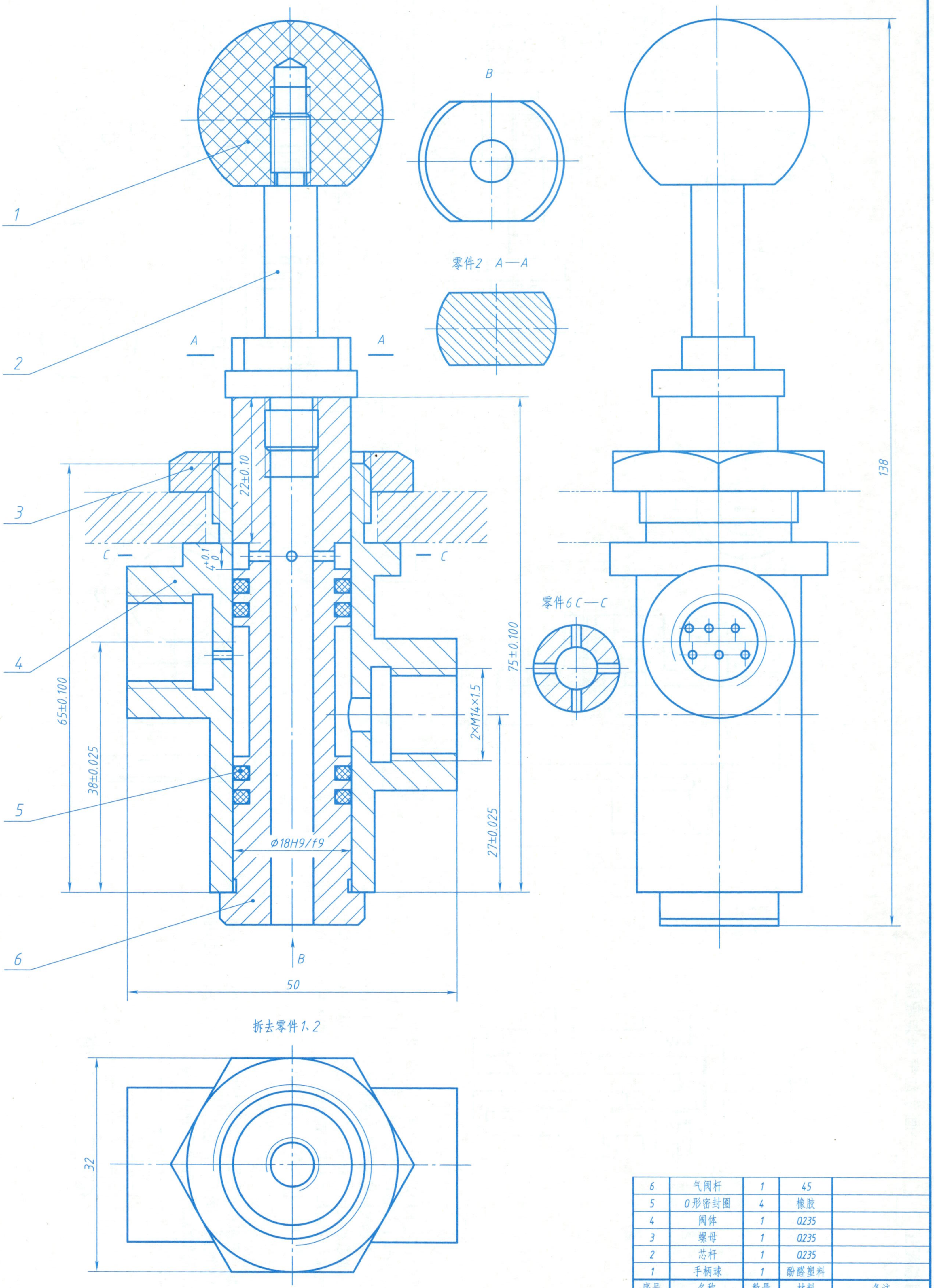

序号	名称	数量	材料	备注
6	气阀杆	1	45	
5	O形密封圈	4	橡胶	
4	阀体	1	Q235	
3	螺母	1	Q235	
2	芯杆	1	Q235	
1	手柄球	1	酚醛塑料	

手动气阀		比例	1.5 : 1	
		件数		
制图		重量		共 张 第 张
描图				
审核				

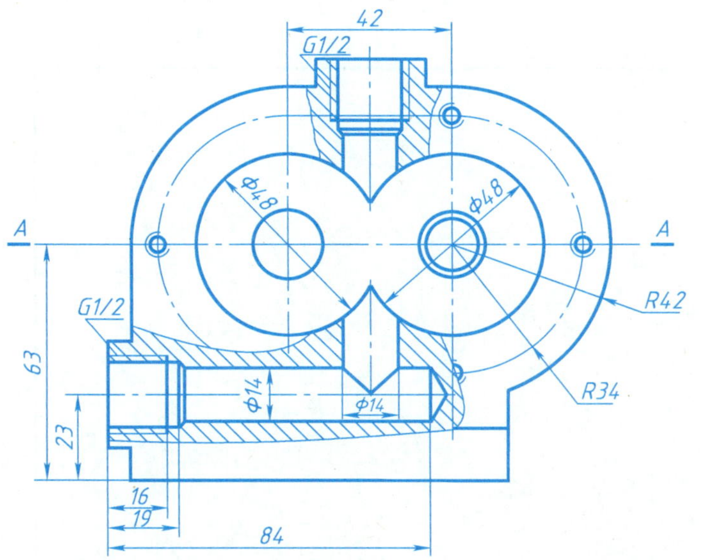

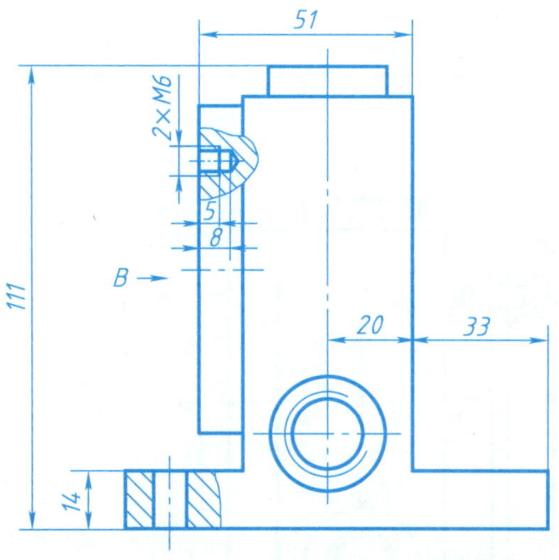

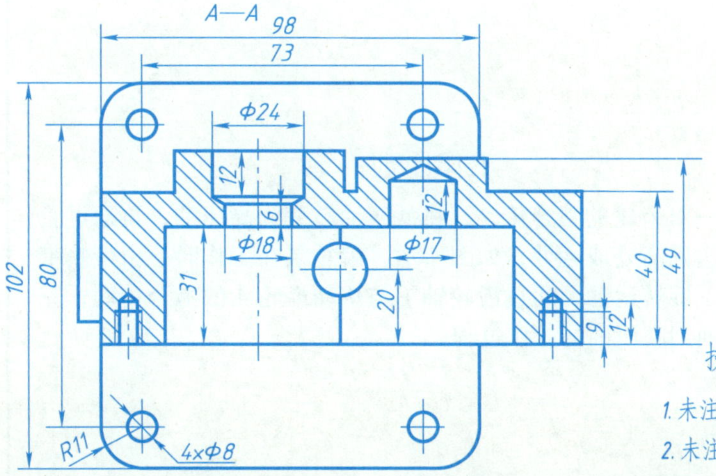

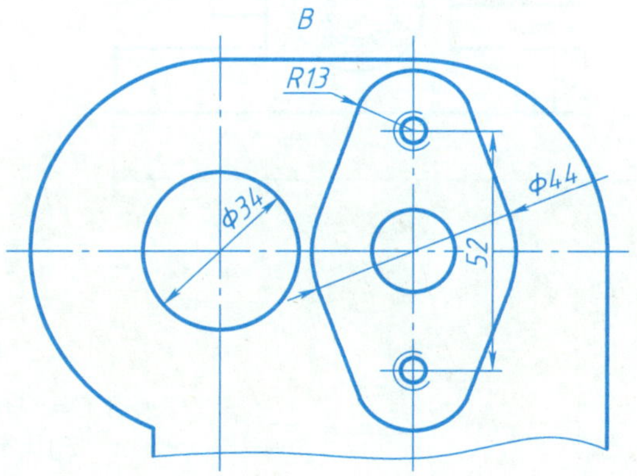

技术要求

1. 未注铸造圆角 R1~R3。
2. 未注倒角 C1。

泵体	比例	数量	材料	序号
	1 : 2	1	HT200	5

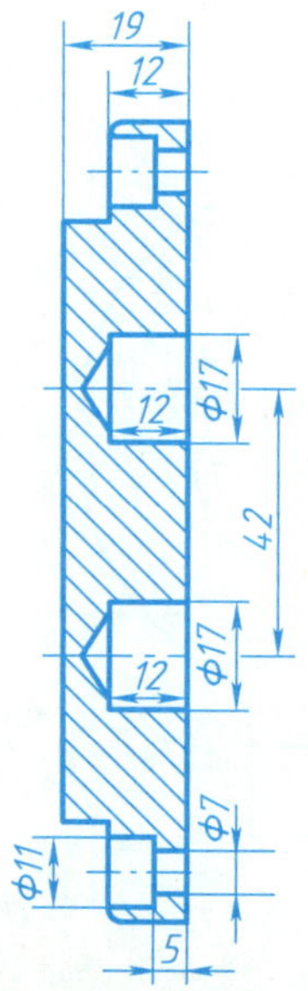

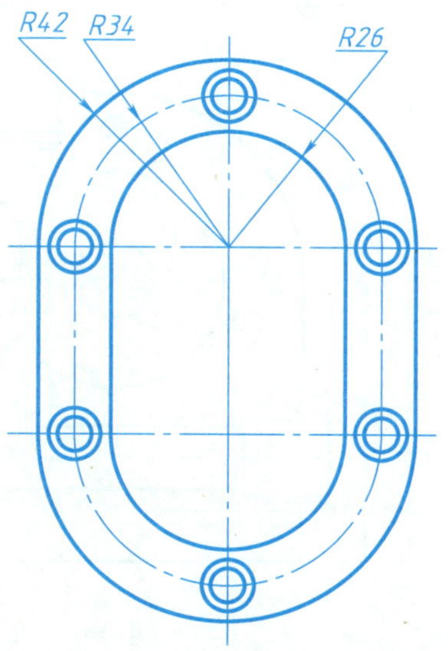

技术要求

1. 未注铸造圆角 R1~R3。
2. 未注倒角 C1。

泵盖	比例	数量	材料	序号
	1 : 2	1	HT200	7

模数	m=3mm
齿数	z=14

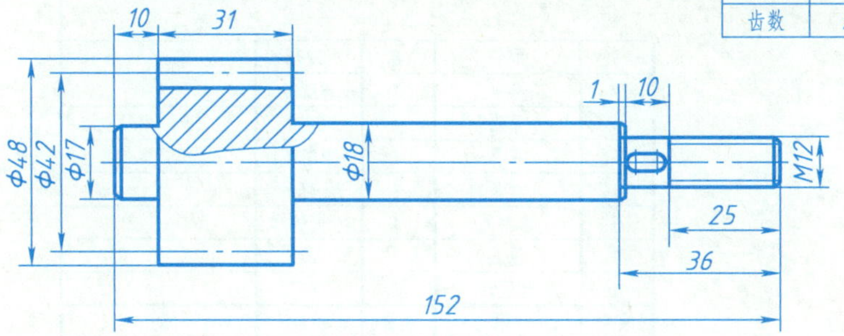

技术要求

未注倒角 C1。

齿轮轴	比例	数量	材料	序号
	1 : 2	1	45	1

模数	m=3mm
齿数	z=14

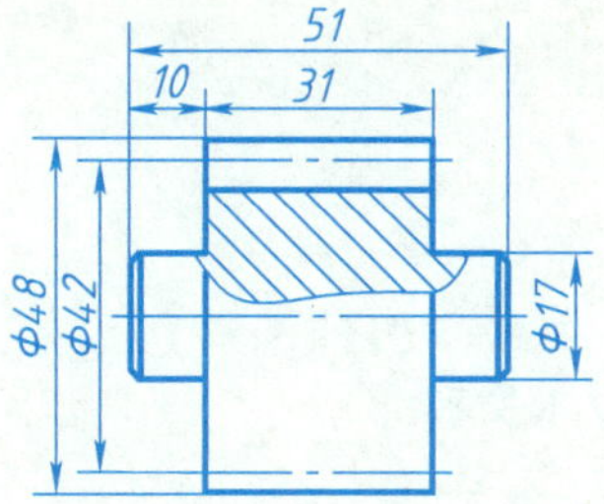

技术要求

未注倒角 C1。

从动齿轮	比例	数量	材料	序号
	1 : 2	1	45	4

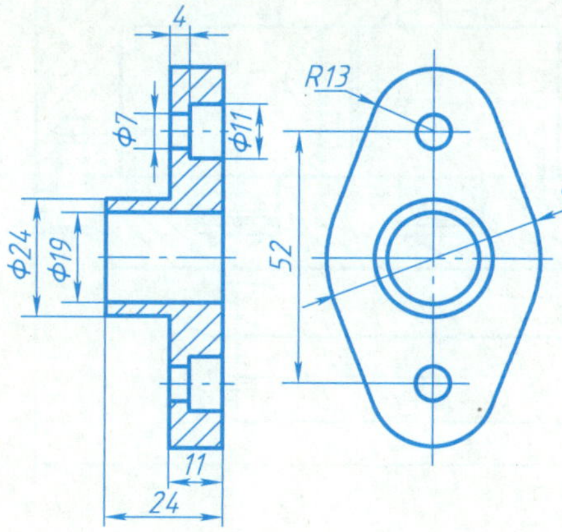

技术要求

未注倒角 C1。

压盖	比例	数量	材料	序号
	1 : 2	1	Q235	2

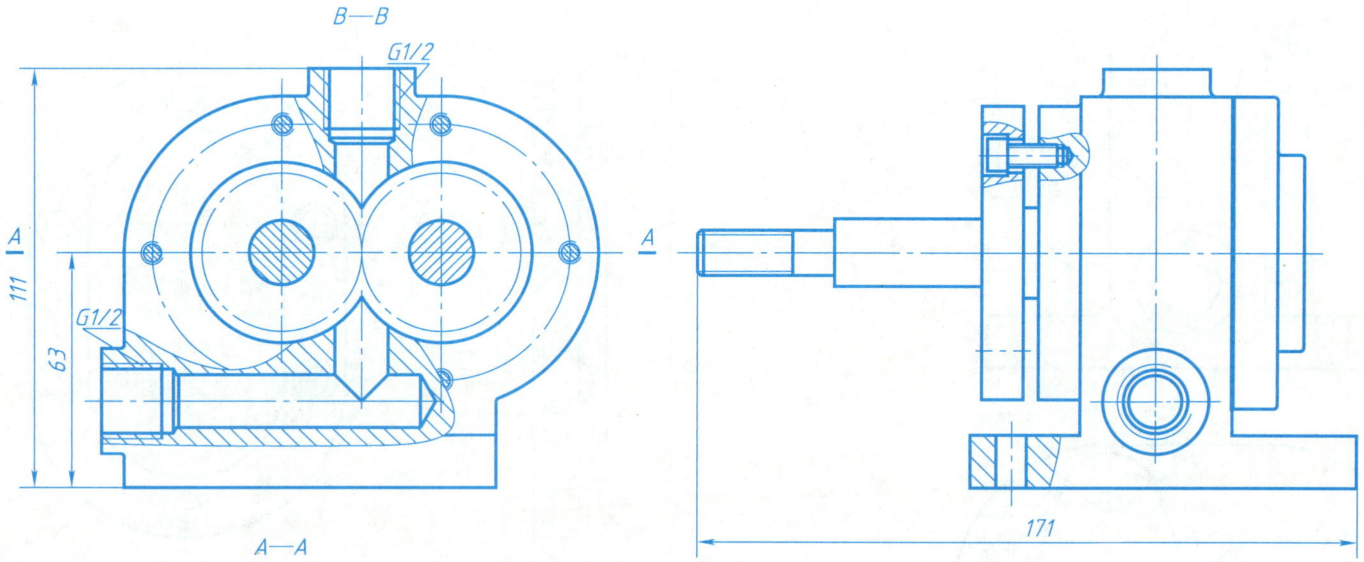

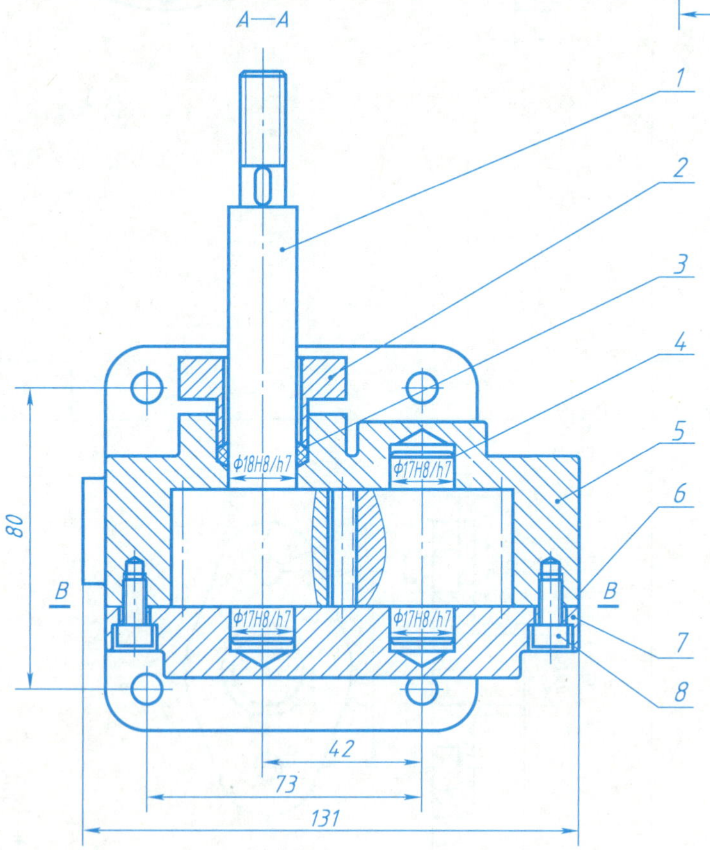

工作原理

通过一对齿轮的啮合传动，将低压油转变为高压油，再通过管道将油输送到高处或远处，如图所示。齿轮泵在工作时，由带轮带动齿轮轴 1 旋转运动，通过齿轮轴 1 与从动齿轮 4 的啮合传动，完成由低压油到高压油的工作过程。

技术要求

1. 装配前，所有零件清洗干净，箱体内不允许有金属及其他杂质存在。
2. 装配后需转动灵活，各密封处不得有漏油现象。

序号	名称	数量	材料	备注
8	螺钉	8	Q235	
7	泵盖	1	HT200	
6	垫圈	1	Q235	
5	泵体	1	HT200	
4	从动齿轮	1	45	
3	密封圈	1	橡胶	
2	压盖	1	Q235	
1	齿轮轴	1	45	

卧式齿轮泵		比例	1 : 2	
		件数		
制图		重量		共 张 第 张
检查				
审核				

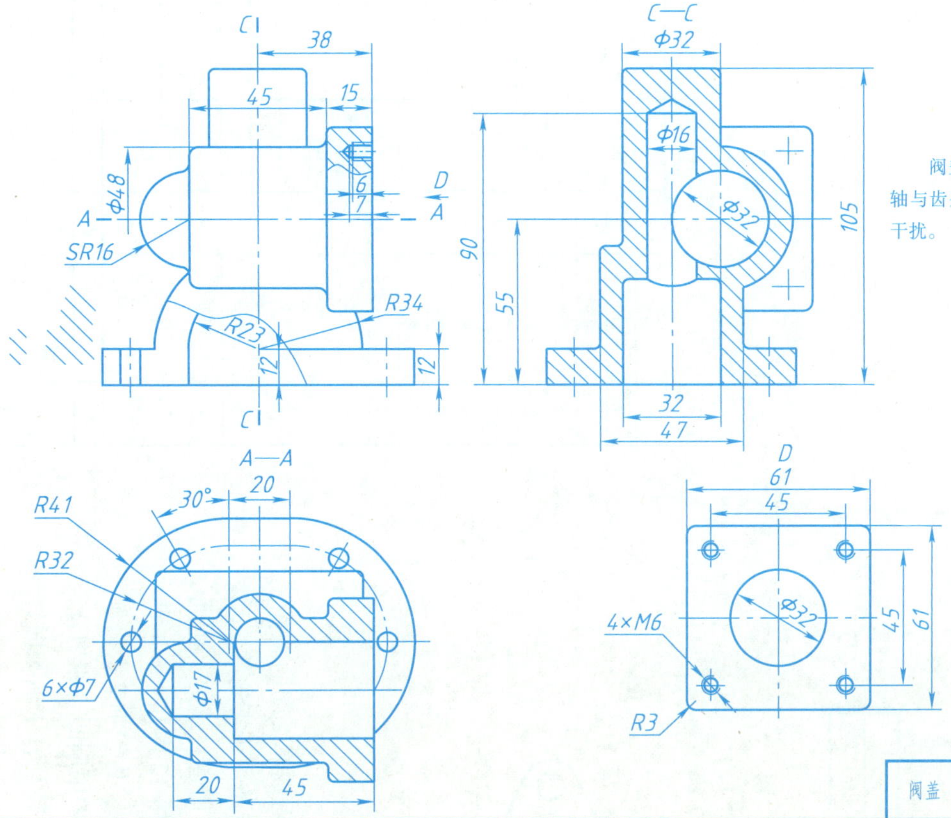

工作原理

阀盖与阀体相连。防止齿轮轴与齿条的啮合受到外界尘埃的干扰。

阀盖	比例	数量	材料	序号
	1∶2.5	1	Q235	1

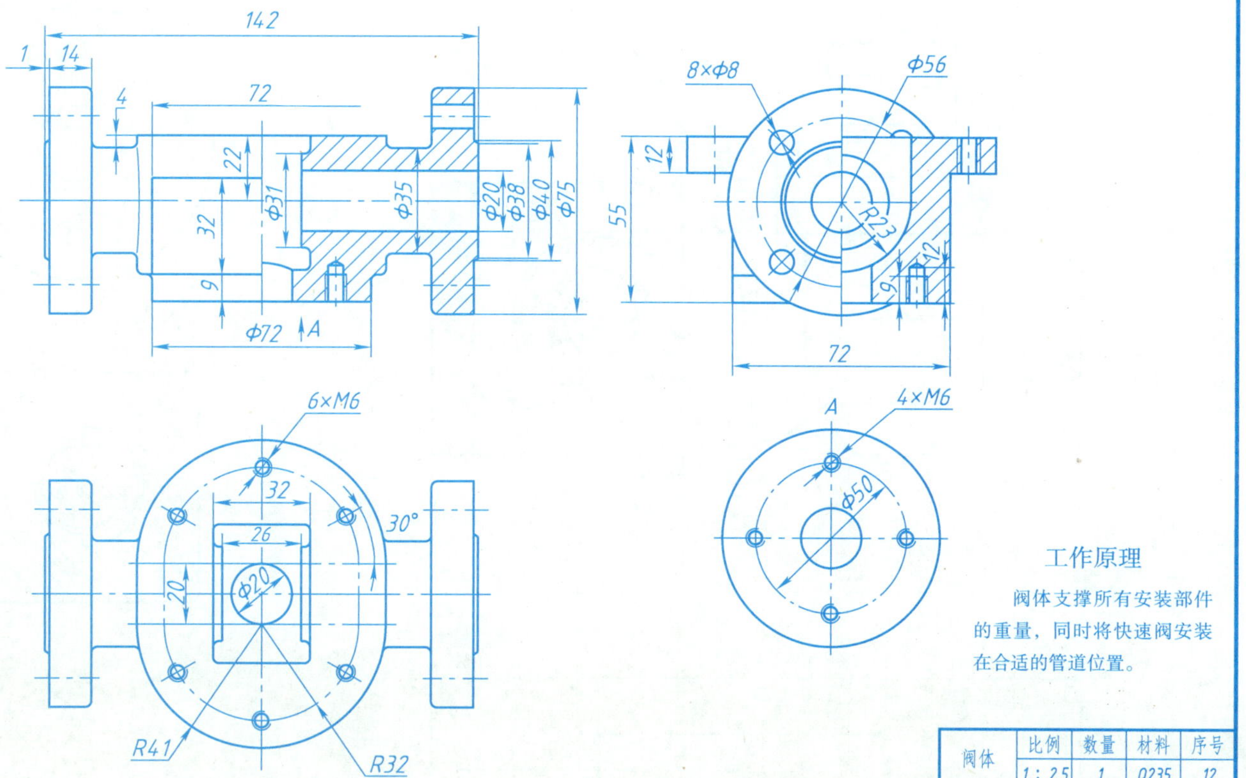

工作原理

阀体支撑所有安装部件的重量，同时将快速阀安装在合适的管道位置。

阀体	比例	数量	材料	序号
	1∶2.5	1	Q235	12

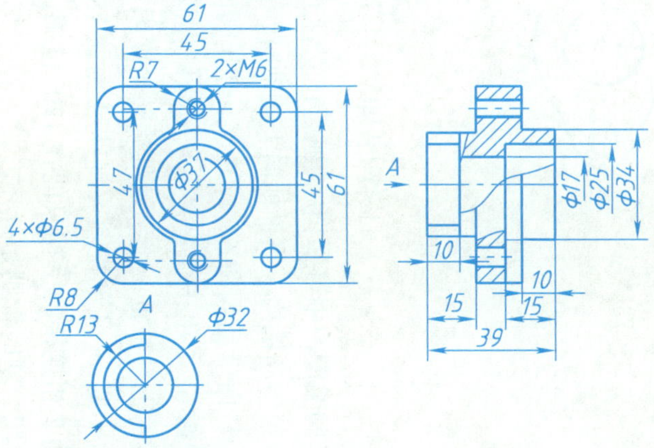

工作原理

上封盖用于限制齿轮轴旋转的范围，使内外阀瓣只能在有限的范围里移动。

上封盖	比例	数量	材料	序号
	1∶2.5	1	Q235	18

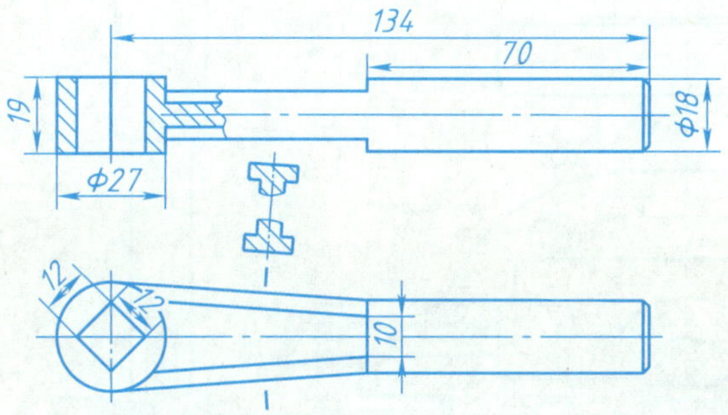

工作原理

将手柄与齿轮轴紧密连接，用来将传动的力矩转换成内外阀瓣的运动。

手柄	比例	数量	材料	序号
	1∶2.5	1	Q235	16

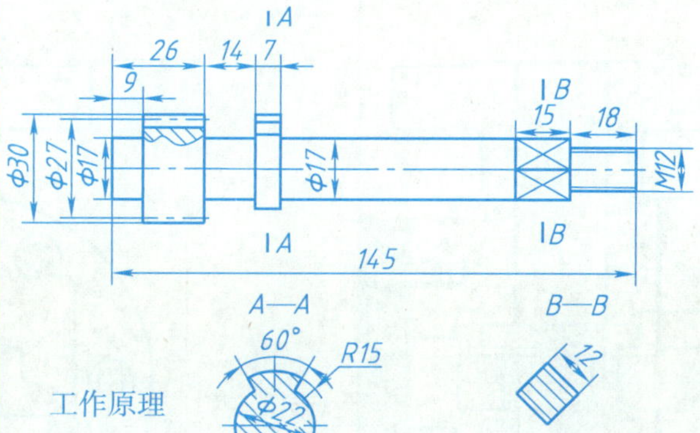

工作原理

齿轮轴用来与齿条的啮合并带动齿条的移动。

齿轮轴	比例	数量	材料	序号
	1∶2.5	1	Q235	2

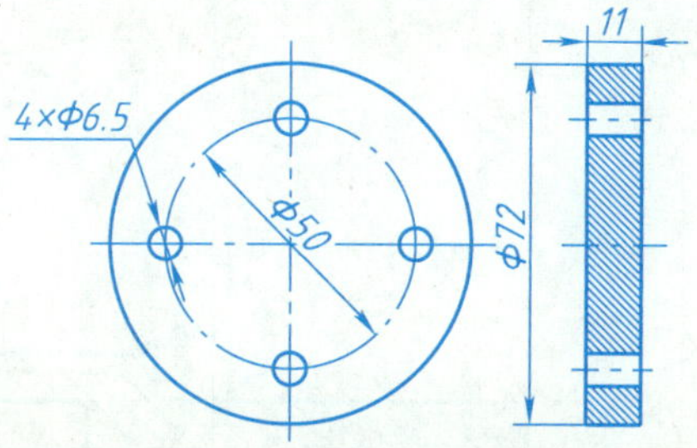

工作原理

下封盖可以将阀体内的杂质排除。

下封盖	比例	数量	材料	序号
	1∶2.5	1	Q235	10

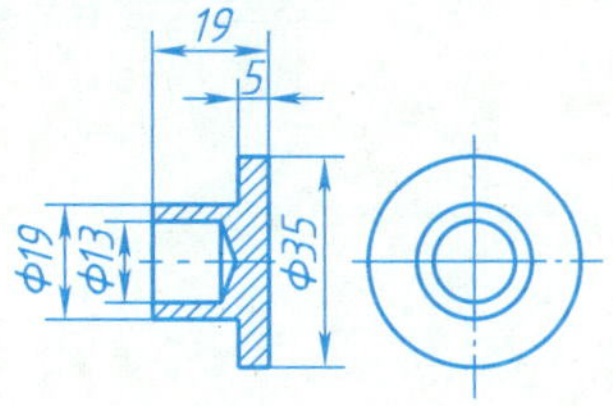

工作原理

内阀瓣是阀体关键部位，用于控制快速阀的启闭状态。

内阀瓣	比例	数量	材料	序号
	1∶2.5	1	Q235	6

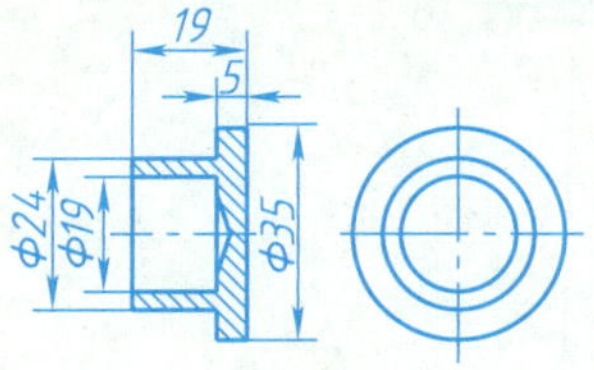

工作原理

外阀瓣是阀体关键部位，用于控制快速阀的启闭状态。

外阀瓣	比例	数量	材料	序号
	1∶2.5	1	Q235	8

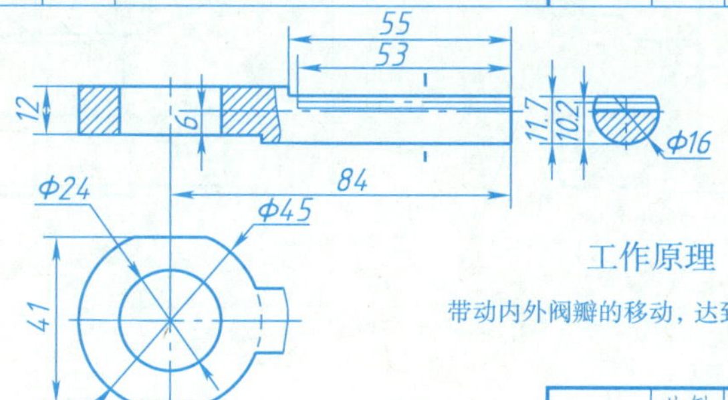

工作原理

带动内外阀瓣的移动，达到快速阀的启闭。

齿条	比例	数量	材料	序号
	1∶2.5	1	Q235	3

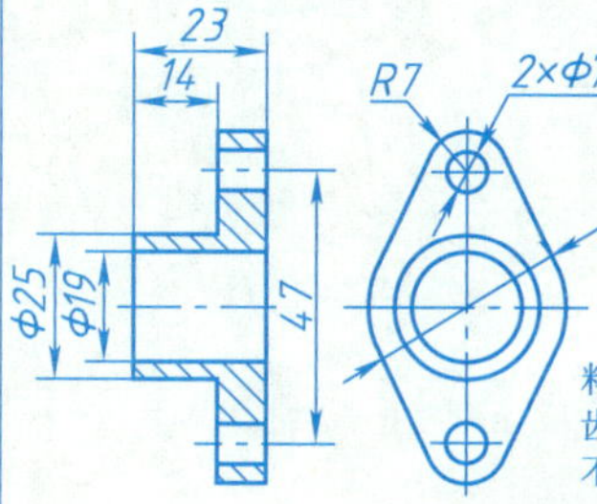

工作原理

保证齿轮轴和填料作轴向移动，保证齿轮轴与齿条的啮合不出现偏差。

压盖	比例	数量	材料	序号
	1∶2.5	1	Q235	15

六、部件测绘（二）——快速阀装配图

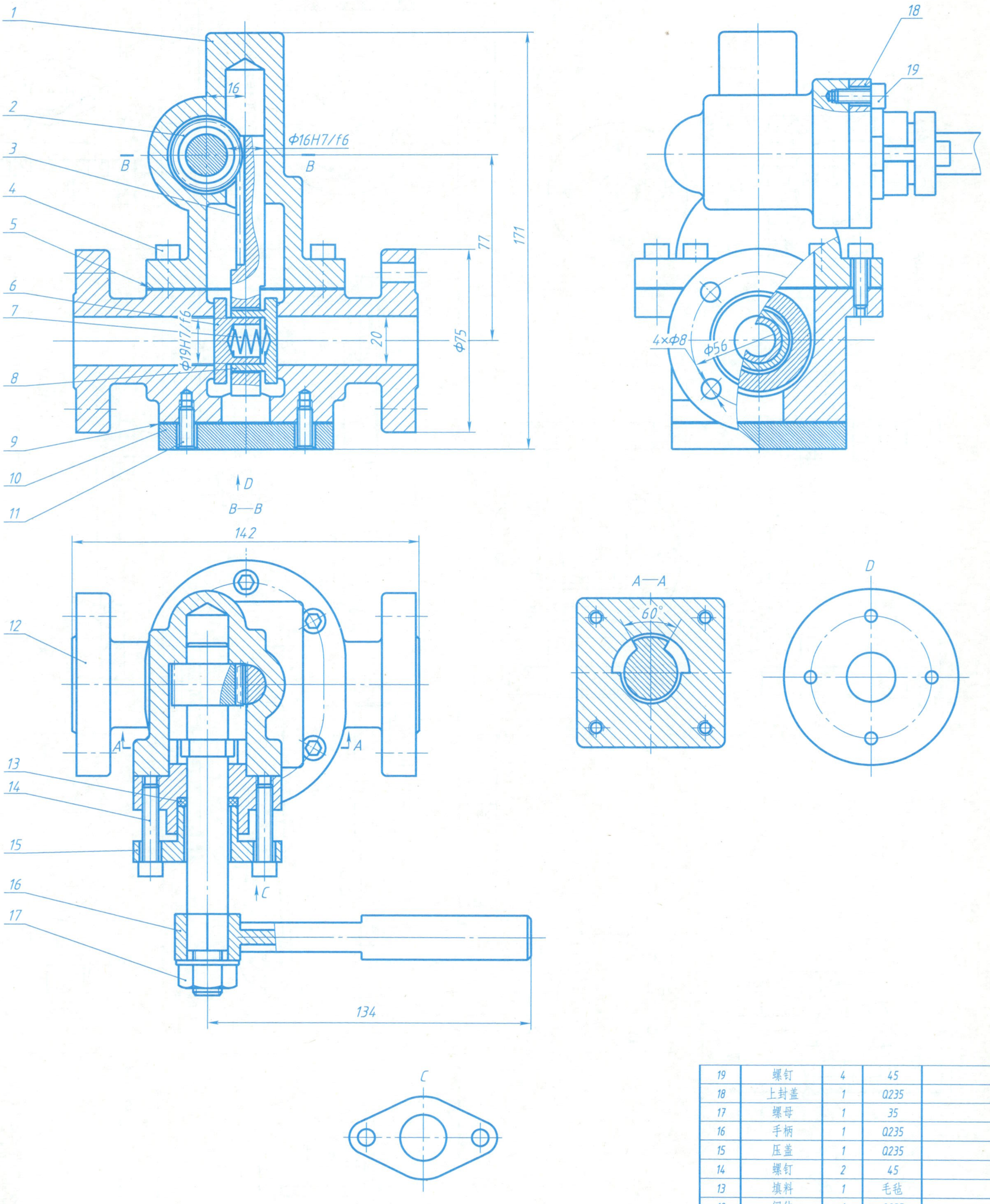

工作原理

从快速阀装配图中可知：快速阀是用于管道开启和关闭的装置，内有齿轮齿条传动机构。当手柄向上旋动时，齿条由于齿轮的拨动向上移动，从而带动阀瓣 6、8 向上，打开阀门通道；反之，则通路截止。阀瓣 6、8 由于弹簧张力紧紧压贴在阀体 12 内孔 $\phi20$ 的凸缘上。阀瓣的上升位置，由手柄的旋转角度限制。齿轮轴 2 上有扇形凸块机构（见 *A—A* 剖视图），它与上封盖 18 的限制凹台相吻合，使与齿轮轴 2 相连接的手柄只能在 120° 范围内转动，手柄顺时针旋转通路关闭，逆时针则是打开。

序号	名称	数量	材料	备注
19	螺钉	4	45	
18	上封盖	1	Q235	
17	螺母	1	35	
16	手柄	1	Q235	
15	压盖	1	Q235	
14	螺钉	2	45	
13	填料	1	毛毡	
12	阀体	1	Q235	
11	螺钉	4	45	
10	下封盖	1	Q235	
9	垫片	1	工业用纸	
8	外阀瓣	1	Q235	
7	弹簧	1	45	
6	内阀瓣	1	Q235	
5	垫片	1	工业用纸	
4	螺钉	4	Q235	
3	齿条	1	Q235	
2	齿轮轴	1	Q235	
1	阀盖	1	Q235	

快速阀		比例	1∶2	
		件数		
制图		重量		共 张 第 张
描图				
审核				

P14　读绘零件图（一）

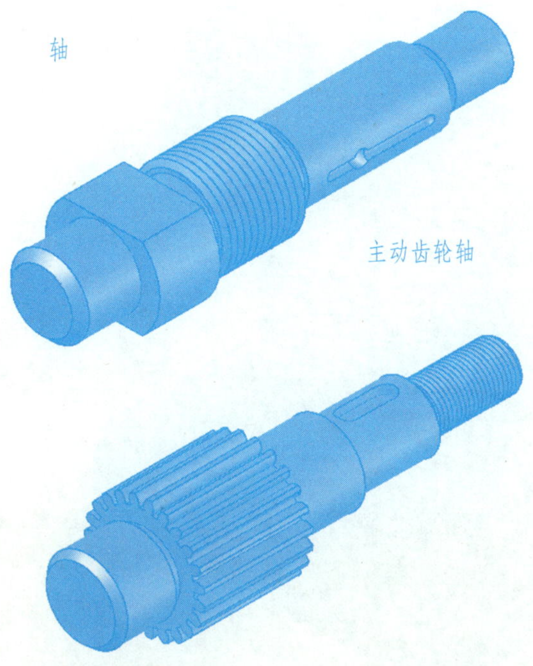

P16　读绘零件图（二）

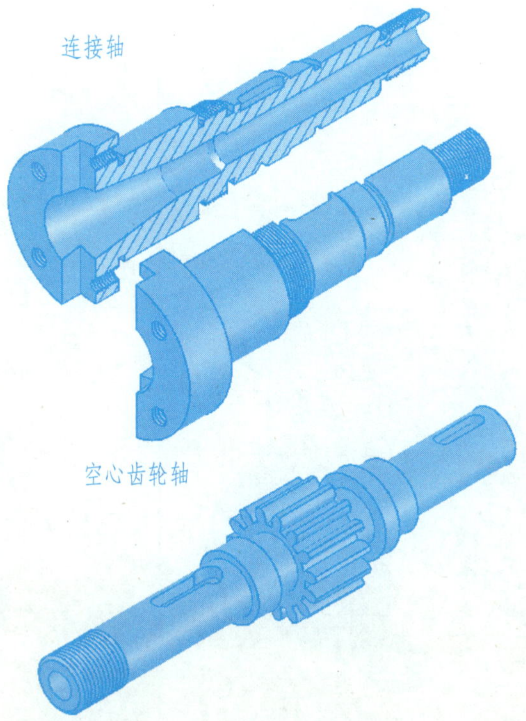

P18　读绘零件图（三）

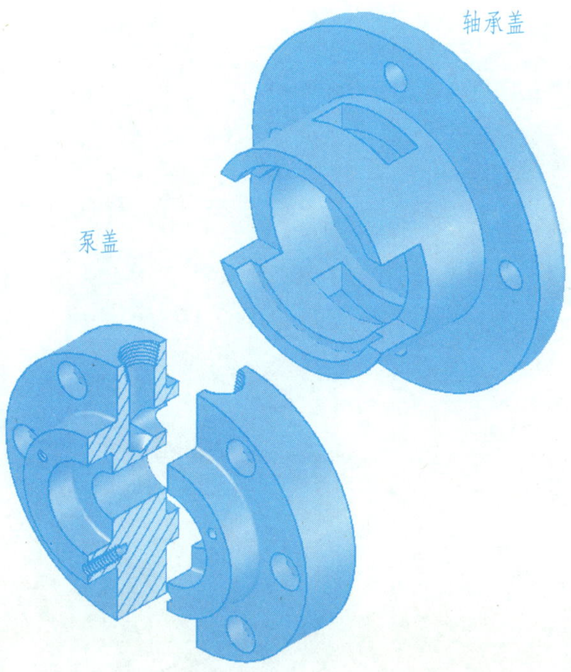

P20　读绘零件图（四）

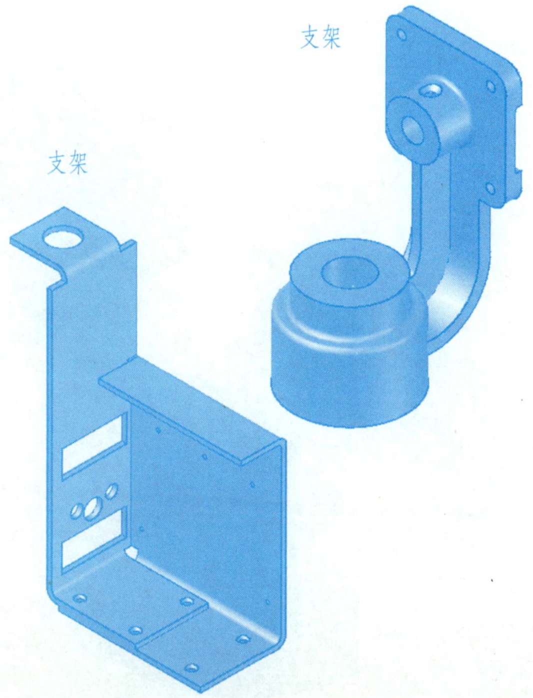

P22　读绘零件图（五）

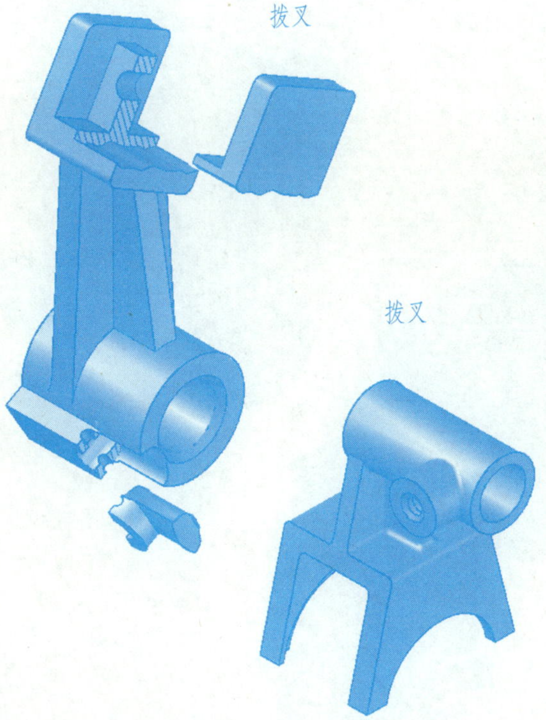

P24　读绘零件图（六）*

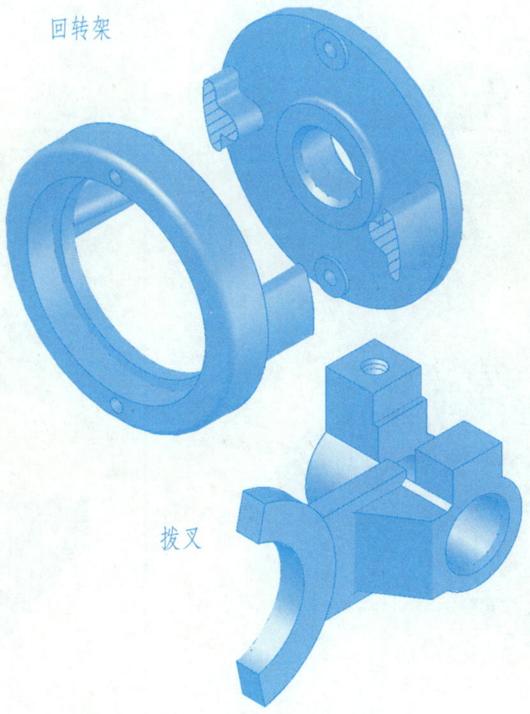

P26　读绘零件图（七）

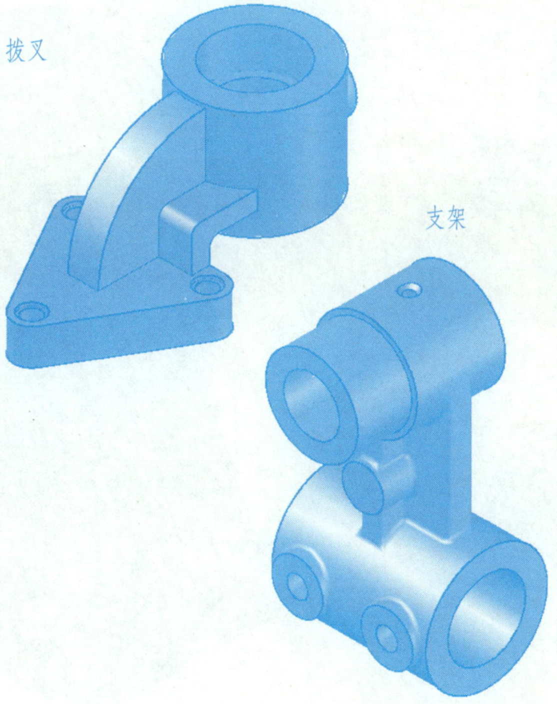

P28　读绘零件图（八）

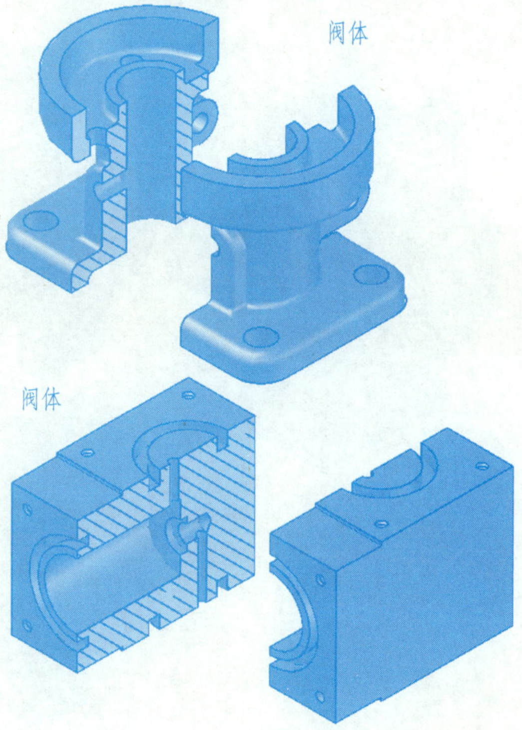

附录A　部分章节三维实体图（二）

P30　读绘零件图（九）

连接块

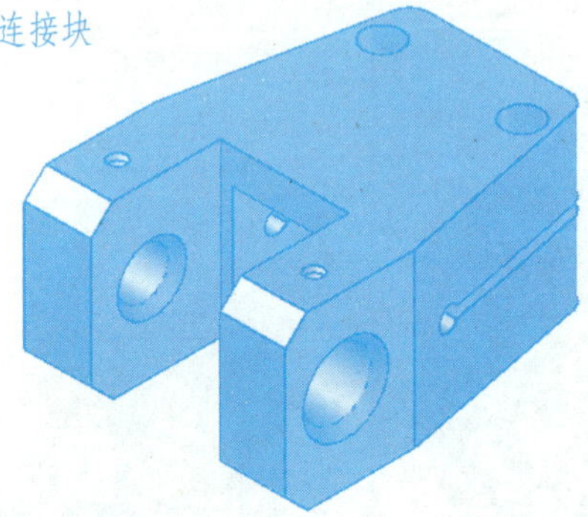

阀体

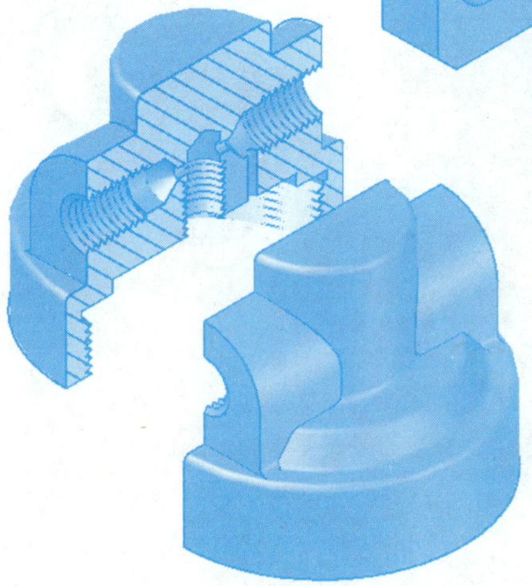

P32　读绘零件图（十）

底座

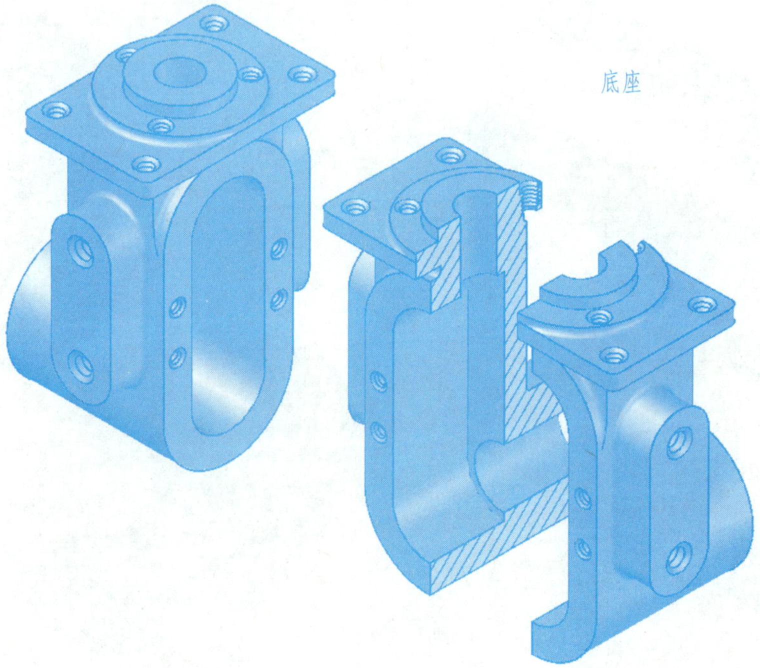

P34　读绘零件图（十一）

支架

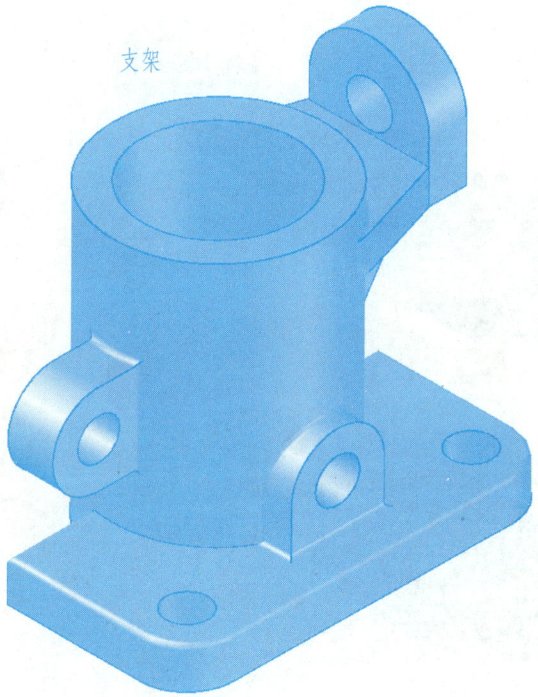

P36　读绘零件图（十二）

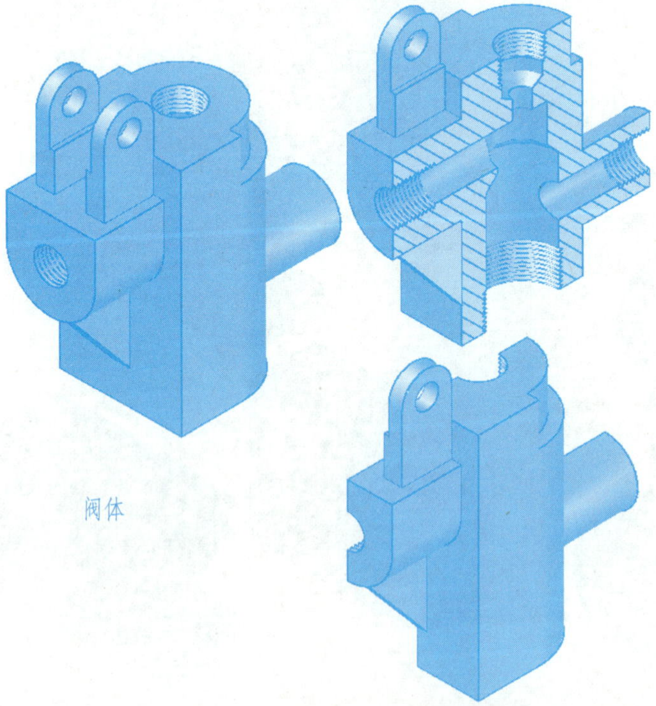

阀体

P38　读绘零件图（十三）

阀体

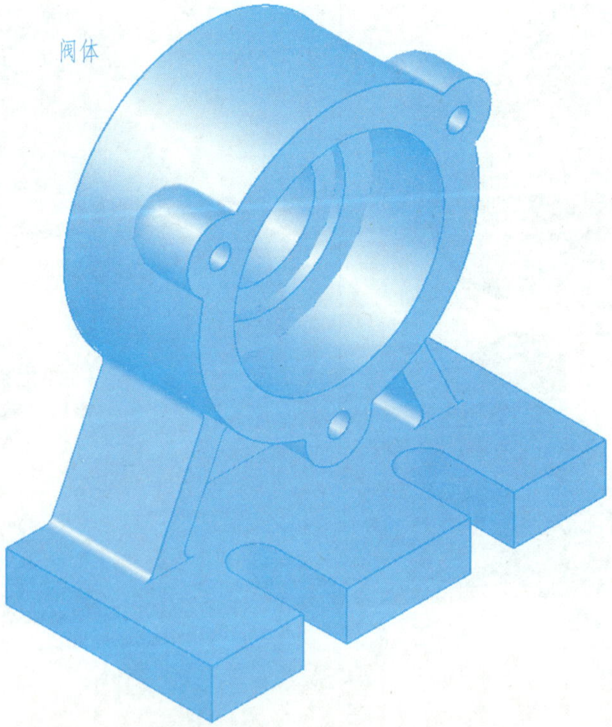

P40　读绘零件图（十四）

阀体

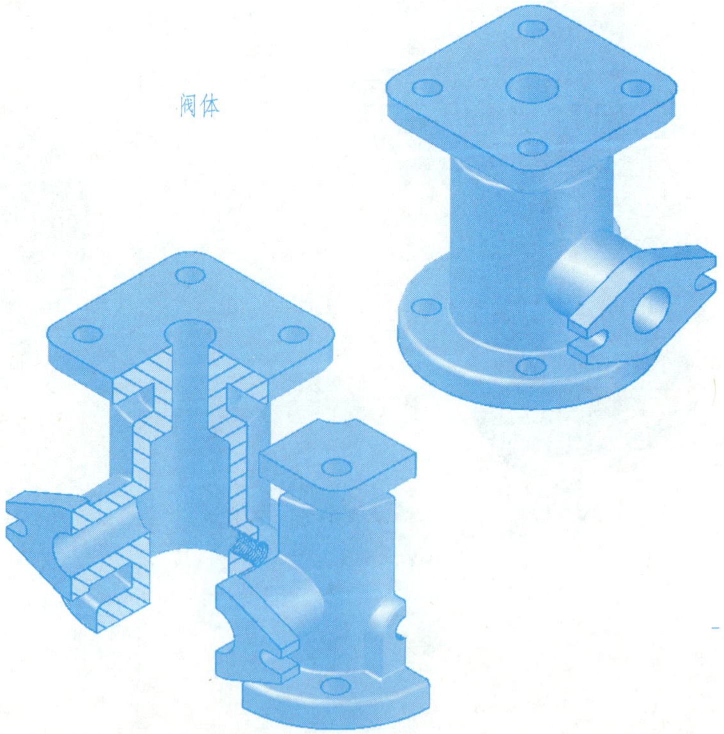

P42　读绘零件图（十五）

阀体

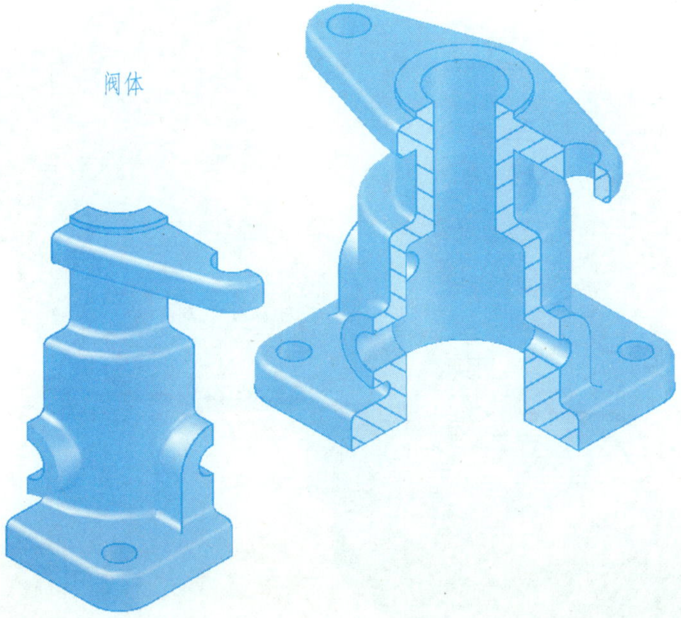

P44　读绘零件图（十六）

底座

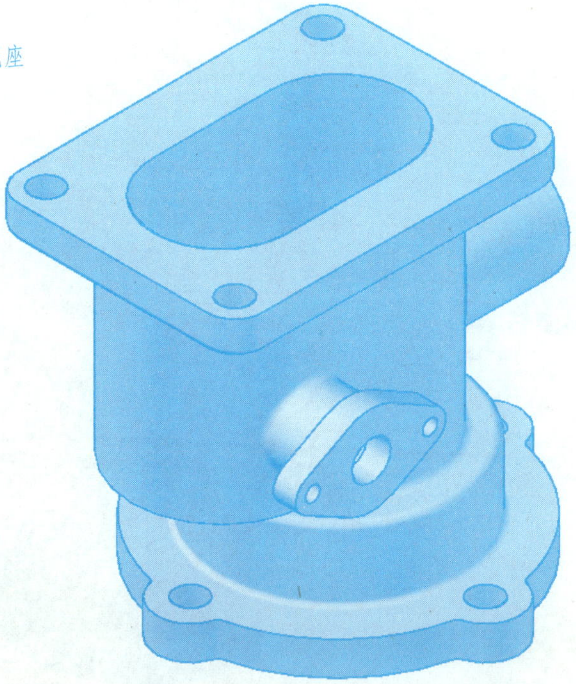

P46　读绘零件图（十七）*

托脚

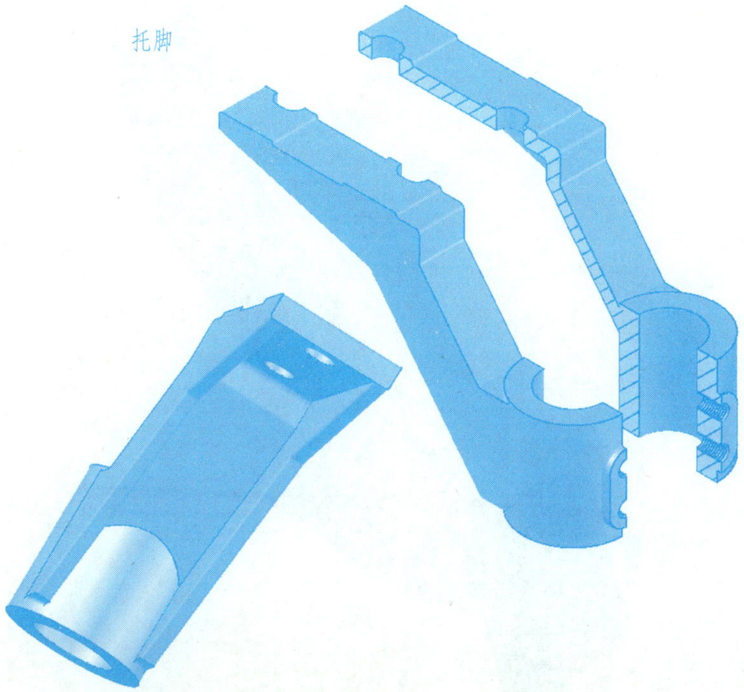

P48　读绘零件图（十八）

拖板

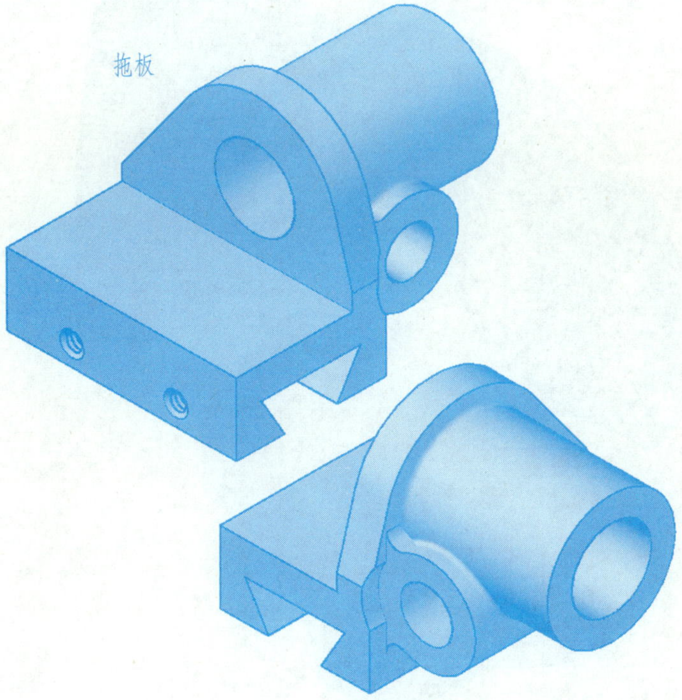

P50　读绘零件图（十九）

套筒

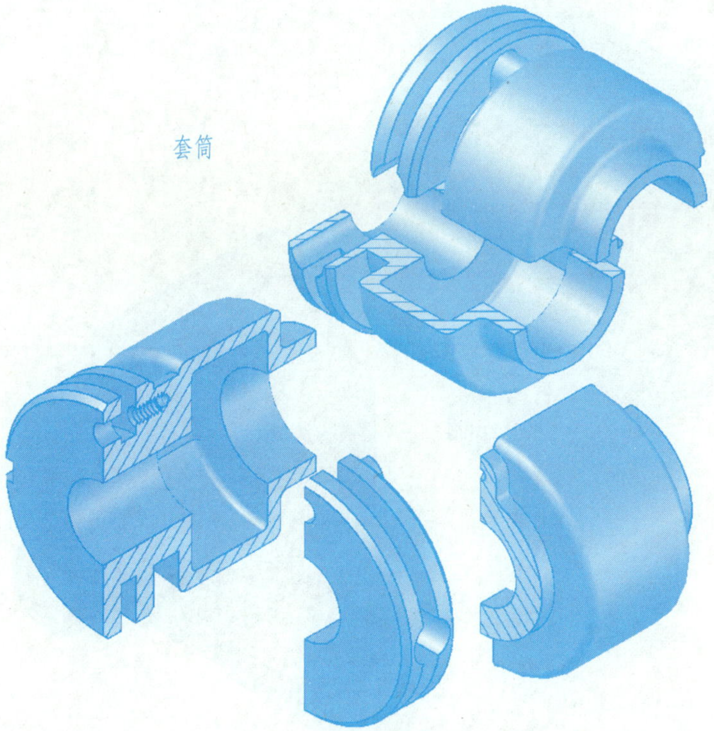

P52　读绘零件图（二十）

齿轮座

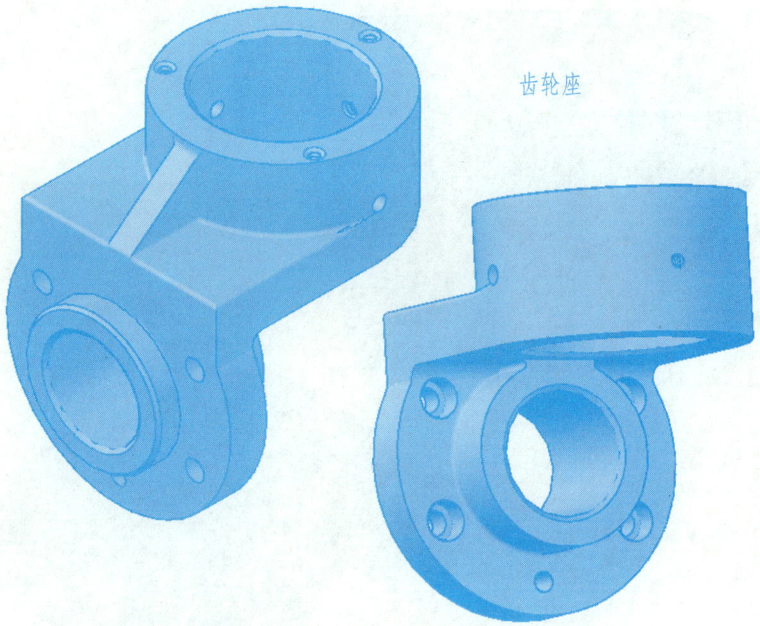

附录A　部分章节三维实体图（四）

P54　读绘零件图（二十一）

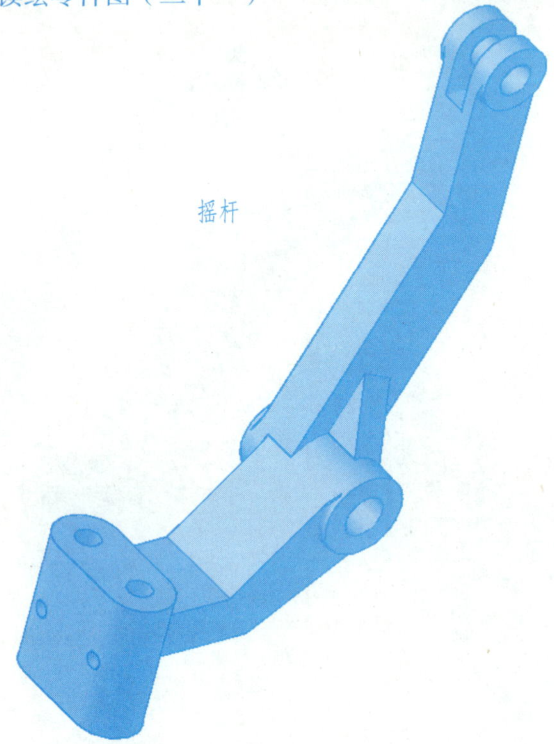

P56　读绘零件图（二十二）

P58　读绘零件图（二十三）*

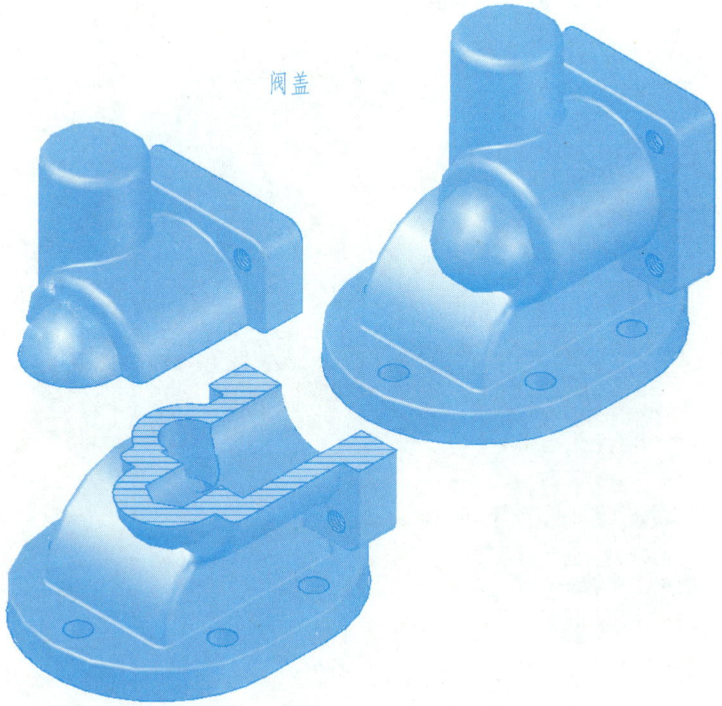

P60　读绘零件图（二十四）

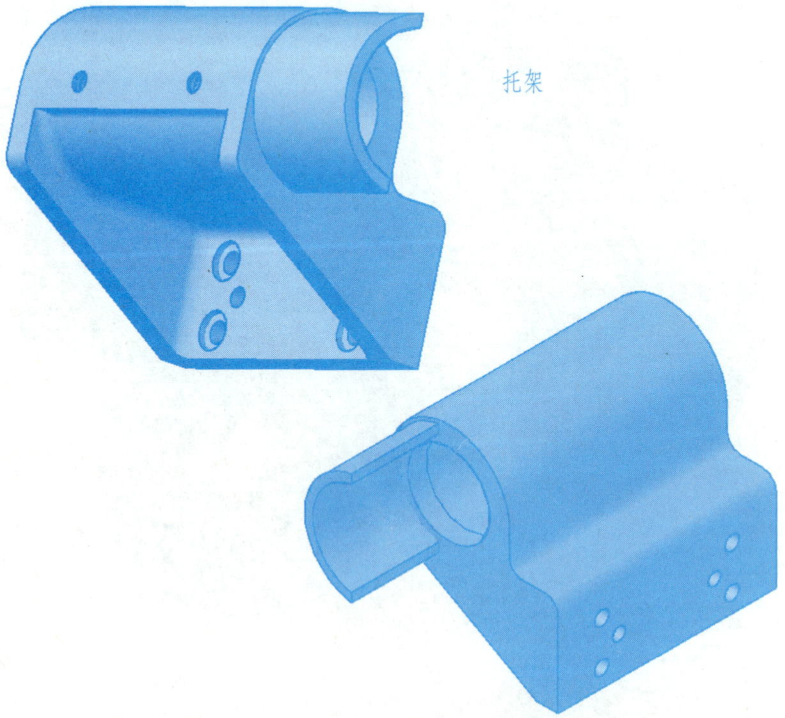

P62　读绘零件图（二十五）

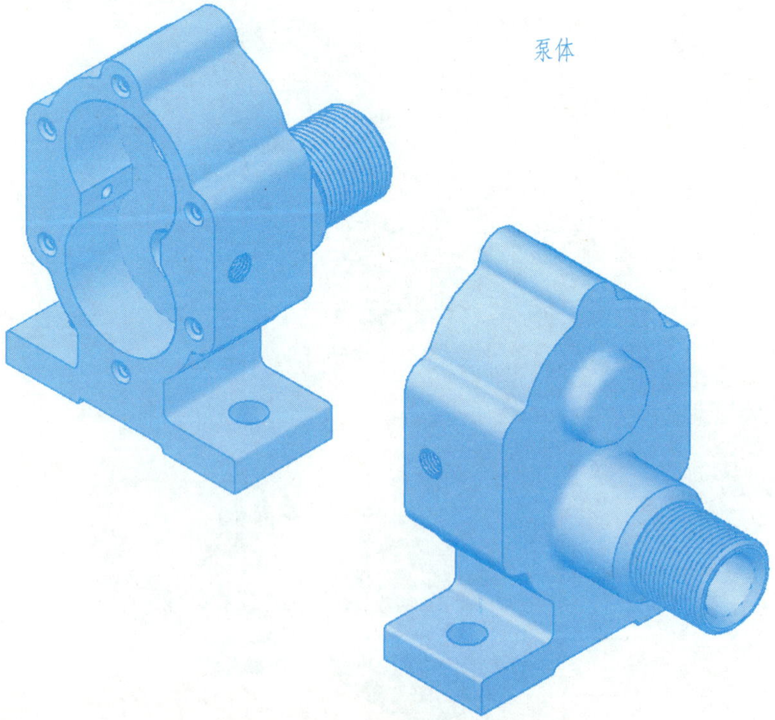

P64　读绘零件图（二十六）

P102　绘制装配图（一）
齿轮泵

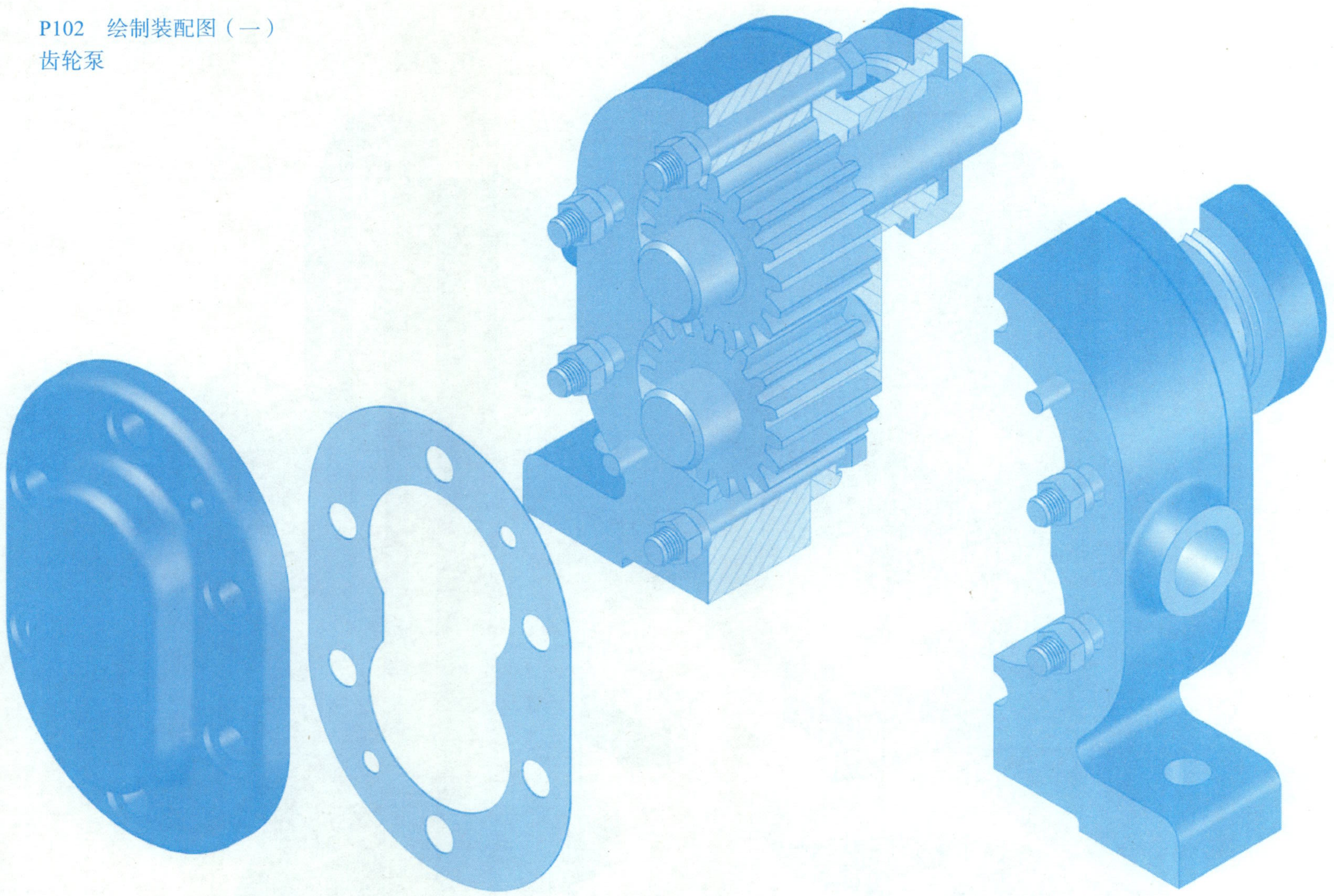

P104　绘制装配图（二）
机用虎钳

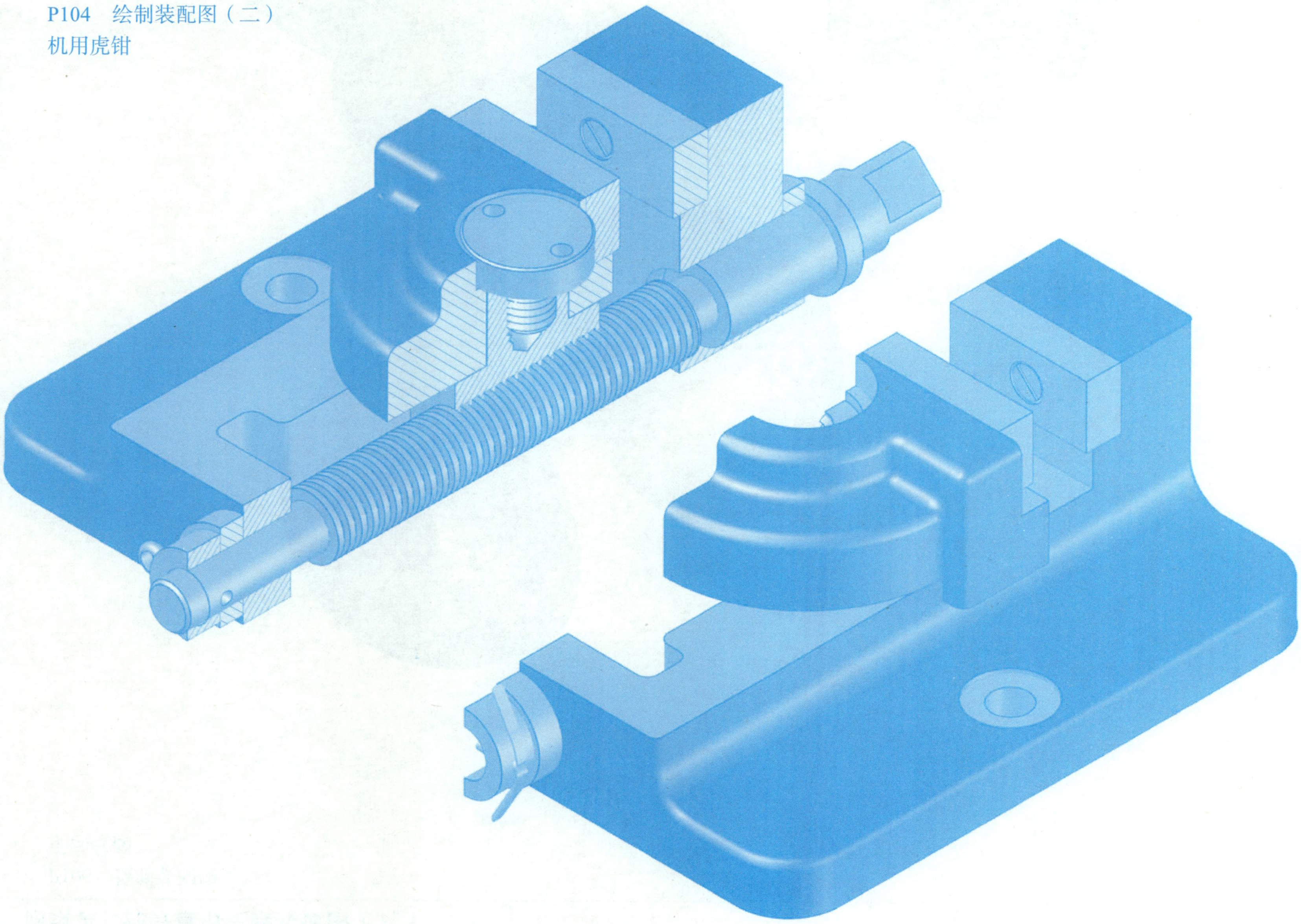

P106　绘制装配图（三）

手动气阀

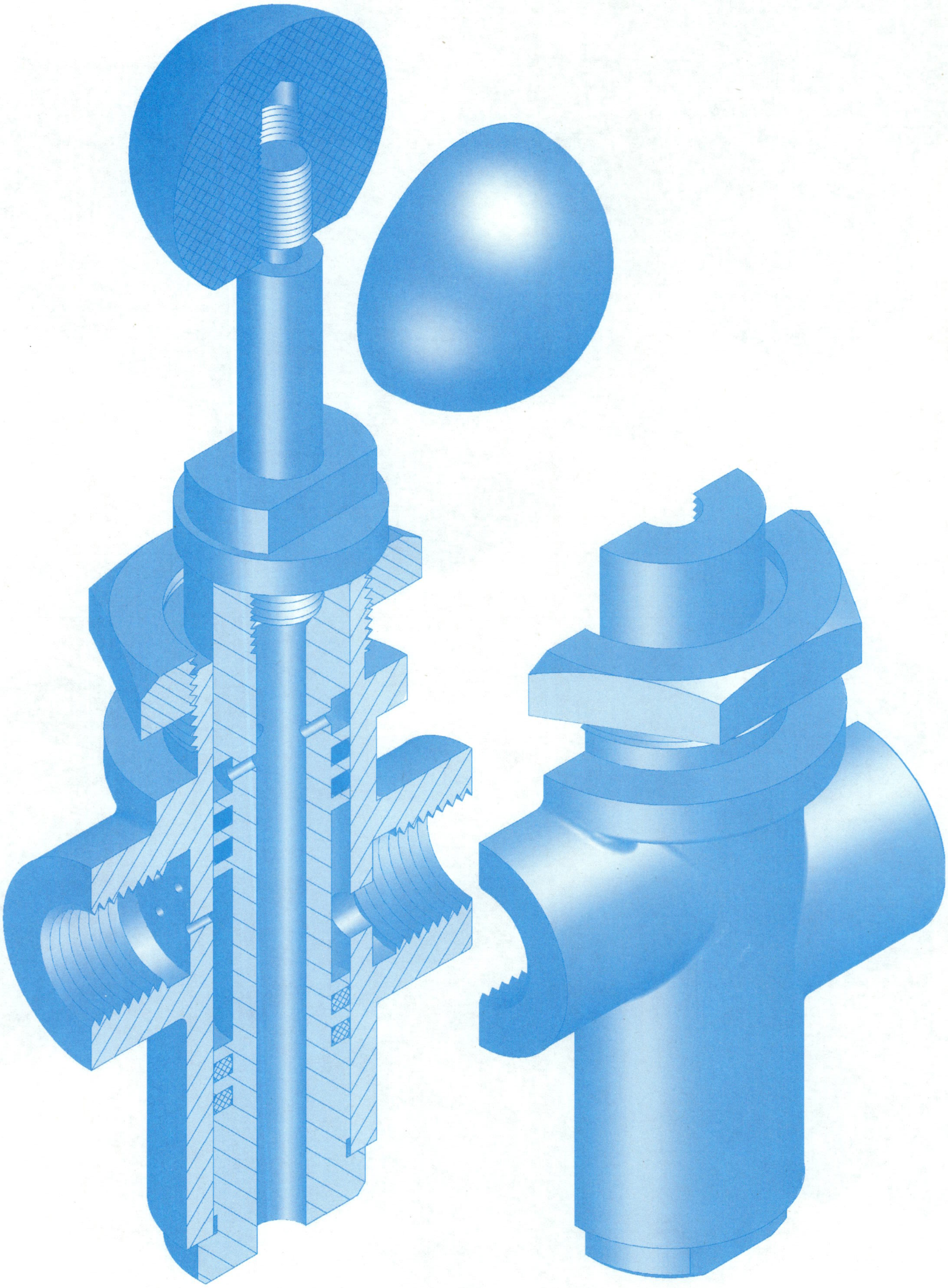

自测试题（一）

题号	一	二	三	四	五	六	七	总得分
得分								

一、填空题。（25 分）

1. 螺纹的公称直径指的是螺纹的（　　）。
2. （　　）、（　　）和（　　）符合国家标准规定的螺纹称为标准螺纹。
3. 轴承代号 6209，其中 6 为（　　　　）代号，2 为（　　　）代号，09 为（　　　）代号，其内径为（　　）。
4. 根据零件的形状和结构特征，可将零件分为（　　）类、（　　）类、（　　）类和（　　）类。
5. 在装配图中，两相邻零件的接触面或配合面用（　　　　）表示。
6. 绘制零件图应根据零件的（　　）位置或（　　）位置，确定主视图的安放位置。
7. 零件图上的（　　）尺寸必须直接标注，以保证设计要求。
8. 在装配图中，相邻的两个金属零件，剖面线的倾斜方向应（　　　　　　　　　）。
9. 在装配图中，对于紧固件以及轴、连杆、球、键、销等实心零件，若按纵向剖切，且剖切平面通过其对称平面或轴线时，则这些零件均按（　　）绘制。
10. 装配图的尺寸有（　　　）尺寸、（　　）尺寸、（　　）尺寸、（　　　）和其他重要尺寸。
11. 键的标记为：GB/T 1096　键 10×8×40。其中，10 表示键的（　　），8 表示键的（　　），40 表示键的（　　）。

四、已知下图两零件中，孔公差为 H7，上极限偏差为 +0.021mm，下极限偏差为 0；轴公差为 g6，上极限偏差为 −0.007mm，下极限偏差为 −0.020mm。分别注出零件图和配合图的尺寸，公称尺寸从图中量取。（10 分）

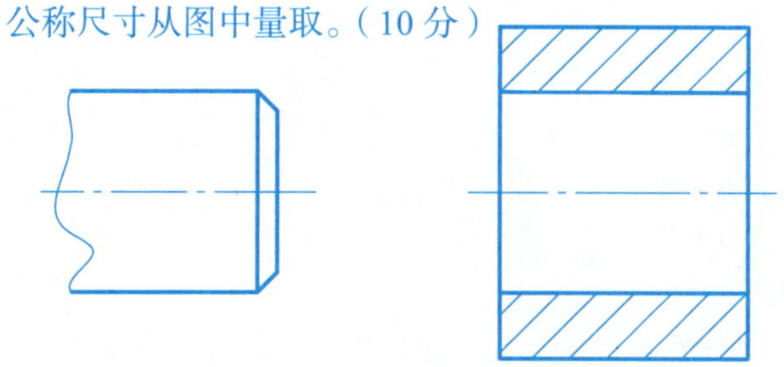

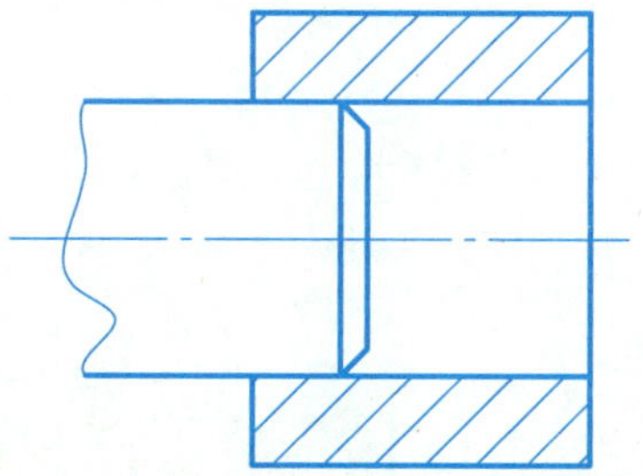

此配合为（　　）制（　　　）配合。

二、找出螺纹画法的错误，在指定位置画出正确的图形。（8 分）

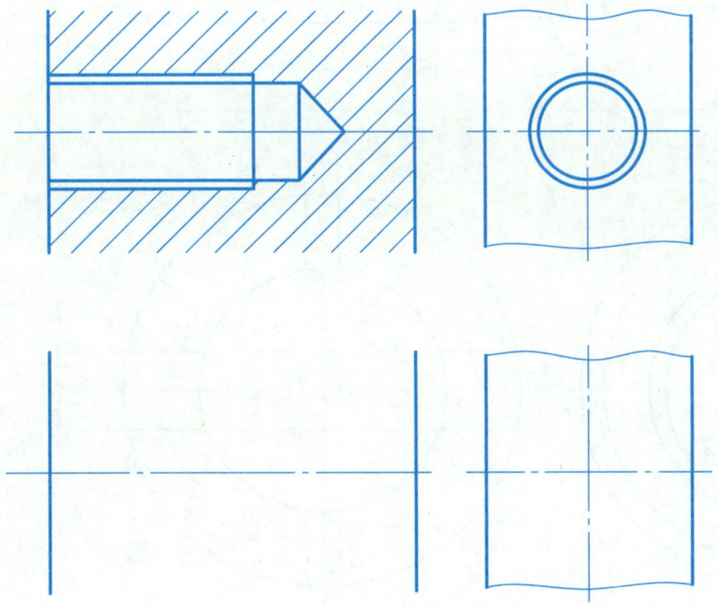

三、找出螺栓连接图中的错误，把正确的画在指定位置。（14 分）

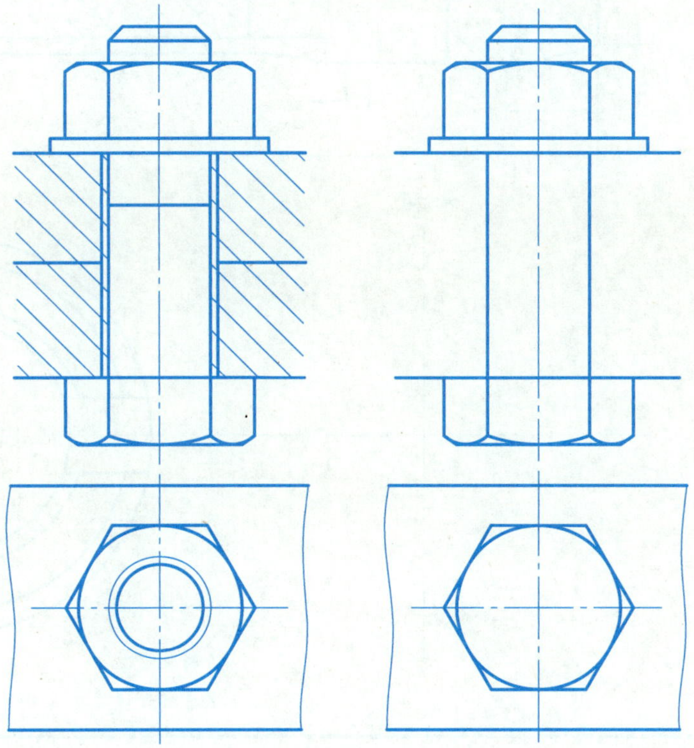

五、对零件表面进行表面结构要求标注（表面均是加工面）。（10 分）

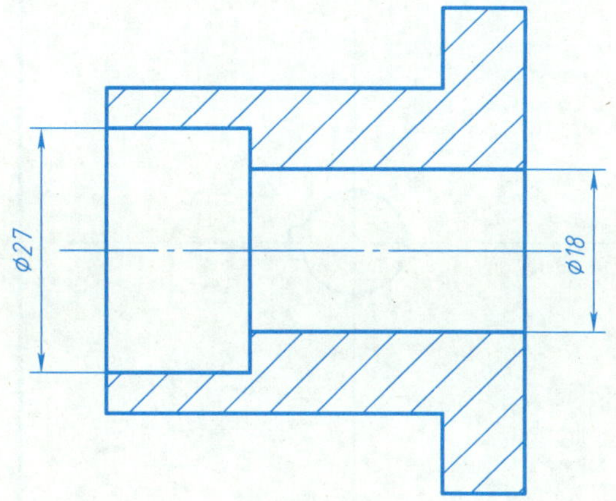

表面	Ra/μm
左端面	25
ϕ27	3.2
右端面	1.6
ϕ18	3.2
其余	50

六、已知齿轮模数 m=2mm，齿数 z_1=17，中心距 a=43mm，试计算下列参数，完成齿轮啮合图（主视图采用全剖视图）。(16分)

齿顶圆直径 d_{a1}=（　　）

d_{a2}=（　　）

分度圆直径 d_1=（　　）

d_2=（　　）

齿根圆直径 d_{f1}=（　　）

d_{f2}=（　　）

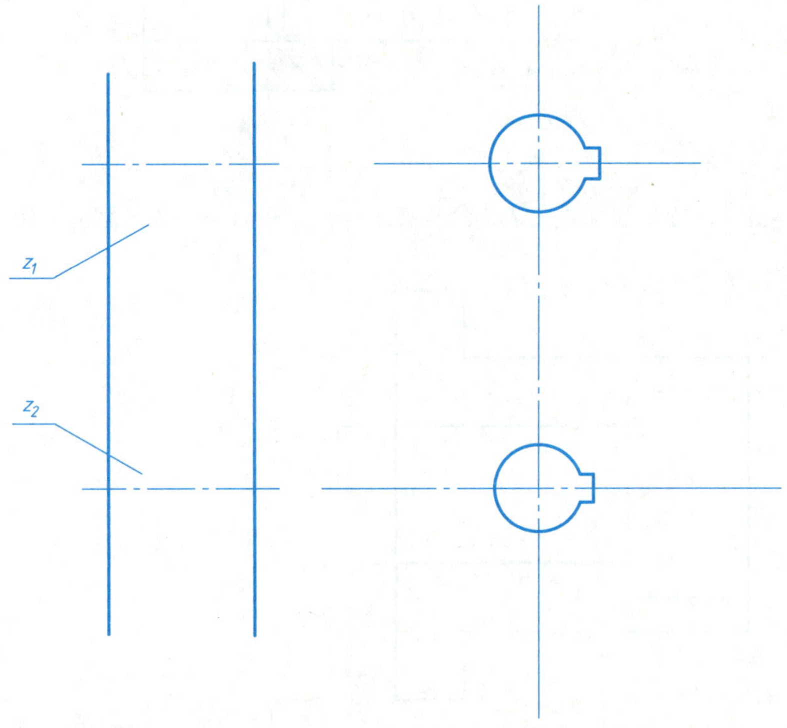

七、读零件图，按图中断面位置作出断面图。(17分)

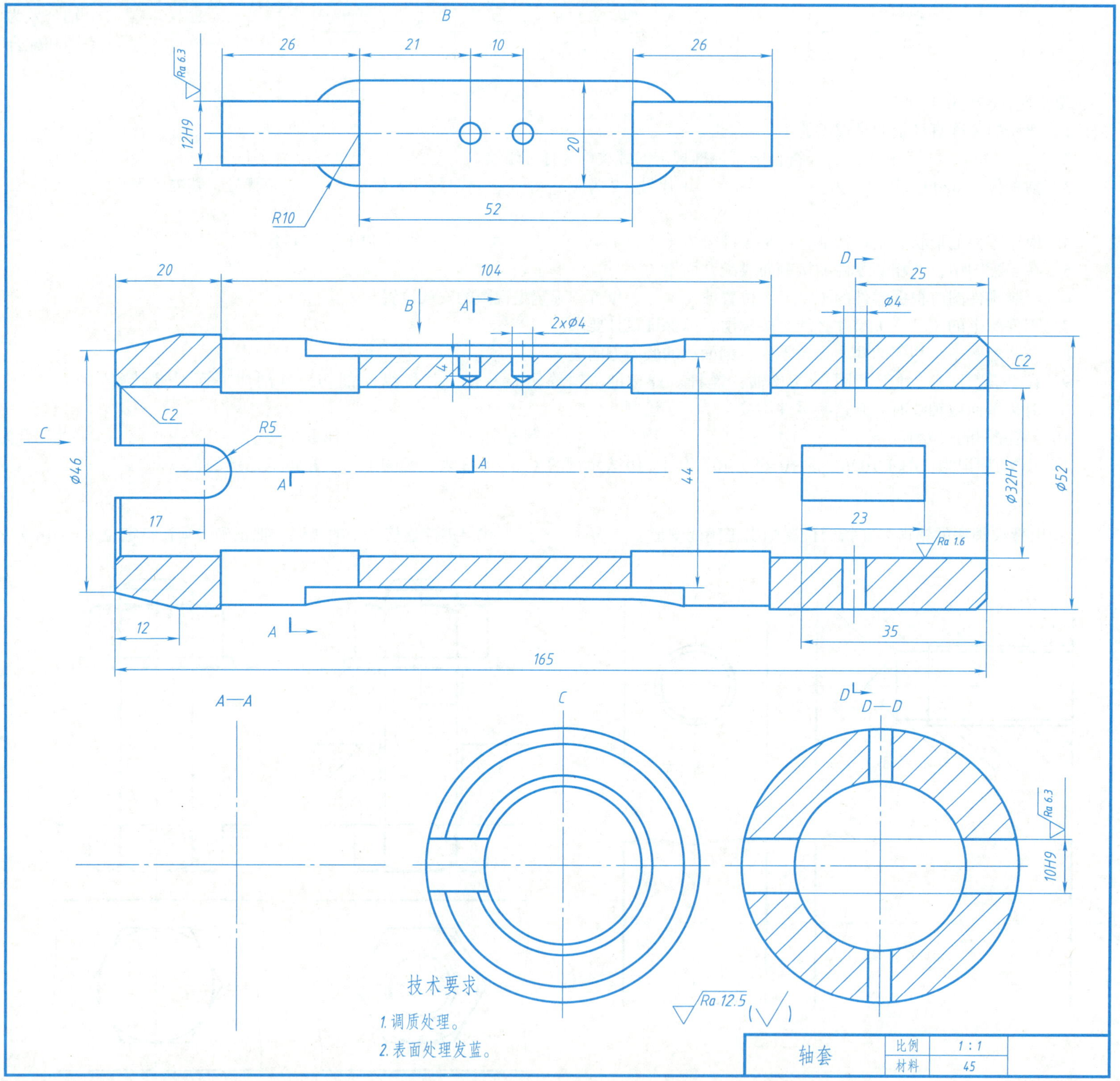

自测试题（一）答案

一、填空题。（25 分）

1. 螺纹的公称直径指的是螺纹的（大径）。
2. （牙型）、（直径）和（螺距）符合国家标准规定的螺纹称为标准螺纹。
3. 轴承代号 6209，其中 6 为（深沟球轴承）代号，2 为（宽度系列）代号，09 为（内径系列）代号，其内径为（45mm）。
4. 根据零件的形状和结构特征，可将零件分为（轴套）类、（盘盖）类、（叉架）类和（箱体）类。
5. 在装配图中，两相邻零件的接触面或配合面用（一条轮廓线）表示。
6. 绘制零件图应根据零件的（工作）位置或（加工）位置，确定主视图的安放位置。
7. 零件图上的（功能）尺寸必须直接标注，以保证设计要求。
8. 在装配图中，相邻的两个金属零件，剖面线的倾斜方向应（相反或者方向一致而间隔不等）。
9. 在装配图中，对于紧固件以及轴、连杆、球、键、销等实心零件，若按纵向剖切，且剖切平面通过其对称平面或轴线时，则这些零件均按（不剖）绘制。
10. 装配图的尺寸有（规格性能）尺寸、（装配）尺寸、（安装）尺寸、（外形尺寸）和其他重要尺寸。
11. 键的标记为:GB/T 1096　键 10×8×40。其中,10 表示键的（宽度）,8 表示键的（高度）,40 表示键的（长度）。

评分标准：每空 1 分。

二、找出螺纹画法的错误，在指定位置画出正确的图形。（8 分）

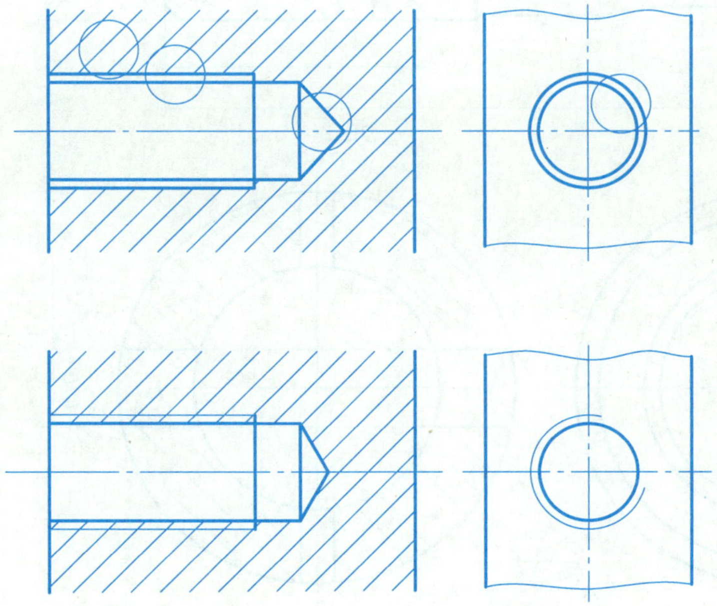

评分标准：每圈 2 分。

三、找出螺栓连接图中的错误，把正确的画在指定位置。（14 分）

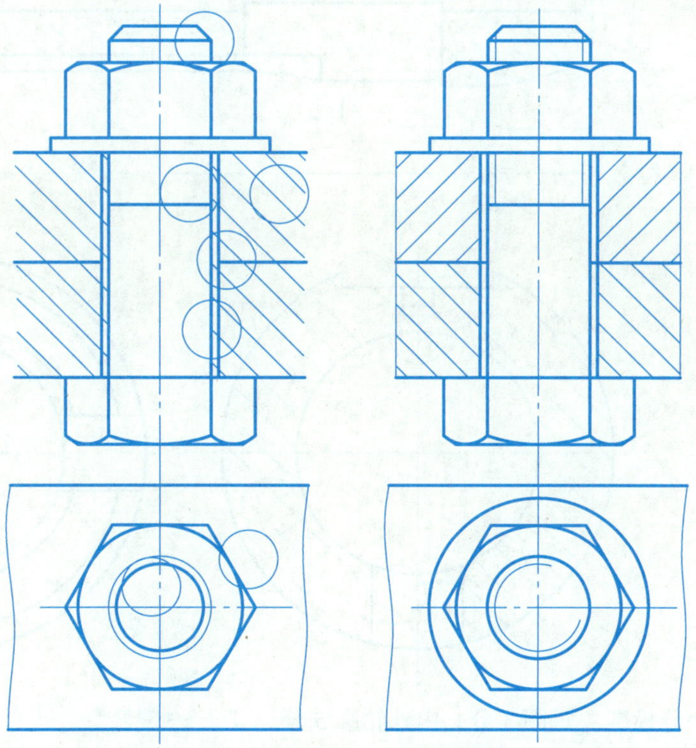

评分标准：每圈 2 分。

四、已知下图两零件中，孔公差为 H7，上极限偏差为 +0.021mm，下极限偏差为 0；轴公差为 g6，上极限偏差为 –0.007mm，下极限偏差为 –0.020mm。分别注出零件图和配合图的尺寸，公称尺寸从图中量取。（10 分）

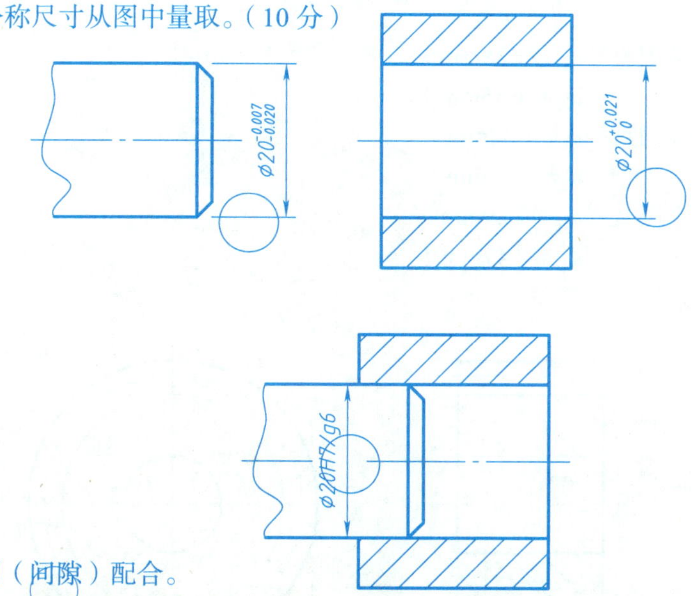

此配合为（基孔）制（间隙）配合。

评分标准：每圈 2 分。

五、对零件表面进行表面结构要求标注（表面均是加工面）。（10 分）

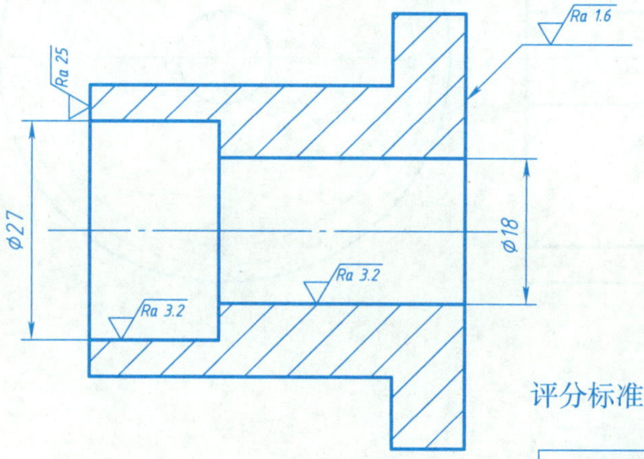

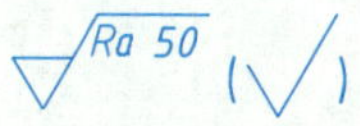

评分标准：每个标注 2 分。

表面	Ra/μm
左端面	25
ϕ27	3.2
右端面	1.6
ϕ18	3.2
其余	50

六、已知齿轮模数 m=2mm，齿数 z_1=17，中心距 a=43mm，试计算下列参数，完成齿轮啮合图（主视图采用全剖视图）。（16 分）

齿顶圆直径 d_{a1}=（38mm）

d_{a2}=（56mm）

分度圆直径 d_1=（34mm）

d_2=（52mm）

齿根圆直径 d_{f1}=（29mm）

d_{f2}=（47mm）

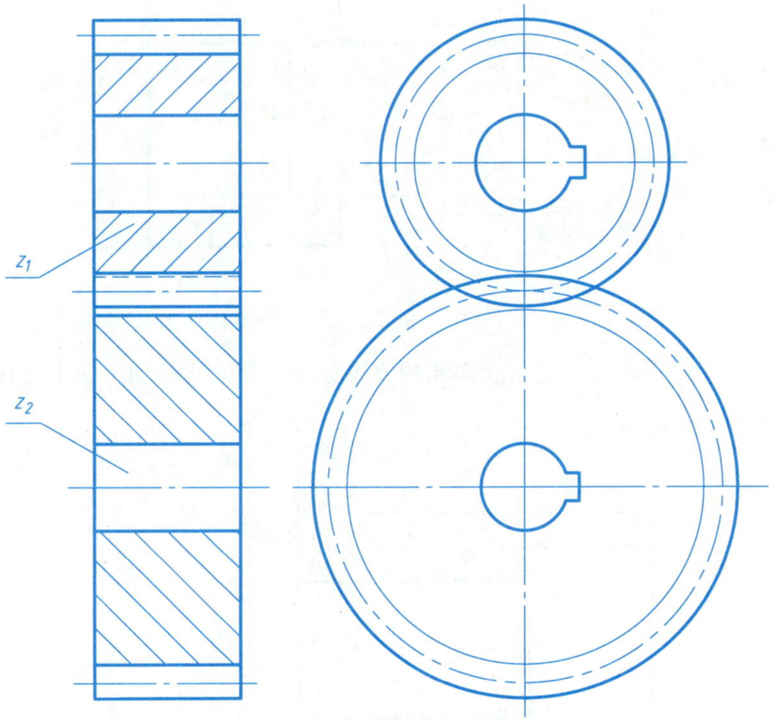

评分标准：每空 1 分，主视图 6 分，左视图 4 分。

七、读零件图，按图中断面位置作出断面图。（17 分）

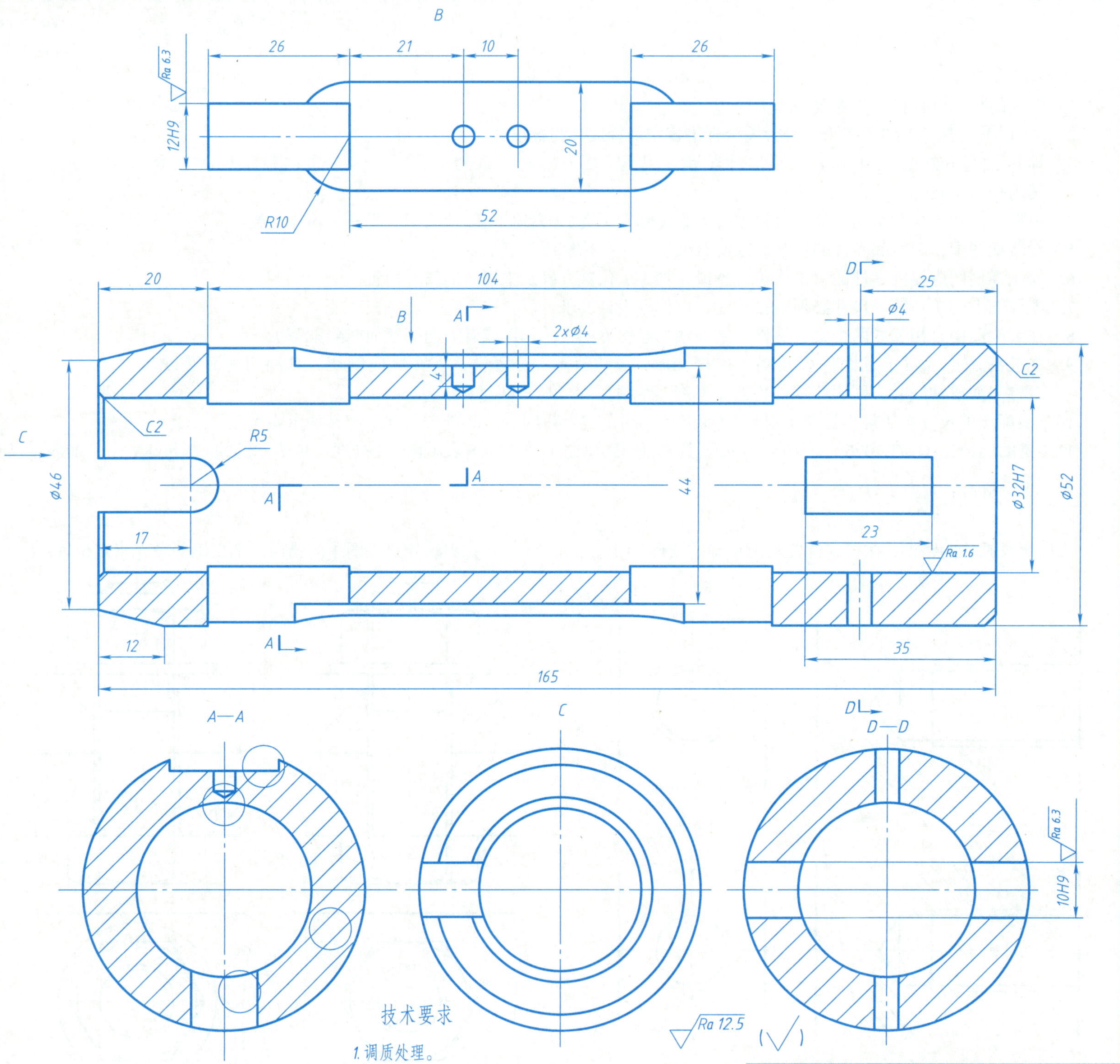

技术要求

1. 调质处理。
2. 表面处理发蓝。

轴套	比例	1 : 1
	材料	45

评分标准：每圈 3 分，内外轮廓 5 分。

自测试题（二）

题号	一	二	三	四	五	六	七	总得分
得分								

一、根据配合代号，在零件图上分别标出轴和孔的偏差代号，并填空。（8 分）

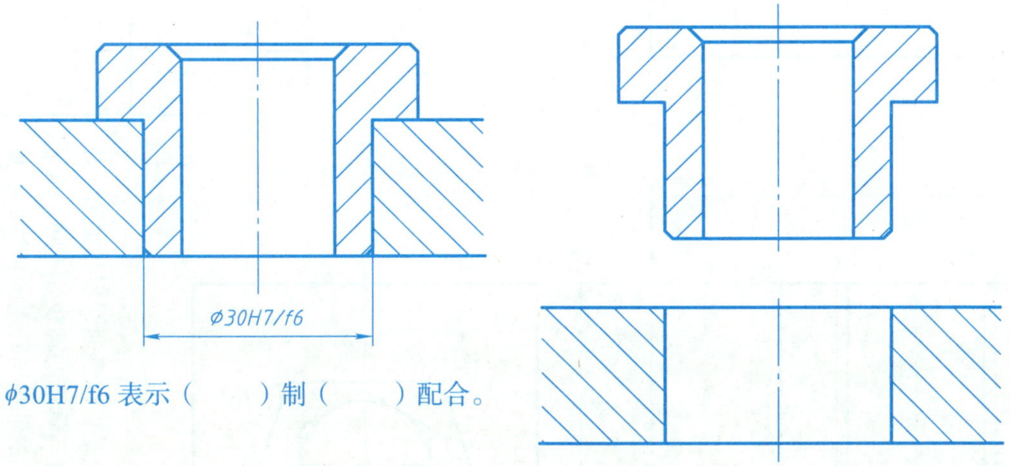

ϕ30H7/f6 表示（　　）制（　　）配合。

二、找出螺柱连接图中的错误，把正确的画在指定位置。（12 分）

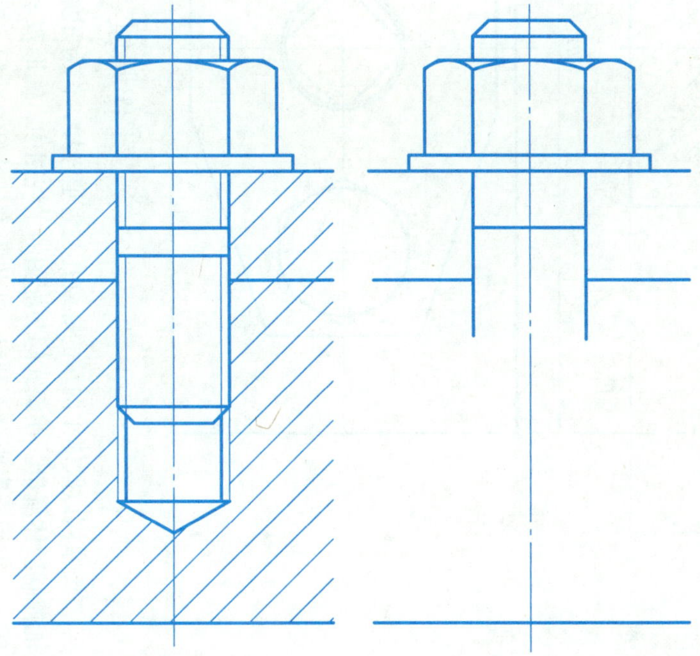

三、对零件表面进行表面结构要求标注（表面均是加工面）。（10 分）

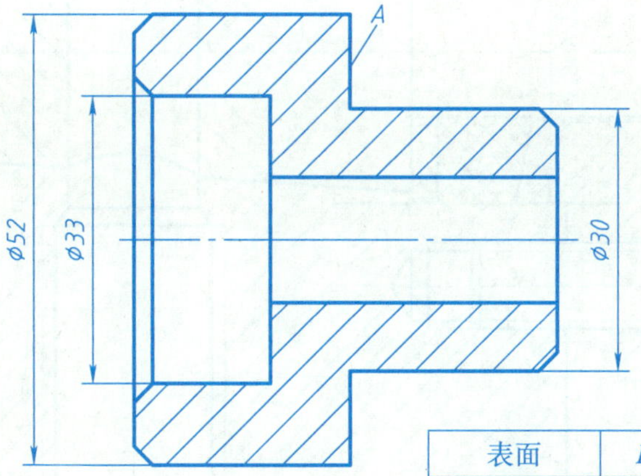

表面	Ra/μm
ϕ52	25
ϕ33	3.2
A 端面	1.6
ϕ30	3.2
其余	50

四、普通 A 型平键的尺寸 b=8mm，h=7mm，L=20mm。键槽的尺寸 t_1=3.3mm，t_2=4mm。完成该键连接图，写出键的标记。（12 分）

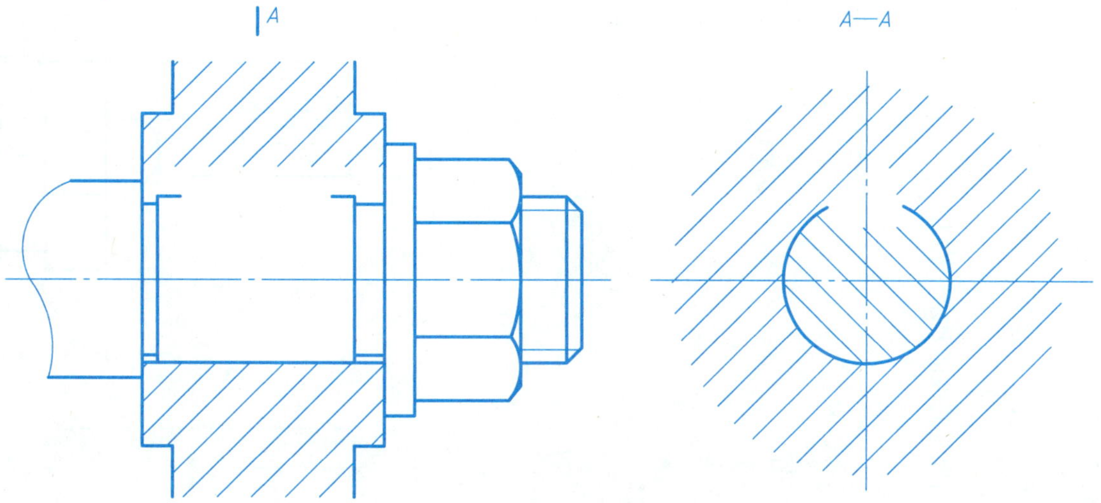

键的标记：GB/T 1096＿＿＿＿＿＿

五、已知一对平板直齿圆柱齿轮啮合，$z_1=z_2=14$，m=3mm，试按规定画法画全两齿轮啮合的两个视图。（8 分）

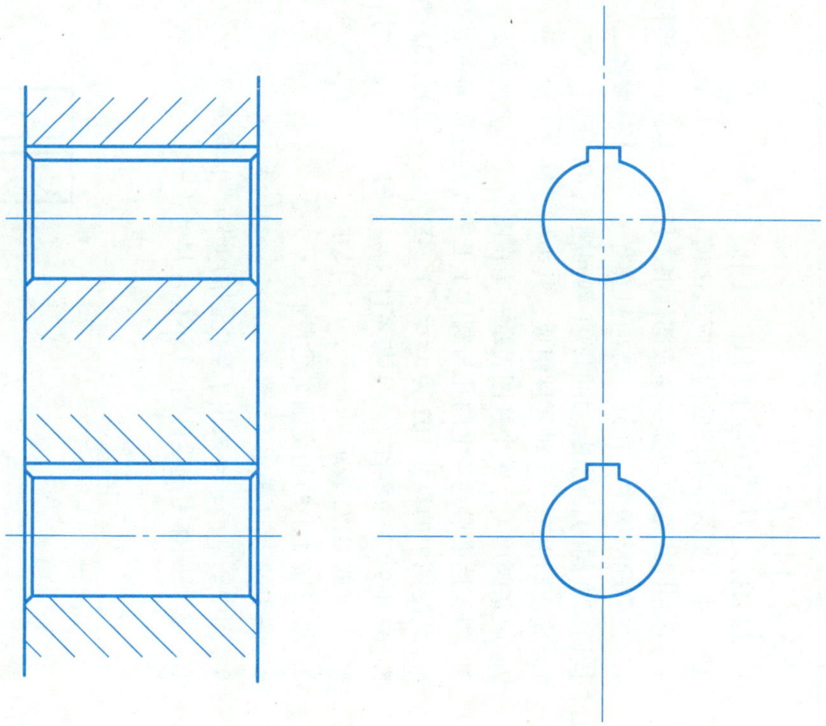

六、填空题。（10 分）

1. 螺纹标记为：M16×1.5 LH，其中，M 为（　　　　　）代号，16 为（　　　　），1.5 为（　　　　　），LH 表示（　　）。
2. 一张完整的零件图的内容应包含（　　　　）、（　　　　）、（　　　　）和（　　　）。
3. 在相同规格的一批零件或部件中，任取一零件，不需修配装在机器上，并达到规定的性能要求，称为（　　　　）。
4. 在装配结构中，在同一方向只宜有（　　）接触面。

七、读懂旋塞阀的装配图，并回答下列问题。（40 分）

1. 旋塞阀由（　）种零件组成，其中标准件有（　）种。
2. 旋塞阀用（　）个视图表示，主视图是（　）剖视图，左视图是（　　）剖视图。
3. 为表达锥形塞 4 上的孔与阀体 1 上的孔的连接和贯通关系，采用了（　　　　　　　）。
4. 装配图中的尺寸 102 为（　　），45 为（　　），131 为（　　）。
5. ϕ35H9/f 9 为零件（　）与零件（　）的（　　）尺寸，为基（　）制（　　）配合。
6. 图中的 G1/2 表示（　　　　）尺寸。
7. 锥形塞 4 上的相交细实线表示（　　　　　　）。
8. 图中的 1 : 7 表示（　　　　　　）。
9. 图中的锥形塞 4 采用了装配图的（　　）画法。
10. 拆画阀体 1 的零件图。（不标注尺寸）

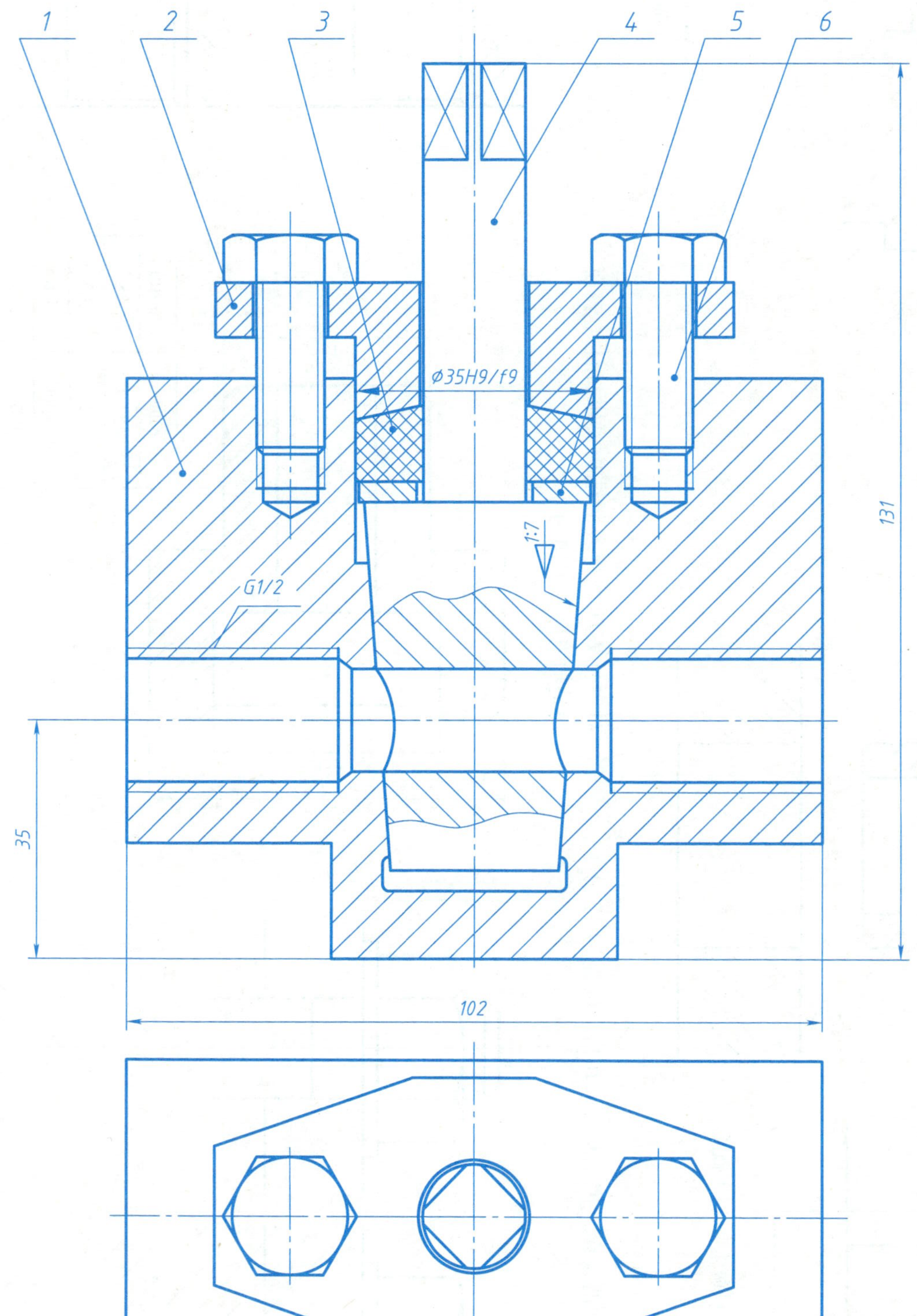

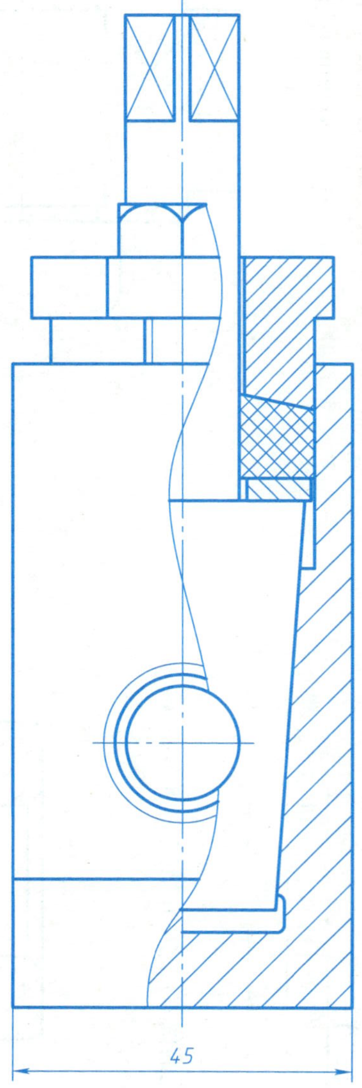

技术要求

1. 阀工作时不得泄漏。
2. 工作压力为 19.6N。

序号	名称	数量	材料	备注
6	螺栓 M10×25	2	45	GB/T 5782
5	垫圈 16	1	30	GB/T 97.1
4	锥形塞	1	35	
3	填料	1	石棉绳	
2	压盖	1	35	
1	阀体	1	35	

旋塞阀		比例	1 : 1	
		件数		
制图		重量		第　张　共　张
描图				
审核				

工作原理

旋塞阀以阀体 1 两端的螺纹孔与管道连接，作为开关装置。其特点是可以迅速开启和关闭，并能控制液体流量。在旋塞阀装配图的主视图中，锥形塞 4 上圆孔的轴线与管道的轴线处于同一水平线上，表示旋塞阀全部开启。当锥形塞 4 旋转 90° 后，锥形塞 4 上圆孔的轴线与管道的轴线处于垂直位置，此时管道被锥形塞完全阻断，表示旋塞阀完全关闭。

自测试题（二）答案

一、根据配合代号，在零件图上分别标出轴和孔的偏差代号，并填空。（8 分）

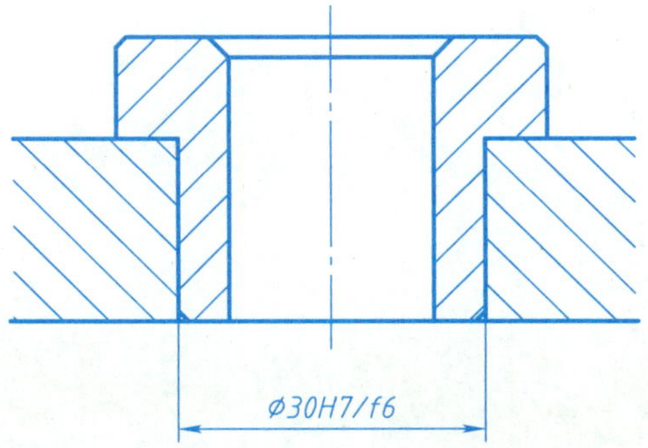

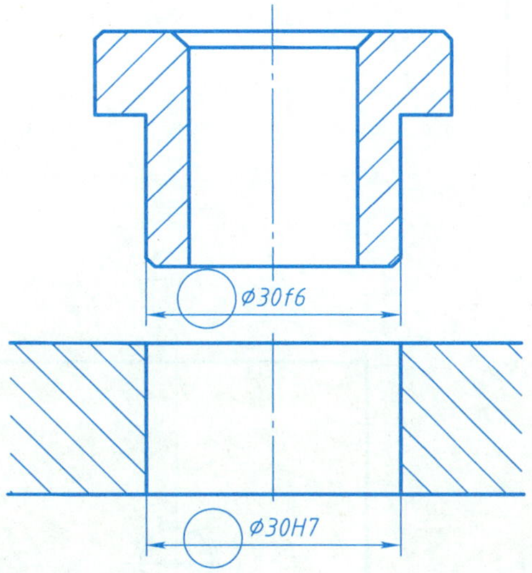

φ30H7/f6 表示（基孔）制（间隙）配合。

评分标准：每圈 2 分，每空 2 分。

二、找出螺柱连接图中的错误，把正确的画在指定位置。（12 分）

评分标准：每圈 2 分。

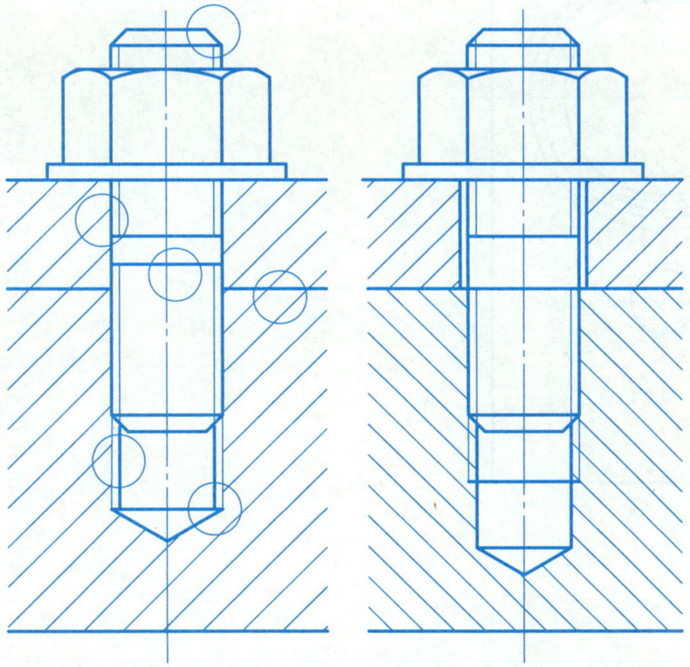

三、对零件表面进行表面结构要求标注（表面均是加工面）。（10 分）

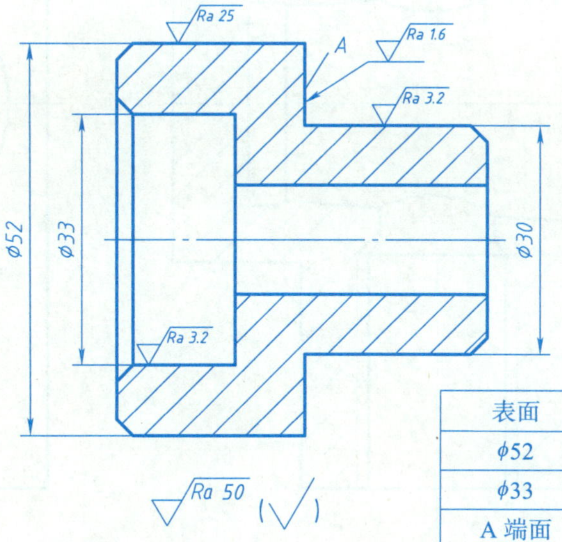

评分标准：每个标注 2 分。

表面	Ra/μm
φ52	25
φ33	3.2
A 端面	1.6
φ30	3.2
其余	50

四、普通 A 型平键的尺寸 b=8mm，h=7mm，L=20mm。键槽的尺寸 t_1=3.3mm，t_2=4mm。完成该键连接图，写出键的标记。（12 分）

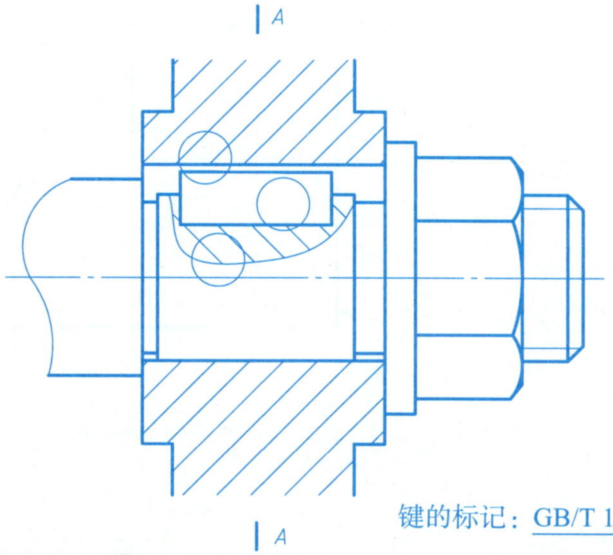

键的标记：GB/T 1096 键 8×7×20

评分标准：每圈 2 分。

五、已知一对平板直齿圆柱齿轮啮合，$z_1=z_2=14$，m=3mm，试按规定画法画全两齿轮啮合的两个视图。（8 分）

评分标准：主视图 5 分，左视图 3 分。

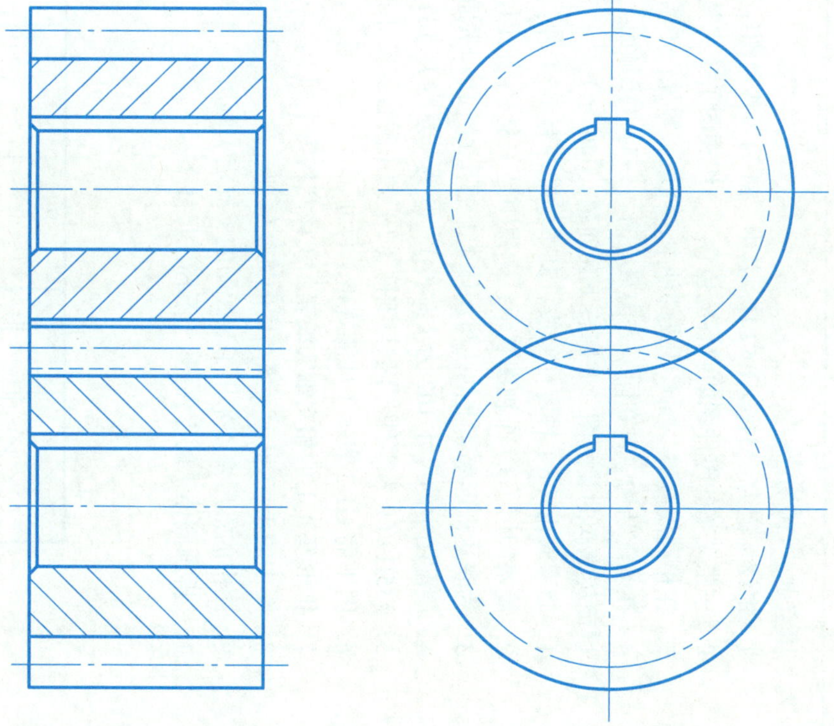

六、填空题。（10 分）

1. 螺纹标记为：M16×1.5 LH，其中，M 为（普通螺纹牙型）代号，16 为（公称直径），1.5 为（螺距、细牙），LH 表示（左旋）。
2. 一张完整的零件图的内容应包含（一组视图）、（完整的尺寸）、（技术要求）和（标题栏）。
3. 在相同规格的一批零件或部件中，任取一零件，不需修配装在机器上，并达到规定的性能要求，称为（互换性）。
4、在装配结构中，在同一方向只宜有（一对）接触面。

七、读懂旋塞阀的装配图，并回答下列问题。（40 分）

1. 旋塞阀由（6）种零件组成，其中标准件有（2）种。
2. 旋塞阀用（3）个视图表示，主视图是（全）剖视图，左视图是（局部）剖视图。
3. 为表达锥形塞 4 上的孔与阀体 1 上的孔的连接和贯通关系，采用了（剖中剖表达方法）。
4. 装配图中的尺寸 102 为（总长），45 为（总宽），131 为（总高）。
5. ϕ35H9/f 9 为零件（1）与零件（2）的（配合）尺寸，为基（孔）制（间隙）配合。
6. 图中的 G1/2 表示（性能规格）尺寸。
7. 锥形塞 4 上的相交细实线表示（该结构为平面）。
8. 图中的 1 : 7 表示（该结构的锥度值）。
9. 图中的锥形塞 4 采用了装配图的（规定）画法。
10. 拆画阀体 1 的零件图。（不标注尺寸）

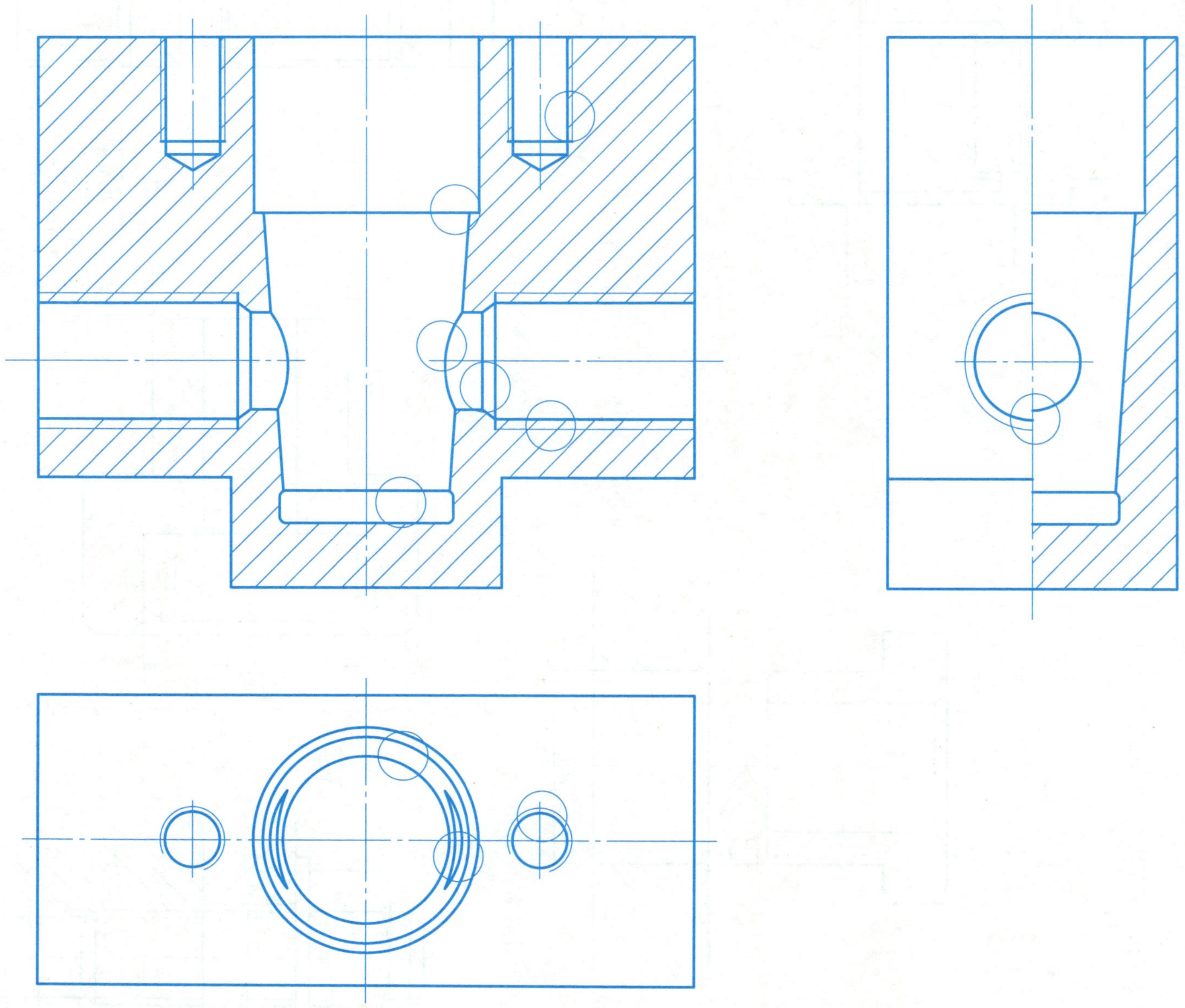

评分标准：每空 1 分，每圈 2 分，轮廓 2 分。

参 考 文 献

[1] 大连理工大学工程图学教研室．画法几何习题集［M］．5版．北京：高等教育出版社，2011.
[2] 大连理工大学工程图学教研室．机械制图习题集［M］．6版．北京：高等教育出版社，2013.
[3] 何铭新，钱可强，徐祖茂．机械制图［M］．7版．北京：高等教育出版社，2016.
[4] 王兰美，殷昌贵．画法几何及工程制图［M］．3版．北京：机械工业出版社，2014.
[5] 王农，戚美，梁会珍，等．工程图学基础［M］．3版．北京：北京航空航天大学出版社，2013.

《工程制图训练与解答》（下册）（第2版）

王　农　主编

信息反馈表

尊敬的老师：

您好！感谢您多年来对机械工业出版社的支持和厚爱！为了进一步提高我社教材的出版质量，更好地为我国高等教育发展服务，欢迎您对我社的教材多提宝贵意见和建议。另外，如果您在教学中选用了本书，欢迎您对本书提出修改建议和意见。

一、基本信息

姓名：__________　性别：__________　职称：__________　职务：________________

邮编：__________　地址：____

工作单位：________________校/院________________系　任教课程：________________

学生层次、人数/年：____________　电话：______－__________（H）__________（O）

电子邮件：____　手机：________________

二、您对本书的意见和建议

（欢迎您指出本书的疏误之处）

三、您对我们的其他意见和建议

请与我们联系：

100037　北京百万庄大街22号·机械工业出版社·高等教育分社　舒恬　收
Tel：　010—8837 9217（O）　Fax：010—68997455
E－mail：shusugar@163.com